中等职业教育课程改革规划新教材

电子技术基础与技能

（电子信息类）

主　编　黄宗放

副主编　计胜国　叶信冬　叶　盛

电子工业出版社

Publishing House of Electronics Industry

北京·BEIJING

内 容 简 介

本教材包括模拟电子技术和数字电子技术两部分内容。模拟部分有二极管及其应用电路、三极管及其基本放大电路、常用放大电路、其他放大电路和其他实用电路5章;数字部分也有数字电路基础、组合逻辑电路、触发器、时序逻辑电路和其他数字电路5章。本教材适当整合了模拟电子技术的内容,扩充了数字电子技术的内容,以突出教材的职业性、实践性和新颖性。本教材在内容上注重基础知识,突出技能训练,使理论与实践相结合,在表述方式上力求做到图文并茂、直观形象、以情激趣、深入浅出,使之符合中职学生的实际和教学改革的需求。本书可作为一本较有特色的中职学校电子信息类专业教材。

图书在版编目(CIP)数据

电子技术基础与技能:电子信息类/黄宗放主编. —北京:电子工业出版社,2011.3
中等职业教育课程改革规划新教材
ISBN 978 – 7 – 121 – 12986 – 5

Ⅰ. ①电… Ⅱ. ①黄… Ⅲ. ①电子技术 – 专业学校 – 教材 Ⅳ. ①TN

中国版本图书馆 CIP 数据核字(2011)第 028161 号

策划编辑:白 楠
责任编辑:徐 磊
印　　刷:北京丰源印刷厂
装　　订:三河市鹏成印业有限公司
出版发行:电子工业出版社
　　　　　北京市海淀区万寿路 173 信箱　邮编　100036
开　　本:787×1092　1/16　印张:18　字数:460.8 千字
印　　次:2011 年 3 月第 1 次印刷
印　　数:3 000 册　定价:29.80 元

凡所购买电子工业出版社的图书,如有缺损问题,请向购买书店调换。若书店售缺,请与本社发行部联系,联系及邮购电话:(010)88254888。

质量投诉请发邮件至 zlts@ phei. com. cn,盗版侵权举报请发邮件至 dbqq@ phei. com. cn。

服务热线:(010)88258888。

前　　言

本教材是根据教育部最新颁布的中等职业学校《电子技术基础与技能》教学大纲编写的，作为中等职业学校电子信息专业的专业基础课教材，具有以下特色。

1. 结构和内容的新颖性

首先是内容的呈现方式新颖，每一节都由"问题呈现"、"知识探究"、"技能方法"、"实践运用"和"巩固训练"组成。以生活化的情境、实物、实验或实际问题，引出相关知识和技能，然后通过"知识探究"呈现理论知识，通过"技能方法"和"实践运用"介绍方法、技能和应用，再由"巩固训练"设置练习题。每一章中还包括"学习建议"、"实验实训"、"自我检测"和"自我评价"。其次是内容新，编写人员有意识地联系当前的社会实际，及时吸收新理论、新知识、新技术、新工艺。

2. 突出职业教育的特色

"以服务为宗旨、以就业为导向、以能力为本位"的中等职业教育担负着培养初、中级技能型人才和数以亿计的高素质劳动者的任务。中职的教材必须为中职的教学改革服务，为学生的就业服务。本教材中的"技能方法"、"实践运用"、"实验实训"加强了技能教学，突出了职业性。

3. 符合中职学生实际

本教材吸收了先进的教改成果，充分考虑中职学生的实际情况，注重教学内容的直观化和形象化。精简了元器件内部的机理分析，删除了烦琐的数学推理和理论分析，增加了与生活和生产息息相关的实例，力求做到图文并茂、以情激趣、问题引导、深入浅出。

4. 注重学法指导

本教材不但力求做到理论与实践相结合，在落实基础知识，突出技能训练的同时，还注重学习方法指导。在绪论及每一章的"学习建议"中都介绍了相应的学习方法。

为了方便教师教学，本书还配有电子教学参考资料包，请有此需要的教师登录华信教育资源网（http://www.hxedu.com.cn）免费注册后下载，有问题时请在网站留言板留言或与电子工业出版社联系（E-mail：hxedu@ phei.com.cn）。

本书的编写人员有黄宗放、计胜国、叶信冬、叶盛。黄宗放任主编，负责全书的组织编写与统稿，并编写了绪论、第1章和附录；计胜国编写了第2～5章；叶盛编写了第6～7章；叶信冬编写了第8～10章。

本书的编写力求新颖和实用，使之符合中等职业学校电子信息类专业教学的实际。在本书的编写过程中参考了许多前辈和同行的研究成果，从因特网上下载了一些图片和资料，并得到了浙江省瑞安市教育教研室、瑞安市职业中专、瑞安市农技校、瑞安市第二职业高级中学的领导和同事的大力支持，在此一并表示感谢。

由于编写时间仓促，编者的视野和水平有限，书中难免有疏漏甚至错误，恳请广大读者批评指正。若有意见和建议，请发电子邮件至 hzf5019@126.com，不胜感激。

编　者
2011 年 1 月

目　　录

绪　　论

当你在计算机前收集信息、处理数据、上网冲浪的时候，当你用家庭影院欣赏高清电影并沉醉在高保真音响中的时候，当你拿着手机、电话与亲朋好友沟通交流的时候，当你使用着各种家用电器享受着现代高新技术带来的便捷和舒适的时候……你是否知道支持这一切的基础技术是什么？

1. 电子技术的应用

电子技术的应用已经深入到国民经济的各个领域和人们学习、工作、生活的方方面面。从层出不穷的家用电器、智能化家居到无线电通信、工农业生产的自动化控制、医疗器械、汽车船舶、航空航天、国防军事等方面都与电子技术有着紧密的联系。可以说，电子技术奠定了现代科学技术的基础，它还将以发展快、影响广、渗透深、生命力强的特点引领着科技进步和发展。

概括地说，电子技术的应用有四大领域，即通信技术、自动化控制、计算机科学和人们的文化生活。

无线电通信技术依靠先进的电子技术获得了飞速的发展，卫星电视、全球通手机等使人们真正拥有了"千里眼"和"顺风耳"，全球资讯尽收眼底。此外，还有激光通信、光纤通信、有线通信等都是依靠电子技术应用和发展的。

电子自动化控制是继机械控制、液压控制、普通电气控制之后的后起之秀，它能快速测量和分析数据，自动处理生产过程。随着电子测量技术的发展，自动化控制更加迅速、精确、灵敏。

计算机已是人们常用的工具，它的强大功能已无须多说。计算机的普及和发展，电子技术功不可没。计算机的每一次更新换代都是由电子技术的发展、电子器件的更新和工艺的进步推动的。今后计算机科学还将与电子技术相互结合、相互促进，推进科技进步和社会发展。

电子技术已经融入了人们的文化生活，各种电子产品不仅使环境更加舒适，还把人们从繁重的生产劳动中解脱出来，使人们有更多的时间学习、休闲，丰富了人们的业余生活，方便了人们的沟通交流。

电子技术应用广泛、前景广阔，电子世界丰富多彩、引人入胜。

2. 电子技术的发展

电子技术诞生的历史虽短，但却发展迅速，影响深远。

1）电子管时代

1883 年美国发明家爱迪生发现了热电子效应。随后，在 1904 年弗莱明利用这个效应制成了电子二极管，并证实了电子管具有"阀门"作用，它首先被用于无线电检波。1906 年美国的德福雷斯在弗莱明的二极管中放进了第三电极——栅极，从而发明了电子三极管。这一小小的改动带来了意想不到的效果，它不仅大大提高了器件的灵敏度，而且集检波、放大和振荡三大功能于一体。电子管的问世，推动了无线电技术的蓬勃发展。电子管除了应用于电话放大、海上和空中通信外，还很快渗透到了家庭娱乐领域，通过无线电广播将新闻、文艺和音乐送进千家万户。就连飞机、雷达和火箭的发明，也有电子管的功劳。到了 1960 年前后，西方国家的无线电工业已可年产电子管 10 亿只。可以说电子管的诞生是电子工业的起点。

2）晶体管的诞生和发展

自电子管诞生以来的半个多世纪里，它一直是电子技术领域里的主导。但是电子管毕竟成本高、制造繁复、体积大、耗电多、寿命短。特别是在第二次世界大战中，电子管的这些缺点暴露无遗，如雷达中使用的普通电子管效果极不稳定、移动式军事设备的电子管不仅笨拙还易出故障等。由于电子管自身的缺陷和战时的迫切需求，促使许多科学家和科研单位集中精力研制取代电子管的低功耗、体积小、成本低的元器件。

1947 年美国贝尔实验室的研究人员肖克莱、巴丁和布赖顿合作发明了晶体管，从而引发了一场电子技术的革命。晶体管以其寿命长（是电子管的 100 ～ 1 000 倍）、耗电少（仅为电子管的十分之一或几十分之一）、体积小（只有电子管的十分之一到百分之一）、性能稳定、不需预热的优势迅速在大多数领域取代了电子管。1953 年首批电池式晶体管收音机一投放市场，就受到了人们的欢迎。1967 年以来，电子测量装置、电视摄像器材、无线电收发系统也都采用了晶体管。另外，由于晶体管具有很好的开关特性，也使它成为了第二代计算机的基本元器件。

3）集成电路的快速发展

集成电路的第一个样品是在 1958 年诞生的。集成电路的出现和应用，标志着电子技术发展到了一个新的阶段。它实现了材料、元件、电路三者之间的统一，与传统的电子元件相比，在设计、生产方式、电路的结构形式等方面都有着本质的不同。随着集成电路制造工艺的进步，集成电路的集成度越来越高。所谓的集成度就是芯片上所集成的元件数量。按集成度来分，集成电路可分为小规模集成电路（100 个元件以下）SSI、中规模集成电路（100 ～ 1 000 个元件）MSI、大规模集成电路（1 000 ～ 100 000 个元件）LSI 和超大规模集成电路（100 000 个元件以上）VLSI 4 种。现在集成电路的集成度已达到数千万个元件。

集成电路的出现，首先引起了计算机技术的巨大变革。从 1946 年诞生第一台电子计算机以来，已经经历了以电子管、晶体管、集成电路及大规模集成电路、超大规模集成电路为基本元器件的四代计算机，每秒运算速度已达百亿次。现在正在研究开发第五代计算机——人工智能计算机。特别是从 20 世纪 70 年代微型计算机开发应用以来，由于价廉、方便、可靠、小巧，大大加快了电子计算机的普及速度。例如，个人计算机从诞生至今不过经历了十多年的时间，但是它的发展却跨越了多个阶段，走进了千家万户。集计算机、电视、电话、传真机、音响等多种功能于一体的多媒体计算机也纷纷问世。以多媒体计算机、光纤电缆和因特网为基础的信息高速公路已成为计算机诞生以来的又一次信息变革。未来的人工智能将给人们的生活与工作方式带来前所未有的变化，那时随身携带微型计算机将成为一种时尚。

4）电子技术今后的发展

为了进一步减小器件体积、提高器件性能，人们正在不断寻找更先进的电子材料。现在已经发现的先进的电子材料有仿生智能材料、纳米材料、先进复合材料、低维材料（量子点、量子线、巴基球和巴基管）、高温超导材料和生物电子材料等。新型电子材料的问世，将使电子技术向更高层次发展，这些材料将使今后的电子器件具有功能化、智能化、结构功能一体化等特点，使电子器件尺寸进一步缩小，功能更全，运算速度更快，为分子器件、单电子器件、分子计算机和生物计算机打下了基础。

3. 学习电子技术的建议

1) 学习电子技术，兴趣很重要

兴趣是人们爱好某种活动或力求认识某种事物、探索某种事理的倾向。学习兴趣的存在是一个人求知的起点，是思维的培养和能力的提高的内在动力。爱因斯坦曾经说过："兴趣是最好的老师"，可见激发学习兴趣的重要性。每个人都会对自己感兴趣的事物给予优先注意并进行积极探索，兴趣能产生源源不断的学习动力，学得轻松愉快。没有兴趣会使学习味同嚼蜡，索然无味，也会使学习更加艰辛。电子世界如此精彩，电子技术的应用天地如此宽广，你还没兴趣吗？

2) 学习电子技术，应有明确的目标

目标是人的行为得以展开和维持的内引力，有了浓厚的兴趣加上明确的目标，会使你的学习持久而有动力，面对学习困难时，不会轻易放弃，而会积极进取。有人问一位国际马拉松冠军是怎么坚持到底并获得第一的，他说："我把整个赛程分成一百段，当我从一数到一百的时候，我就跑到了。"因此，学习应有大目标，还得有小目标。学习电子技术这门课程首先要确立一个大目标，在学习每一章、每一节的时候都要有一个小目标，小目标的达成就能促进大目标的实现。

3) 学习电子技术，应有适当的方法

适当的方法会使学习事半功倍，学习电子技术有通用的方法，也有专用的方法。

(1) 听课的方法。课前预习，带着问题听课，及时复习，会大大提高你的学习效果。在老师上课之前，先浏览学习内容，做到心中有数，把费解的或有疑问的地方记下来。上课时，集中注意力，紧跟老师的思维，开动脑筋积极思考，特别是对有疑问的地方要大胆质疑。课后要及时复习，独立完成作业，对于一时难以解决的问题先自主探索，再与同学讨论，还可向老师请教。这样有助于加深对所学知识的理解并掌握其应用。

(2) 观察实验法。电子技术是一门基于实验的课程，学习它必须重视实验。首先要注意观察老师的演示实验，并积极思考老师的提问。其次要自己动手实验，按要求操作，真实记录实验数据，科学分析，认真完成实验报告。在实验中验证和探究电路工作原理，熟悉电路的功能和应用，掌握仪器、设备的使用方法，提高分析问题和解决问题的能力。

(3) 实践操作法。电子技术是一门实践性很强的课程，有许多技能和方法只有经过实践操作才能掌握。所谓实践操作法就是通过动手操作，即通过电路安装、检测、调试、排障来学习。这样，不仅能培养动手能力，习得专业技能，还可以检验、巩固理论知识，发现理论学习中的薄弱环节和问题。实践操作是学习电子技术的重要方法，一定要安排足够的时间让同学们动手操作。

(4) 合作学习法。合作学习不仅能培养团队精神和合作意识，还可以使同学们主动建构知识习得技能。不管在理论学习还是技能操作中都应提倡合作学习。既可以"同质同组，角色轮换"，让同组同学互相学习，共同提高，也可以"异质同组"，让"高业弟子转相传授"，取长补短，各得其所。

学习方法有许多，每个人都有自己合适的学习方法，希望同学们乐于学习、善于学习，学好电子技术，为以后的其他专业课学习服务，为今后的终身学习服务。

第1章 二极管及其应用电路

【学习建议】

通过本章的学习，你能获得半导体的基础知识，知道 PN 结的基本特性；会识别常用的二极管，知道二极管的主要特性、参数、功能和应用；会画整流、滤波电路，知道它们的工作原理并进行简单的工程计算和元件的选用；会使用万用表检测和判断二极管的电极和质量；会组装桥式整流电路和电容滤波电路；能排除整流滤波电路的简单故障。

为了更好地获得上述知识和技能，建议你重温一下初中《科学》中物质按导电能力分类、物质的原子结构等知识和《电工技术》中电容电感的知识、万用表的使用方法等。学习时注意观察和实验，主动运用相关知识、技能和方法动手实践。

1.1 二 极 管

【问题呈现】

为了和同学、朋友沟通你会常用到手机，为了课余娱乐你可能会用 MP3。手机和 MP3 的电池是直流电，使用一定的时间后必须使用充电器充电。而你们家里和学校照明电路所用的是交流电，充电器是怎样将交流电变成直流电的呢？

充电器中的主要元器件之一是半导体二极管，那么二极管有什么作用呢？

【知识探究】

一、二极管及其单向导电性

如图 1.1 所示的就是部分二极管实物和符号。

分别将二极管、电池和指示灯按图 1.2（a）、（b）所示连接，闭合开关后观察指示灯的亮暗情况，你观察到了什么现象？说明了什么问题？

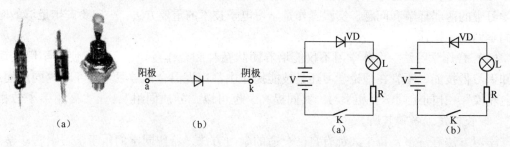

图 1.1 二极管实物和符号　　　　图 1.2 二极管导电性实验电路图

实验表明，二极管具有单向导电性。为什么二极管会有单向导电性呢？这还得从构成二极管的材料说起。

二、半导体简介

1. 导体、绝缘体和半导体

物质按其导电能力的强弱可分为导体、绝缘体和半导体。导体因其内部存在大量的自由电子而有很强的导电能力，如金、银、铜、铝等；绝缘体因其内部的自由电子很少而导电能力极差，如云母、塑料、橡胶等；而半导体是导电能力介于导体和绝缘体之间的物质，如硅（Si）、锗（Ge）和砷化镓（GaAs）等，目前大多数半导体器件所用的主要材料就是硅和锗。

2. 半导体的特性

半导体之所以能够得到广泛应用是因为其具有如下特性。

1）掺杂特性

在纯净的半导体（通常称为本征半导体）中掺入极其微量的杂质元素，则它的导电能力将大大增强。通过对半导体进行特殊工艺的掺杂可以制造出晶体二极管、晶体三极管、场效应管和集成电路等半导体器件。

2）热敏特性

温度升高，也会使半导体的导电能力大大增强。例如，温度每升高 10℃，半导体的导电能力将增加一倍。利用半导体对温度十分敏感的特性，可以制造自动控制中常用的热敏电阻及其他热敏元件。

3）光敏特性

对半导体施加光线照射，光照越强，导电能力越强。利用半导体的光敏特性，可以制成光敏元件，如光敏电阻、光电二极管、光电三极管等，从而实现路灯、航标灯的自动控制，还可以制成火灾报警装置，也可以进行产品自动计数。

为什么半导体具有这样的导电特性呢？这是与半导体材料的原子最外层价电子有关的。硅、锗等半导体材料的原子最外层有 4 个价电子，每个原子通过共价键和它相邻的 4 个原子结合起来，如图 1.3 所示。

半导体受热或受光照时，部分价电子获得足够的能量，挣脱共价键的束缚而成为自由电子，自由电子逸出的空位就形成空穴。自由电子带负电，空穴带正电，通称为载流子，它们在电场的作用下能定向移动形成电流。温度升高或光照加强，就有更多的价电子成为自由电子，并产生同等数量的空穴，半导体的导电性能就随之增强了。那么，为什么在本征半导体中掺入极其微量的杂质元素也能改变它的导电特性呢？

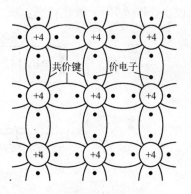

图 1.3　半导体单晶
结构示意图

3. N 型半导体、P 型半导体和 PN 结

在硅、锗等半导体中，掺入微量的某种特定的杂质元素后所得的半导体称为杂质半导体，其类型有 N 型半导体和 P 型半导体两种。

1）N 型半导体

N 型半导体，又称为电子型半导体，它是在本征半导体中掺入微量五价元素而制成的。由于五价元素的原子与本征半导体的原子组成共价键时，有一个多余的电子，这个电子便成了自由电子。因此，N 型半导体的自由电子数量多而空穴的数量少，即它的多数载流子是电子，少数载流子是空穴。

2）P 型半导体

P 型半导体，又称为空穴型半导体，它是在本征半导体中掺入微量三价元素而制成的。由于三价元素的原子与本征半导体的原子组成共价键时，缺了一个电子，这就形成了一个空穴。因此，P 型半导体的自由电子数量少而空穴的数量多，即它的多数载流子是空穴，少数载流子是电子。

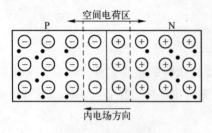

图 1.4　PN 结的形成

3）PN 结

如果将 P 型半导体与 N 型半导体通过特殊工艺结合起来，那么在 P 型半导体和 N 型半导体的交界面处就会形成 PN 结，如图 1.4 所示。PN 结是构成各种半导体器件的基础。

在 P 型半导体和 N 型半导体的交界面附近，由于 N 区的自由电子浓度大，会向 P 区扩散，扩散的结果使 PN 结中靠 P 区一侧带负电，靠 N 区一侧带正电，形成由 N 区指向 P 区的电场，即 PN 结内电场。内电场将阻碍多数载流子继续扩散，又称为阻挡层。

PN 结具有单向导电性，即在 PN 结上加正向电压时（即 P 区电位比 N 区高，如图 1.5（a）所示），外加电压产生的电场与 PN 结内电场方向相反，削弱了内电场，使 PN 结变窄，结电阻变小，多数载流子能通过 PN 结形成正向电流，PN 结处于导通状态；给 PN 结加反向电压时（即 P 区电位比 N 区低，如图 1.5（b）所示），外加电压产生的电场与 PN 结内电场方向相同，加强了内电场，使 PN 结变宽，结电阻变大，阻碍多数载流子通过 PN 结，反向电流很小，PN 结处于截止状态。

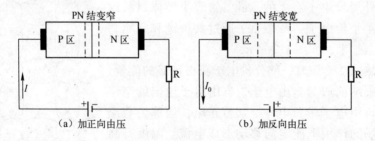

图 1.5　PN 结的单向导电性

三、二极管的结构和类型

半导体二极管用一个 PN 结做成管芯，在 P 区和 N 区两侧各接上电极引线，并将其封装在一个密封的壳体中，如图 1.6 所示。

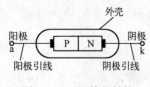

图 1.6　二极管的结构

二极管按所用的半导体材料的不同可分为锗管和硅管；按其内部结构的不同可分为点接触型、面接触型和平面型，如图 1.7 所示。点接触型二极管 PN 结的面积小，适用于高频小电流场合，主要用于小电流整流和高频检波、混频等，如 2AP、2AK 型二极管。面接触型二极管 PN 结的面积大，适用于低频大电流场合，主要用在大电流整流电路中，如2CP、2CZ型二极管。

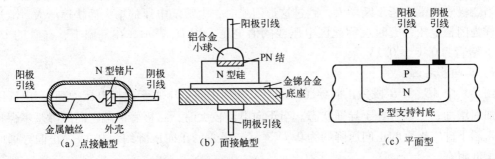

图1.7 3种类型二极管内部结构示意图

四、二极管的导电特性

加在二极管两端的电压与流过二极管的电流之间的关系被称为二极管的伏安特性，可用如图1.8所示的电路测试。

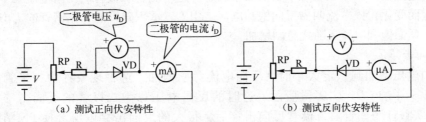

图1.8 测试二极管伏安特性电路

根据测出的二极管两端电压值及与之对应的流过二极管的电流值描绘出的电流随电压变化的曲线，称为二极管的伏安特性曲线，如图1.9所示，图中实线为硅二极管的特性曲线，虚线为锗二极管特性曲线。

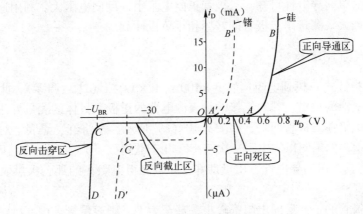

图1.9 二极管的伏安特性曲线

1. 正向特性

当二极管加正向电压时，伏安特性曲线分为正向死区和正向导通区。

1）正向死区

图1.9中 OA、OA' 称为正向死区。当二极管正向电压较小时，正向电流极小（几乎没

有），二极管呈现很大的电阻而处于截止状态，这一部分称为正向特性的死区，好像一个门槛。当二极管两端电压不断增大，越过这道门槛时，电流随电压的增大而快速增大，故这个电压称为门槛电压，有时也称死区电压或阈值电压，用 U_{th} 表示。在常温下，硅管的 U_{th} 为 0.5V，锗管为 0.1 ～ 0.2V。

2）正向导通区

图 1.9 中 AB、A'B' 段为正向导通区。当二极管正向电压大于门槛电压 U_{th} 时，电流随电压增加而增加，二极管处于导通状态。当正向电流较大时，二极管两端正向压降基本保持不变，常温下硅二极管的正向压降约为 0.7V，锗二极管的正向压降约为 0.3V。正向导通时二极管呈低阻态。

2. 反向特性

当二极管两端加反向电压时，伏安特性曲线分为反向截止区和反向击穿区两部分。

1）反向截止区

图 1.9 中 OC、OC' 段为反向截止区。在反向截止区，二极管加反向电压时，反向电流很小，呈现的电阻很大，二极管处于反向截止状态。这时流过二极管的反向电流几乎不随反向电压的变化而变化，该电流叫做反向饱和电流，用 I_s 表示。硅管的 I_s 比锗管的 I_s 小得多。温度升高时，反向饱和电流 I_s 随之急剧增加。

2）反向击穿区

当反向电压增加到一定大小时，反向电流急剧增加，这种现象称为二极管的反向击穿，如图 1.9 中的 CD、C'D' 段所示。这时的反向电压称为二极管的反向击穿电压，用 U_{BR} 表示。实践证明，普通二极管反向击穿后，很大的反向击穿电流会使 PN 结温度迅速升高而烧坏 PN 结，这就从电击穿转化为热击穿，所以应当采取措施防止二极管发生热击穿。

【技能方法】用万用表检测二极管

根据二极管的单向导电性可知，二极管正向电阻小，反向电阻大。利用这一特点，可以用万用表的电阻挡大致测量出二极管的好坏和正负极性。

一、使用指针式万用表检测

将万用表（指针式）拨到电阻挡的 R×100 或 R×1k 挡（注意调零），此时万用表的红表笔接的是表内电池的负极，黑表笔接的是表内电池的正极。具体的测量方法是，将万用表的红、黑表笔分别接在二极管两端，如图 1.10（a）所示，再将红、黑表笔对调后重测，如图 1.10（b）所示，如果测得的电阻一次较小（几千欧姆以下），一次较大（几百千欧姆以上），说明二极管具有单向导电性，质量良好，并且测得电阻小的那一次黑表笔接的是二极管的正极。

如果测得二极管的正、反向电阻都较小，甚至为零，则表示管子内部已短路；如果测得的二极管的正反向电阻都很大，则表示管子内部已断路；如果测得的电阻差别不大，则说明单向导电性差，也不能使用。

二、使用数字式万用表检测

将数字式万用表的量程开关拨到二极管挡，这时红表笔带正电，黑表笔带负电（与指

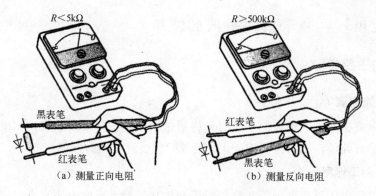

图 1.10　晶体二极管的测量

针式万用表表笔带电情况相反）。用表笔分别连接二极管的两个电极，若显示屏显示为1V以下，表明二极管处于正向导通状态，红表笔所接为二极管的正极，黑表笔所接为负极，如图 1.11（a）所示。若显示屏显示溢出符号1，表明二极管处于反向截止状态，黑表笔所接为正极，红表笔所接为负极，如图 1.11（b）所示。如果两次测试都显示000，表明二极管已被击穿短路；两次测试都显示1，表明二极管内部开路。用数字式万用表测量二极管两端的管压降，若为 $0.5 \sim 0.7V$，即为硅管；若为 $0.1 \sim 0.3V$，即为锗管。

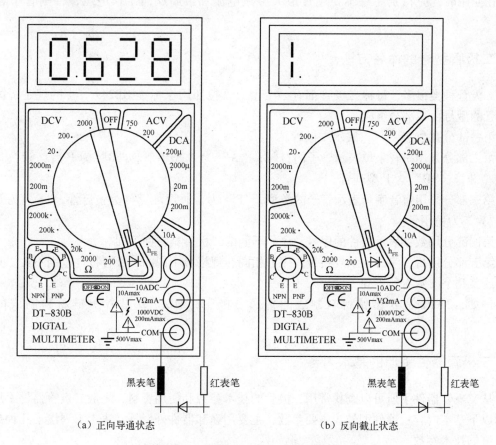

图 1.11　用数字式万用表测二极管

【实践运用】 二极管器件手册的使用

一、二极管的主要参数

1. 最大整流电流 I_{FM}

最大整流电流是指二极管长期工作时允许通过的最大正向平均电流，如果实际工作时的正向平均电流超过此值，则二极管内的 PN 结可能会过分发热而损坏。

2. 最高反向工作电压 U_{RM}

最高反向工作电压是指二极管在使用时所允许加的最大反向电压。为了确保二极管安全工作，通常取二极管反向击穿电压 U_{BR} 的一半作为 U_{RM}。

3. 反向饱和电流 I_R

反向饱和电流是指二极管未击穿时的反向电流，又称为反向漏电流。其值越小，则二极管的单向导电性越好，硅管的 I_R 比锗管的 I_R 小得多。由于温度增加，反向电流会急剧增加，所以在使用二极管时要注意温度的影响。

二极管的参数是正确使用二极管的依据，一般半导体手册中都给出了各种型号管子的参数。在使用时，应特别注意不要超过最大整流电流和最高反向工作电压，否则管子容易损坏。

二、二极管型号的命名方法

二极管种类很多，每种二极管都有一个型号，按照国家标准 GB249—74 的规定，国产二极管的型号由 5 部分组成。

第一部分是数字"2"，表示二极管。

第二部分是用拼音字母表示管子的材料，"A"为 N 型锗管，"B"为 P 型锗管，"C"为 N 型硅管，"D"为 P 型硅管。

第三部分是用拼音字母表示管子的类型，"P"为普通管，"Z"为整流管，"K"为开关管，"W"为稳压管。

第四部分用数字表示器件的序号，序号不同的二极管其特性不同。

第五部分用拼音字母表示规格号，序号相同、规格号不同的二极管特性差别不大，只是某个或某几个参数有所不同。

例如，2AP1 是 N 型锗材料制成的普通二极管，2CZ11D 是 N 型硅材料制成的整流管。

三、二极管器件手册的基本内容

从二极管器件手册可以查找常用二极管的技术参数和使用资料，一般二极管器件手册中包括以下基本内容：器件型号、主要参数、主要用途和器件外形等。表 1.1 列出了几种典型二极管的技术参数。

表1.1　几种典型二极管技术参数表

型　号	最大整流电流 I_{FM}/mA	最高反向工作电压 V_{RM}/V	反向饱和电流 I_R/mA	最高工作频率 f_M/MHz	主要用途
2AP1	16	20		150	检波管
2CK84	100	≥30	≤1		开关管
2CP31	250	25	≤300		整流管
2CZ11D	1 000	300	≤0.6		整流管

【巩固训练】

一、填空题

1. 导电能力介于_____与_____之间的物质是半导体。

2. 半导体具有_____特性、_____特性和光敏特性。

3. P型半导体也称_____半导体，其多数载流子是_____。

4. 二极管按所用材料可分为_____和_____；按PN结的结构特点可分为_____、_____和_____。

5. 型号为2AP9的二极管是_____管，2CZ12C是_____管。

6. 硅二极管的死区电压是_____，导通电压是_____。

7. 二极管的最大整流电流 I_{FM} 的含义是_____。

二、判断题

8. N型半导体带负电。（　　　）

9. 如果二极管的正、反向电阻都很大，则二极管内部断路。（　　　）

10. 二极管的正极电位是 $-8V$，负极电位是 $-7.3V$，则二极管处于反偏。（　　　）

11. 用万用表检测小功率二极管时，应把欧姆挡拨到 $R \times 1$。（　　　）

12. 在相同温度变化的情况下，硅二极管要比锗二极管稳定。（　　　）

13. 温度升高时，二极管的正向压降增大。（　　　）

三、综合分析题

14. 如图1.12所示的各电路中，$U_i = 5V$，二极管的正向压降为0.7V，试判断二极管是导通还是截止，并求输出电压 U_o 的值。

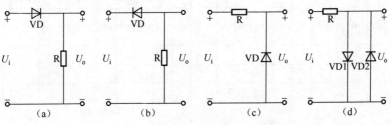

图1.12　第14题图

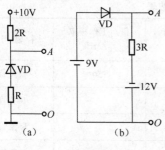

图 1.13　第 15 题图

15. 设图 1.13 中的二极管为硅管，判断二极管的工作状态，并求 AO 间的电压。

四、实践操作题

16. 万用表一只；二极管：2AP 型、2CP 型各 1 只；质差或废次的各类二极管若干只。

（1）测试正反向电阻并判断二极管的正、负极性。

（2）鉴别分析质差或废次管子的质量和损坏情况。

1.2　整流电路

【问题呈现】

如图 1.14 所示，将电源变压器、整流二极管和用电负载连接在一起，通电后用示波器观察变压器次级和负载两端的电压波形。你观察到波形有什么不同吗？

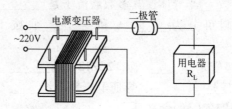

图 1.14　单相半波整流电路接线图

【知识探究】

一、单相半波整流

你观察到的波形是不是如图 1.15 所示呢？如图 1.15（a）所示的是交流电的波形，如图 1.15（b）所示的为脉动直流电的波形。将交流电变为脉动直流电的电路称为整流电路，如图 1.16 所示的就是单相半波整流电路。

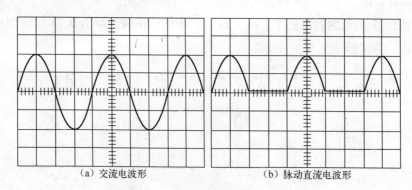

（a）交流电波形　　　　　　（b）脉动直流电波形

图 1.15　交流电和脉动直流电的波形

1. 整流原理

为了分析整流电路时方便，设二极管是理想的，即正偏导通时相当于短路，反偏截止时相当于开路。

单相半波整流的电路图如图 1.16（a）所示，当 u_2 为正半周时，二极管 VD 导通，其两端电压 $u_D = 0$，输出电压 $u_L = u_2$，通过负载的电流 $i_L = i_D = u_L/R_L$，其中 i_D 为流过二极管的电流；当 u_2 为负半周时，二极管截止，$u_L = 0$，$u_D = u_2$，$i_L = i_D = 0$。u_2，u_L，i_L（i_D）和 u_D 的波形如图 1.16（b）所示。

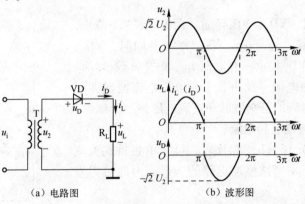

（a）电路图 　　　（b）波形图

图 1.16　单相半波整流电路及相关波形

由此可见，在输入电压 u_2 变化的一个周期内，二极管就像一个自动开关，当 u_2 为正半周时它自动把电源和负载接通；当 u_2 为负半周时，它自动将电源和负载切断。

2. 负载上的直流电压和电流

半波整流后，在负载 R_L 上得到单相半波脉动直流电，其中包含有直流成分和交流成分。通常用其平均值，即直流电压来描述这一脉动电压。单相半波整流电路负载 R_L 上的直流电压的平均值为

$$U_L = 0.45 U_2$$

式中，U_2 为变压器次级交流电压有效值。流过负载的直流电流为

$$I_L = \frac{U_L}{R_L} = \frac{0.45 U_2}{R_L}$$

二、单相桥式整流

1. 电路结构

把电源变压器、4 只整流二极管和用电负载如图 1.17 所示连接在一起，就构成了单相桥式整流电路。

2. 整流原理

单相桥式整流电路如图 1.18（a）所示，图 1.18（b）是其简化画法。

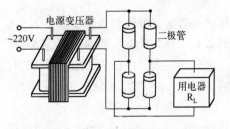

图 1.17　单相桥式整流电路接线图

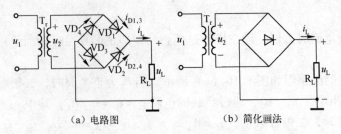

(a) 电路图　　　　　　(b) 简化画法

图 1.18　单相桥式整流电路

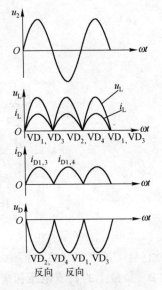

当 u_2 为正半周时，VD_1、VD_3 导通，而 VD_2、VD_4 截止，有电流 $i_{D1,3}$ 流过负载，$u_L = u_2$；当 u_2 为负半周时，VD_2、VD_4 导通，而 VD_1、VD_3 截止，有电流 $i_{D2,4}$ 流过负载，$u_L = -u_2$。流过负载 R_L 的电流 i_L 及负载上的电压电流波形如图 1.19 所示。负载上得到的是全波脉动直流电压。

3. 负载上的直流电压和电流

将图 1.19 与图 1.16（b）相比较，可知单相桥式整流电路的直流输出电压是半波整流电路的 2 倍。由此可得直流电压为

$$u_L = 0.9u_2$$

直流电流为

$$i_L = \frac{0.9u_2}{R_L}$$

图 1.19　单相桥式整流波形图

【技能方法】 整流二极管的选用

一、单相半波整流电路二极管的选用

流过整流二极管的平均电流 I_D 与流过负载的直流电流 I_L 相等，即

$$I_D = I_L = \frac{0.45U_2}{R_L}$$

当二极管截止时，承受的最大反向电压 U_{RM} 是 U_2 的最大值，即

$$U_{RM} = \sqrt{2}U_2$$

显然，整流二极管的选择应满足 $I_F > I_D$，$U_{BR} > 2U_{RM}$。

例 1.1　有一直流负载的阻值为 200Ω，要求流过的电流为 100mA。如果采用半波整流电路，试求变压器次级电压 U_2 的值，并选择适当的整流二极管。

解：因为 $U_L = R_L I_L = 200 \times 100 \times 10^{-3} = 20V$

又因为 $U_L = 0.45U_2$

所以 $U_2 = \dfrac{U_L}{0.45} = \dfrac{20}{0.45} = 44.4V$

流过二极管的直流电流为 $I_D = I_L = 100mA$

二极管承受的最大反向电压为 $U_{RM} = \sqrt{2}U_2 = 1.41 \times 44.4 = 62.6V$

查晶体管手册,可选用1N4001整流二极管。

二、单相桥式整流电路二极管的选用

在桥式整流电路中,二极管 VD_1、VD_3 和 VD_2、VD_4 轮流导通,流过每个二极管的平均电流为

$$I_D = \frac{1}{2}I_L = \frac{0.45U_2}{R_L}$$

整流元件所承受的反向电压为

$$U_{RM} = \sqrt{2}\,U_2$$

例1.2 有一直流负载,需要直流电压 $U_L = 60V$,$I_L = 16A$,采用桥式整流电路,求 U_2 并选择整流二极管。

解: 因为 $U_L = 0.9U_2$

所以 $U_2 = \dfrac{U_L}{0.9} = \dfrac{60}{0.9} = 66.7V$

流过二极管的平均电流为 $I_D = \dfrac{1}{2}I_L = \dfrac{16}{2} = 8A$

二极管承受的最大反向电压为 $U_{RM} = \sqrt{2}\,U_2 = 1.41 \times 66.7V = 94V$

查晶体管手册可知,可选用整流电流为10A,额定反向工作电压为100V的整流二极管2CZ58A 4 只。

【实践运用】 整流桥堆的应用

由上面分析可知,单相半波整流电路结构简单,使用的元器件少,但输出电压脉动大、效率低。桥式整流电路的优点是输出电压高,电源变压器在输出电压正、负半周内都有电流供给负载,电源变压器得到了充分利用,效率较高。因此,这种电路在半导体整流电路中得到了广泛应用。它的缺点是二极管用得较多,但目前可以用整流桥堆替代。

将若干只整流二极管用绝缘瓷、环氧树脂等封装成一体就可以制成整流桥堆,常见的有半桥和全桥整流堆。全桥整流堆如图1.20所示,有4个引脚,其中两个引脚上标有"～"(或者是"AC")符号,是与输入的交流电相连的,另两个引脚分别标着符号"+"、"-",是整流输出直流电压的正、负端。

图1.20 整流桥堆

整流桥堆的主要参数有额定正向整流电流 I_o 和反向峰值电压 U_{RM}。

全桥的额定正向整流电流有0.5A、1A、1.5A、2A、2.5A、3A、5A、10A、20A 等多种

规格，耐压值（反向峰值电压）有 25V、50V、100V、200V、300V、400V、500V、600V、800V、1 000V 等多种规格。

常用的国产全桥有 QL 系列，进口全桥有 RB 系列和 RS 系列等。

国产全桥整流堆的标注方法如下。

1）直接用数字标注 I_o 和 U_{RM} 的值

例如，QL1A/100 或者 QL1A100 表示额定正向整流电流为 1A，反向峰值电压为 100V 的全桥。

2）用字母表示 U_{RM}，用数字表示 I_o

字母与 U_{RM} 值的对应关系如下表所示。

字　　母	A	B	C	D	E	F	G	H	J	K	L	M
电压（V）	25	50	100	200	300	400	500	600	700	800	900	1 000

例如，QL2AF 表示 2A，400V 的全桥。

3）用字母表示 U_{RM}，用数字码表示 I_o

数字和 I_o 值的对应关系如下表所示。

数　　字	1	2	3	4	5	6	7	8	9	10
电流（A）	0.05	0.1	0.2	0.3	0.5	1	2	3	5	10

例如，QL2B 表示 0.1A，50V 的全桥。当数字大于 10 时，可查有关产品的介绍。

【巩固训练】

一、填空题

1. 整流电路的作用是将_____电压变成_____电压。

2. 半波整流电路主要由_____、_____和_____构成。

3. 桥式整流电路采用了_____只二极管，负载上的直流电压 $U_L=$ _____。

4. 桥式整流电路的优点是_____、_____和_____。

5. 常见的整流桥堆有_____和_____两种类型。

二、判断题

6. 半波整流电路的变压器二次侧电压为 10V，其负载上的直流电压为 9V。（　　　）

7. 流过桥式整流电路中每只整流二极管的电流等于负载上的电流。（　　　）

8. 在桥式整流电路中，若有一只整流二极管开路，则结果变为半波整流。（　　　）

9. 反向击穿电压和正向平均电流是选择整流二极管时必须考虑的两个主要参数。（　　　）

10. 在桥式整流电路中，整流二极管承受的最高反向电压是变压器二次侧电压的 0.9 倍。（　　　）

三、综合分析题

11. 在单相半波整流电路中，如果二极管的极性接反了，会产生什么现象？在单相桥式整流电路中，如果有一只二极管的极性接反了，会产生什么现象？

12. 在一桥式整流电路中，变压器一次侧接 220V 电网电压，负载的额定电压是 30V，阻值是 20Ω。

（1）计算变压器的变比。

（2）选择合适的整流二极管。

1.3　滤波电路

【问题呈现】

整流电路输出的是脉动直流电，一般不能满足电子电路对电源的要求。因为这种脉动直流电波动较大，含有很大的交流成分。将脉动直流电中的交流成分滤除的过程叫滤波，如何才能达到滤波的目的呢？还记得《电工技术》中学过的电容器吗？如果在整流电路的负载两端并联一个电容器，对电路输出会有什么影响呢？

用示波器观察如图 1.21 所示的电路中，电容器连接前后，负载两端的电压波形。

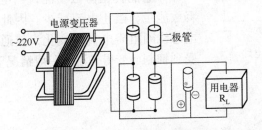

图 1.21　电容滤波电路接线图

【知识探究】

一、电容滤波电路

如图 1.22 所示为桥式整流电容滤波电路，该电路为什么具有滤波功能呢？

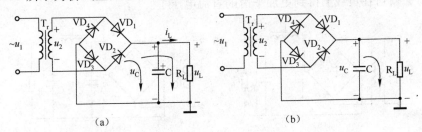

图 1.22　电容滤波原理图

单相桥式整流电路在不接电容 C 时，其输出波形如图 1.23（a）所示。接上电容后，在输入电压 u_2 的正半周，二极管 VD_1、VD_3 在正向电压作用下导通，VD_2、VD_4 反偏截止，如图 1.22（a）所示，整流电流分为两路，一路向负载 R_L 供电，另一路向电容 C 充电。由于二极管导通时内阻很小，充电时间常数很小，因此 C 被迅速充电，如图 1.23（b）中的 Oa 段。到 t_1 时刻，电容上的电压达到最大值 $u_C \approx \sqrt{2} U_2$，极性上正下负。经过 t_1 时刻后，u_2 按正

常规律下降，当 $u_2 < u_C$ 时，4 只二极管均因承受反向电压而截止，电容 C 经 R_L 放电，放电回路如图 1.22（b）所示。因时间常数 $\tau = R_L C$ 较大，u_C 下降缓慢，如图 1.23 中的 ab 段所示。直到 t_2 时刻，$|u_2|$ 上升到 $|u_2| > u_C$ 时，VD_2、VD_4 才导通，同时 C 再度被充电至 $u_C \approx 2\sqrt{2} U_2$，如图 1.23（b）中的 bc 段。而后电容 C 如此反复充放电，于是负载上得到比较平滑的直流电。

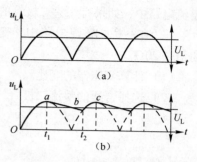

图 1.23　电容滤波波形图

二、电感滤波电路

在桥式整流电路和负载电阻 R_L 之间串入一个电感器，即构成桥式整流电感滤波电路，如图 1.24 所示。利用电感的储能作用可以减小输出电压的纹波，从而得到比较平滑的直流电压。即当电流增加时，电感线圈产生自感电动势阻止电流的增加，同时将一部分电能转化为磁场能；当电流减少时，电感线圈便释放能量，阻止电流减少。因此，电感滤波电路可利用电感线圈阻碍电流的变化，使通过负载电流的脉动成分受到抑制而变得平滑。一般情况下，电感 L 值越大，滤波效果越好。

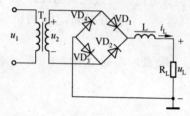

图 1.24　电感滤波电路

三、复式滤波电路

复式滤波电路是由电容和电感或电容和电阻组合的多节滤波电路，常见的有 L 型和 π 型两类。

1. L 型滤波电路

在滤波电容 C 之前串接一个带有铁芯的电感 L 就构成了 L 型滤波电路，如图 1.25（a）所示。脉动直流电经过电感时，交流成分大部分被电感阻碍住了，再经过电容 C 进一步滤除交流成分，就可在负载上得到更加平滑的直流电压了。

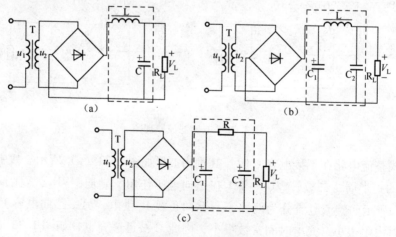

图 1.25　复式滤波电路

2. LC—π 型滤波电路

在 L 型滤波电路的输入端再并联一个电容，就构成了 LC—π 型滤波电路，如图 1.25（b）所示。脉动直流电先经电容 C_1 滤波，然后再经 L 和 C_2，使交流成分大大降低，进一步提高了滤波效果。

3. RC—π 型滤波电路

用电阻 R 代替 LC—π 型滤波电路中的电感线圈 L 就构成了 RC—π 型滤波电路，如图 1.25（c）所示。

【技能方法】电容滤波电路输出电压的估算和滤波电容的选用

整流电路加上滤波电容后不仅使输出电压平滑了，而且使输出电压的平均值提高了，且 R_LC 越大，电容放电速度越慢，负载电压的纹波成分越小，负载平均电压越高。相反，当负载电阻 R_L 的阻值减小，负载电流增加时，负载直流电压 U_L 减小，电压纹波增大。

单相桥式整流电容滤波电路的输出直流电压可由以下公式计算：

$$U_L \approx 1.2U_2$$

滤波电容器的电容量通常取值为

$$C \geqslant (3 \sim 5)\frac{T}{2R_L}$$

式中，T 为电网交流电压的周期。

滤波电容器的额定工作电压（又称耐压）通常取值为

$$U_C \geqslant (1.5 \sim 2)U_2$$

【实践运用】各类滤波电路的特点及应用

电容滤波电路的优点是结构简单，负载直流电压 U_L 较高，电压的纹波也较小。它的缺点是输出特性较差，故适用于负载电压较高，负载变动不大的场合。

电感滤波器适用于负载电流较大并经常变化的场合，但电感量较大的电感线圈，其体积和质量都较大，且易引起电磁干扰，因此，一般在功率较大的整流电路中采用。

L 型滤波电路的带负载能力较强，在负载变化时，输出电压比较稳定。另外，由于滤波电容 C 接在电感 L 之后，对整流二极管不产生浪涌电流冲击。

LC—π 型滤波电路的滤波效果好，但带负载能力差，会对整流二极管产生浪涌电流冲击，适用于要求输出电压脉动小、负载电流不大的场合。

RC—π 型滤波电路成本低、体积小，滤波效果好，但由于电阻 R 的存在，会使输出电压降低，一般适用于输出小电流的场合。

【巩固训练】

一、填空题

1. 滤波电路可将输入的_____变为_____。

2. 电容滤波电路是根据电容器的_____在电路状态改变时不能跃变的原理构成的，适用于负载电流_____的场合。

3. 电感滤波电路是根据电感线圈产生_____阻碍电流变化的原理构成的，适用于负载电流_____的场合。

4. 电容滤波电路中电容器与负载_____联，电感滤波电路中电感器与负载_____联。

二、判断题

5. 滤波电路中的滤波电容器的电容越大效果越好。（　　）

6. LC—π 型滤波电路不但输出电压平滑，而且带负载能力好。（　　）

7. RC—π 型滤波电路适用于负载电流大的场合。（　　）

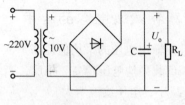

图1.26　第9题图

8. 在滤波电路中，滤波效果最好的是 LC—π 型滤波电路。（　　）

三、综合分析题

9. 在如图 1.26 所示的电路中，输入的交流电频率是 50Hz，如果负载电流是 0.25A，求输出的直流电压并选择滤波电容器。

1.4　特殊二极管

【问题呈现】

脉动直流电经过滤波后，变得平滑了，但还有波动，能否使其变得更平稳些呢？二极管除了用于整流外，还有哪些应用？放学回家经过十字路口时，常看到红绿灯闪烁，这红绿灯是采用什么发光的呢？路灯为什么会自动点亮呢？

【知识探究】

一、稳压二极管

1. 稳压管的特性

稳压管是利用二极管的反向击穿特性，并用特殊工艺制造的面接触型硅半导体二极管，各种稳压二极管及电路符号如图 1.27 所示。

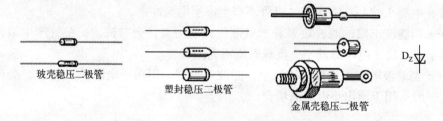

玻壳稳压二极管　　　塑封稳压二极管　　　金属壳稳压二极管

图1.27　各种稳压二极管及符号

它具有低压击穿特性，由于工艺上的特殊处理，只要反向电流小于它的最大允许值，管子仅发生电击穿而不发生热击穿，所以不会损坏。如图 1.28 所示为稳压管的伏安特性，它和普通硅二极管的伏安特性基本相似，但反向击穿区（图中 *AB* 段）更加陡直，反向电流的变化（ΔI_Z）很大，管子两端电压变化（ΔU_Z）很小，这就是稳压管的稳压特性。因此，稳压管应工作在反向击穿区。

2. 稳压管的主要参数

1）稳定电压 U_Z

它指稳压管正常工作时其两端所具有的电压值，U_Z 近似等于反向击穿电压 U_{BR}。每个稳压管只有一个稳定电压 U_Z，但即使同一型号管子的 U_Z 值也具有一定的分散性。例如，一个 2DW231 稳压管的 U_Z 值是 5.8～6.6V 之间的某一确定值。在使用和更换稳压管时一定要对具体的管子进行测试，看其稳压值是否合乎要求。

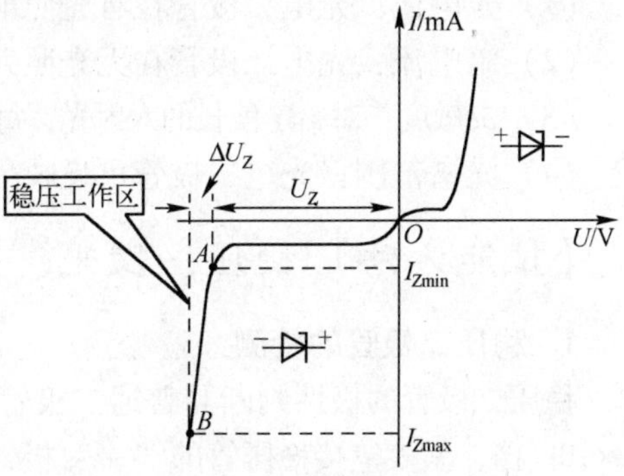

2）稳定电流 I_Z

它指稳压管在稳定电压下的工作电流，即稳压电压 U_Z 对应的工作电流。

图 1.28　稳压管的伏安特性

3）最大稳定电流 I_{Zmax}

它是稳压管长期工作允许通过的最大反向电流。

4）最小稳定电流 I_{Zmin}

它是稳压管进入正常稳压状态所必需的起始电流。实际电流如果小于此值，稳压管因未进入击穿状态而不能起到稳压作用。

5）动态电阻 r_Z

它是稳压管两端电压变化量与通过的电流变化量之间的比值，即

$$r_Z = \frac{\Delta U_Z}{\Delta I_Z}$$

显然 r_Z 越小，则说明 ΔI_Z 引起的 ΔU_Z 变化就越小，稳压管的稳压性能就越好。

二、发光二极管

发光二极管（简称 LED）是一种光发射器件，它是由砷化镓、磷化镓等材料制成的。当这种管子通以电流时将发出光来。光的颜色主要取决于制造所用的材料。目前市场上发光二极管的主要颜色有红、橙、黄、绿、蓝等。如图 1.29 所示为常见发光二极管和电路符号。

图 1.29　发光二极管

对于发出红光、绿光、黄光的发光二极管来说，引脚引线较长者为正极，较短者为负极。若管帽上有凸起标志，则靠近凸起标志的引脚为正极。

三、光电二极管

光电二极管又称光敏二极管，它的结构与一般的二极管类似，但在它的 PN 结处，通过管壳上的一个玻璃管窗口能接收外部的光照。这种器件的 PN 结在反向偏置状态下工作，它的反向电流随光照强度的增强而增大。常见光电二极管及符号如图 1.30 示。

图 1.30　光电二极管

光电二极管的主要参数如下。

（1）光电流：光电二极管在有光照射时的反向电流。

（2）暗电流：光电二极管在无光照射时的反向电流。

（3）灵敏度：对给定波长的入射光，每接收单位光功率时输出的光电流。其单位是 μA/μW。

（4）光谱范围：光电二极管可反映最佳的光谱范围，一般锗管的光谱范围比硅管宽。

【技能方法】 稳压、发光、光电二极管的检测

1. 稳压二极管的检测

稳压二极管的极性判断与普通二极管相同。检测其质量好坏时，可将 500 型万用表置于 R×10k 挡，黑表笔接稳压管的"－"极，红表笔接"＋"极，若此时的反向电阻很小（与使用 R×1k 挡时的测试值相比校），说明该稳压管正常。因为常用的 500 型万用表在采用 R×10k 欧姆挡时内部电压都在 9V 以上，可达到被测稳压管的击穿电压，使其阻值大大减小。

2. 发光二极管的检测

用万用表 R×10k 挡测试。一般正向电阻应小于 30kΩ，反向电阻应大于 1MΩ；若正、反向电阻均为零，说明其内部击穿。反之，若均为无穷大，则内部已开路。

3. 光电二极管的检测

用万用表 R×1k 挡测量，光电二极管的正向电阻不随光照而变化，一般情况读数在几千欧姆左右。光电二极管的反向电阻随光照而变化，光照越强电阻越小。在不受光照时读数一般应在几十万欧姆到无穷大，受光照时仅几百欧姆。

【实践运用】 稳压、发光、光电二极管的实际应用

稳压二极管主要用于恒压电源、辅助电源和基准电源电路，其应用电路如图 1.31（a）所示。

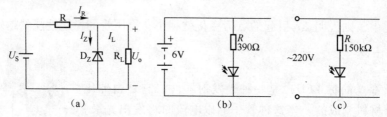

图 1.31 稳压、发光二极管应用电路

发光二极管可以用直流、交流和脉冲电源点亮。它只能工作在正向偏置状态，它的正向压降较大，约为 1.2～2.2V。蓝色发光二极管的正向压降更大，约为 3V。工作电流一般为几毫安到几十毫安。发光二极管还是一种新型冷光源。由于它具有体积小、用电省、工作电压低、寿命长、单色性好和响应速度快等特点，因此常用来作为显示器件，在日常生活中所见到的各种电源指示灯都使用发光二极管。除了单个使用外，它也常做成七段式、矩阵式器件，还可做成各种照明光源。发光二极管在工作时常用限流电阻限流，防止过流烧坏。在遥控器上所采用的是红外发光二极管，发出的是不可见的红外光，这也是发光二极管的一种类型。发光二极管的应用电路如图 1.31（b）和图 1.31（c）所示。

光电二极管是将光信号转换为电信号的常用器件，常用于光的测量、各种自动化控制和光纤通信等。当制成大面积光电二极管时，它就是一种能源器件，称为光电池。

【巩固训练】

一、填空题

1. 稳压二极管工作在_____区，当电流变化很大时，电压变化_____。

2. 稳压管的动态电阻反映了器件稳压性能的好坏，动态电阻越大，稳压性能_____。

3. 发光二极管是一种把_____能转变为_____能的半导体器件。

4. 发光二极管可由_____、_____和_____电源点亮。

5. 光电二极管的_____电流随光照增强而_____。

二、判断题

6. 稳压管的稳定电压是指其正向导通电压。（　　　）

7. 稳压管的稳定电流是指正常工作时的电流参考值。（　　　）

8. 发光二极管只能工作在正向偏置状态。（　　　）

9. 光电二极管的光电流是指它受光照时的正向电流。（　　　）

10. 利用光电二极管的原理可以制成光电池。（　　　）

三、综合分析题

11. 如图 1.32 所示，发光二极管正常工作时，电流为 10mA，正向压降为 1.3V，采用 $R_P = 1k\Omega$ 的可调电阻作为限流电阻，应调到多大？如果调得太小，会出现什么情况？

12. 在如图 1.33 所示的稳压电路中，试计算通过稳压管的电流。如果测得输出电压只有 0.7V，则可能的原因是什么？

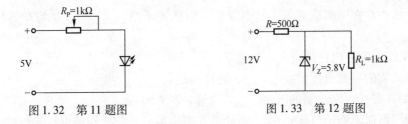

图 1.32　第 11 题图　　　　　　图 1.33　第 12 题图

实验实训　单相桥式整流电容滤波电路的制作与实验

一、训练目标

（1）会安装和调试单相桥式整流电容滤波电路。

（2）会用示波器观测整流及滤波电路的输出电压波形。

（3）知道滤波电容器电容大小对滤波效果的影响。

二、训练器材

（1）示波器 1 台、万用表 1 只。

（2）单相桥式整流电容滤波电路元器件 1 套，元器件参考参数为 $T_r = 220V/6V$，$VD_1 \sim VD_4$：IN4004 × 4，$C = 47\mu F/25V$（$470\mu F/25V$），$R_L = 300\Omega$（$1k\Omega$）。

（3）电铬铁、镊子、剪线钳等工具 1 套，焊锡丝、导线若干。

三、训练内容与步骤

1. 电路的安装

按图 1.34 所示在印制电路板（或万用实验板）上安装电路。

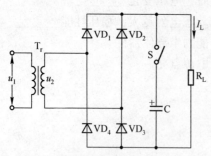

图 1.34　实验实训电路图

2. 观察波形

用示波器分别观察变压器次级，以及开关 S 闭合前后负载电阻两端的电压波形，并画出波形图。

3. 测量电压

用万用表分别测量变压器次级，以及开关 S 闭合前后负载电阻两端的电压，记录下来并验证前面所学的公式是否正确。

4. 观察滤波效果

观察当电容分别为 47μF 和 470μF、负载电阻分别为 300Ω 和 1kΩ 时，负载两端的电压波形有什么不同？思考这是为什么？

5. 观察故障

将电路中一只二极管断开，观察输出波形，测量输出电压。

总 结 评 价

【自我检测】

一、填空题

1. 半导体中存在两类载流子，其中带正电的载流子是_____，N 型半导体中多数载流子是_____。

2. PN 结的单向导电性是指_____。

3. 锗二极管的导通电压是_____，死区电压是_____。

4. 2CZ11A 是_____型的_____二极管，2CW50 是_____型的_____二极管。

5. 若变压器次级输出电压是 6V，则经半波整流后，负载两端的电压是_____，经桥式整流后负载两端的电压是_____。

6. 桥式整流电路中变压器次级输出电压是 10V，则二极管承受的最大反向电压是_____。

7. 滤波效果最好的是_____，但它的_____较差。

8. 利用_____原理可以制成一种新能源，利用_____原理可以制成一种新光源。

二、选择题

9. P 型半导体（　　）。

　　A. 带正电　　　　　　　　　B. 带负电　　　　　　　　C. 呈中性

10. 如果二极管正、反向电阻都很大，则该二极管（　　）。

　　A. 正常　　　　　　　　　　B. 已被击穿　　　　　　　C. 内部断路

11. 用万用表欧姆挡测量小功率二极管的特性好坏时，应当把欧姆挡拨到（　　）。

　　A. R×100Ω 或 R×1kΩ 挡　　B. R×1Ω 挡　　　　　　　C. R×10kΩ 挡

12. 稳压管和发光二极管正常工作时就在特性曲线的（　　）。

A. 稳压管工作在正向导通区，发光二极管工作在反向击穿区

B. 发光二极管工作在正向导通区，稳压管工作在反向击穿区

C. 都工作在正向导通区

13. 光电二极管有光线照射时，正向电阻（　　　）。

　　A. 增大　　　　　　　　　B. 减小　　　　　　　　　C. 基本不变

三、综合分析题

14. 试判断图 1.35 所示的二极管是导通还是截止，并求出 AO 两端电压 U_{AO}，设二极管是理想的。

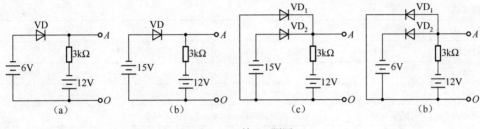

图 1.35　第 14 题图

15. 在如图 1.36 所示的电路中，下列几种情况各是什么电路？如果输入电压是 12V，则负载两端的电压各是多少？

（1）S1、S2 都闭合。

（2）S1、S2 都断开。

（3）S1 闭合、S2 断开。

（4）S1 断开、S2 闭合。

四、实践操作题

16. 整流滤波电路的安装。

（1）电路原理图如图 1.37 所示。

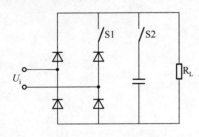
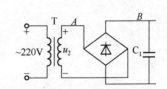

图 1.36　第 15 题图　　　　　图 1.37　电路原理图

（2）材料清单如表 1.2 所示。

表 1.2　材料清单

序　号	名　　称	型号规格	代　号	数　量
1	变压器	220V/12V	T	1
2	桥式整流堆	BD101		1
3	电解电容	100μF	C_1	1

（3）操作要求。

印制电路板安装整齐美观，焊接质量好、无损伤。

导线焊接要可靠，不得有虚焊，特别是导线与正负极间的焊接位置和焊接质量要好。

【自我总结】

请反思在本章学习中你的收获和疑惑，并写出你的体会和评价。

自我总结与评价表

内　　容		你的收获	你的疑惑
获得知识			
掌握方法			
习得技能			
学习体会			
学习评价	自我评价		
	同学互评		
	老师寄语		

第2章 三极管及其基本放大电路

【学习建议】

通过本章的学习，你将能识别和检测晶体三极管，知道三极管的结构、电流分配关系和放大原理；知道三极管特性曲线的形状，会查阅三极管手册；知道选用三极管的注意事项；知道基本放大电路和固定偏置放大电路中各元器件的作用；知道静态工作点对放大电路的重要影响，会分析基本放大电路和有固定偏置放大电路，会计算静态工作点和动态参数；知道多级放大电路的耦合方式，能进行多级放大电路的简单分析和计算；知道多级放大电路的零点漂移现象和差动放大器的特点。

本章是模拟电子技术的重要内容和基础部分，为了切实获得上述知识和技能，除了上课认真听讲、注意观察和思考外，建议学会使用电子仿真软件来验证和分析电路。

2.1 晶体三极管

【问题呈现】

1947 年 12 月 23 日，美国新泽西州墨累山的贝尔实验室里，3 位科学家——巴丁博士、布莱顿博士和肖克莱博士——正在紧张而又有序地做着实验。他们正进行着在导体电路中用半导体晶体把声音信号放大的实验，3 位科学家惊奇地发现，在他们发明的器件中通过的一部分微量电流，竟然可以控制另一部分流过的大得多的电流，从而产生了放大效应。这个器件，就是在科技史上具有划时代意义的成果——晶体三极管。这 3 位科学家因此共同荣获了 1956 年诺贝尔物理学奖。晶体三极管到底是一个什么样的元器件？为什么会有这么大的作用呢？

【知识探究】

一、三极管的结构与分类

半导体三极管，又称双极型晶体管，简称三极管。三极管的种类很多，按照频率分，有高频管、低频管；按照功率分，有大、中、小功率管；按半导体材料分，有硅管、锗管等。但是从它的外形来看，三极管都有 3 个电极，常见的三极管的外形如图 2.1 所示。

根据结构的不同，三极管一般可分为两种类型，即 NPN 型和 PNP 型。这两种晶体三极管的结构示意图如图 2.2 所示。它有 3 个区，即发射区、基区、集电区，各自引出一个电极，分别称为发射极 e、基极 b、集电极 c。每个三极管的内部都有两个 PN 结。发射区和基区之间的 PN 结，称为发射结；集电区和基区之间的 PN 结，称为集电结。

必须指出，三极管并不是两个 PN 结的简单组合，其内部的 3 个区域必须具有如下特性：基区很薄且杂质浓度很低，发射区杂质浓度高，集电结面积大。这是三极管具有电流放大作用的内部原因。因此三极管不能用两个二极管代替，也不可以将发射极与集电极互换使用。

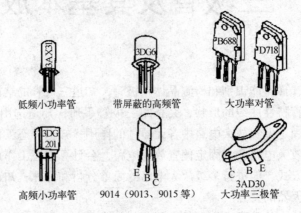

图 2.1　几种常见的三极管

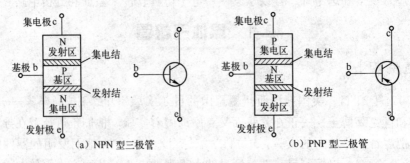

图 2.2　三极管的结构示意图和电路符号图

　　NPN 型三极管和 PNP 型三极管的图形符号中，发射极 e 的箭头表示发射结加正向电压时的电流方向。

二、三极管的电流分配关系与放大作用

1. 放大的概念

　　三极管与二极管的最大不同之处就是它具有电流放大作用。电子电路中所说的放大，有两方面含义。一是放大的对象是变化量，不是一个恒定量，如扩音机是把人讲话时声音的轻重和高低放大出来；二是指对能量的控制作用，即在输入端用一个小的变化量去控制能量，使输出端产生一个与输入变化量相应的大的变化量；体现了对能量的控制作用。具有对能量进行控制的作用的器件，称为有源器件。

2. 实现放大作用的条件

　　三极管实现放大作用的外部条件，就是给它设置合适的偏置电压，即在发射结加正向电压（正向偏置），在集电结加反向电压（反向偏置）。因此，NPN 管的集电极电位高于基极电位，基极电位又高于发射极电位，即 $U_C > U_B > U_E$；PNP 型管的情况正好相反，即 $U_E > U_B > U_C$。图 2.3 画出了这两种三极管的直流供电电路，其中 $V_{CC} > V_{BB}$。

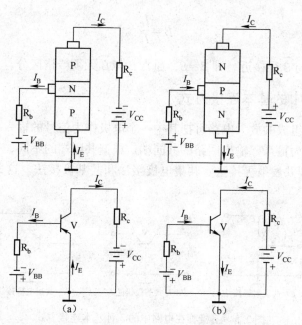

图2.3 发射结正偏和集电结反偏电路

3. 三极管的电流分配关系与放大作用

我们先来做个实验，观察一下三极管各个电极电流的情况及它们之间的关系，实验电路如图 2.4 所示。调节电位器 R_P，以改变基极电流 I_B，则可测得相应的 I_C 和 I_E 的数据。

表 2.1 列出了 7 组实验数据。

表 2.1 I_B、I_C、I_E 实验数据

I_B（mA）	-0.004	0	0.01	0.02	0.03	0.04	0.05
I_C（mA）	0.004	0.01	1.09	2.18	3.07	4.06	5.05
I_E（mA）	0	0.01	2.2	2.00	3.10	4.10	5.10

分析表中的数据可以得出如下结论。

（1）三极管的发射极电流等于集电极电流与基极电流之和，即 $I_E = I_B + I_C$，且 $I_C \geqslant I_B$，$I_E \approx I_C$。

（2）I_B 变化时，I_C 也跟着变化，I_C 受 I_B 控制。只要 I_B 有一个微小的变化，就能引起 I_C 较大的变化，我们称这种现象为三极管的电流放大作用。电流放大作用的实质是通过改变基极电流 I_B 的大小，达到控制 I_C 的目的，因此双极型晶体三极管是一种电流控制元件。

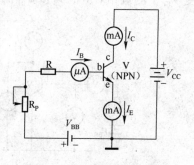

图2.4 三极管实验电路图

（3）ΔI_C 与 ΔI_B 的比值几乎是一个常数，我们将这个比值称为共发射极交流电流放大系数，即

$$\beta = \frac{\Delta I_C}{\Delta I_B}$$

三极管集电极直流电流 I_C 和相应的基极电流 I_B 的比值称为直流放大系数，用 $\overline{\beta}$ 表示，即

$$\bar{\beta} = \frac{I_C}{I_B}$$

一般情况下，β 与 $\bar{\beta}$ 很接近，即 $\beta \approx \bar{\beta}$，通常 β 与 $\bar{\beta}$ 无须严格区分，可以混用。

三、三极管在电路中的基本连接方式

利用晶体三极管组成的放大电路可把其中一个电极作为信号的输入端，一个电极作为输出端，另一个电极作为输入、输出回路的共同端。根据共同端的不同，三极管可有 3 种连接方式（3 种组态），即共发射极接法、共集电极接法和共基极接法。这 3 种基本连接方式如图 2.5 所示。

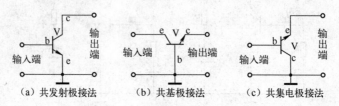

（a）共发射极接法　　　（b）共基极接法　　　（c）共集电极接法

图 2.5　三极管在电路中的 3 种基本连接方式

四、三极管的伏安特性

三极管的特性曲线是指各电极间电压和各电极电流之间的关系曲线。三极管的特性曲线常用的有输入特性和输出特性两种曲线。下面以常用的共发射极电路的输入、输出特性曲线为例来分析。如图 2.6 所示为三极管特性测试电路示意图。

1. 输入特性曲线

输入特性曲线是指当集电极与发射极之间电压 U_{CE} 一定时，基极与发射极之间电压 U_{BE} 与基极电流 I_B 之间的关系曲线。

我们可以通过实验来测试输入特性曲线。测试时，首先应固定 U_{CE} 为某一个值，然后改变 V_{BB}，测量相对应的 I_B 和 U_{BE} 值。根据实验数值绘制出的两条输入特性曲线如图 2.7 所示。

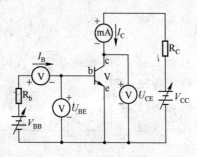

图 2.6　三极管特性曲线测试电路

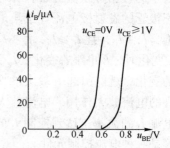

图 2.7　三极管的输入特性曲线

根据输入特性曲线可得出如下结论。

（1）当 $U_{CE} = 0$ 时，相当于 c、e 短接，这时的三极管相当于两个二极管并联，所以它和二极管的正向伏安特性相似。

（2）当 $U_{CE} > 0$ 时，曲线形状基本不变，曲线位置随 U_{CE} 增加向右平移，但当 $U_{CE} > 1V$

后，曲线基本重合。

（3）与二极管相似，发射结也存在门槛电压（或死区电压）U_{th}。小功率硅管的 U_{th} 约为 0.5V，锗管的 U_{th} 约为 0.1V。

（4）正常工作时发射结正向压降变化不大，硅管约为 0.7V，锗管约为 0.3V。

2. 输出特性曲线

输出特性曲线是指当基极电流 I_B 一定时，集电极电流 I_C 与集电极和发射极之间电压 U_{CE} 的关系曲线。测试时，先固定 I_B 值，然后改变 V_{CC}，测出相对应的 I_C 和 U_{CE} 的值，如图 2.8 所示。

通常把输出特性曲线图分成 3 个工作区来分析三极管的工作状态，如表 2.2 所示。

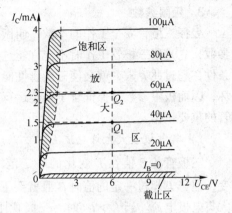

图 2.8　三极管的输出特性曲线

表 2.2　三极管的三种工作状态

三极管状态	特　征　描　述		
截止状态	发射结与集电结都处于反偏	$I_B = 0$，$I_C = I_{CEO} \approx 0$	三极管各极之间呈高阻状态
放大状态	发射结正偏，集电结反偏	$I_C = \beta I_B + I_{CEO} \approx \beta I_B$	具有电流放大作用，集电极电流 I_C 仅受 I_B 的控制，I_C 基本不受 U_{CE} 的影响
饱和状态	发射结与集电结都处于正偏	I_C 不受 I_B 的控制，硅管的 U_{CES} 约为 0.3V，锗管的 U_{CES} 约为 0.1V	三极管饱和时，各极之间电压很小，而电流却较大，呈现低阻状态，故各极之间可近似看成短路

五、三极管的主要参数

三极管的参数可以用来表征其性能优劣和适用的范围，是合理选用三极管的依据。

1. 电流放大系数

三极管的电流放大系数是反映三极管电流放大能力强弱的参数，前面已经进行了阐述。选用三极管时 β 值应适当，一般 β 值太大的管子工作稳定性也较差。

2. 反向饱和电流

1）集电极–基极反向饱和电流 I_{CBO}

它是指发射极开路，集电结在反向电压作用下形成的反向电流，如图 2.9（a）所示。I_{CBO} 受温度的影响很大，它随温度的升高而增加。常温下，小功率硅管的 $I_{CBO} < 1\mu A$，锗管的 I_{CBO} 在 $10\mu A$ 左右。I_{CBO} 的大小反映了三极管的热稳定性。I_{CBO} 越小其热稳定性越好。

2）穿透电流 I_{CEO}

它是指当基极开路，集电极–发射极间加上一定值的电压时，流过集电极和发射极之间的电流，如图 2.9（b）所示。它与 I_{CBO} 的关系为

$$I_{CEO} = (1 + \beta)I_{CBO}$$

I_{CEO} 受温度影响很大，温度升高，I_{CEO} 增大。穿透电流 I_{CEO} 的大小也是衡量三极管热稳定

性的参数，硅管的 I_{CEO} 比锗管的 I_{CEO} 小。

3. 极限参数

表征三极管安全工作的参数，叫做三极管极限参数，它是指三极管工作时不允许超过的极限工作条件，超过此界限，就会使三极管性能下降甚至毁坏，因而极限参数是保证管子安全运行和选择三极管的重要依据。

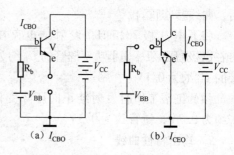

图 2.9 I_{CBO} 与 I_{CEO} 的示意图

1）集电极最大允许电流 I_{CM}

三极管的 β 值在 I_C 变化的一定范围内基本不变，但当 I_C 超过一定的值时 β 值就要下降。I_{CM} 是指 β 值下降到正常值的 2/3 时所允许的最大集电极电流。当 $I_C > I_{CM}$ 时，三极管性能将明显下降，甚至有烧坏管子的可能。因此，在实际使用中必须使 $I_C < I_{CM}$。

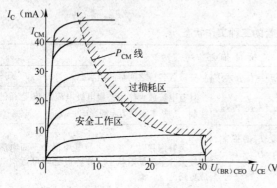

图 2.10   三极管的安全工作区

2）集电极最大允许功耗 P_{CM}

它表示集电结上允许损耗的功率的最大值，超过此值就会使三极管性能变坏或烧毁。集电极实际损耗功率 $P_C = I_C U_{CE}$。三极管正常工作时必须满足 $P_C < P_{CM}$。根据 P_{CM} 值，可以在共发射极特性曲线上画出最大功耗线，如图 2.10 所示。曲线左侧为安全工作区，右侧为过损耗区，三极管工作时不允许进入这个区域。值得注意的是，P_{CM} 值与环境温度

有关，温度越高，则 P_{CM} 值越小。在必要的情况下，可以采用加散热装置的办法来提高 P_{CM} 的值。

3）集电极-发射极间反向击穿电压 $U_{(BR)CEO}$

它是基极开路时，加在集电极和发射极之间的反向击穿电压。当温度升高时 $U_{(BR)CEO}$ 要下降，实际使用中必须使 $U_{CE} < U_{(BR)CEO}$。

【技能方法】

一、用指针式万用表判别三极管极性和管型（PNP 型或 NPN 型）

可用测量各引脚间的电阻的办法来判别，三极管的内部近似结构如图 2.11 所示。

PNP 或 NPN 型管在测量 c 和 e 间电阻时，都可以看成是反向串联的两个 PN 结，PNP 管的基极对集电极和发射极都是反向的；而 NPN 型管的基极对集电极和发射极都是正向的。这是判断管型、极性及管子好坏的依据。其具体方法如下。

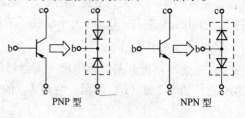

图 2.11   三极管的内部近似结构

1. 先判断基极和管型

将万用表置于 R×100 或 R×1k 挡。黑表笔
接在三极管的某一引脚上，用红表笔分别搭接另外两脚。若测得两个阻值都很大（或很小），再将表笔对调，测得两个阻值都很小（或很大）时，则第一次测试时的黑表笔或第二次测量的红表笔所接的引脚为 PNP 型（或 NPN 型）管的基极，如图 2.12（a）所示。

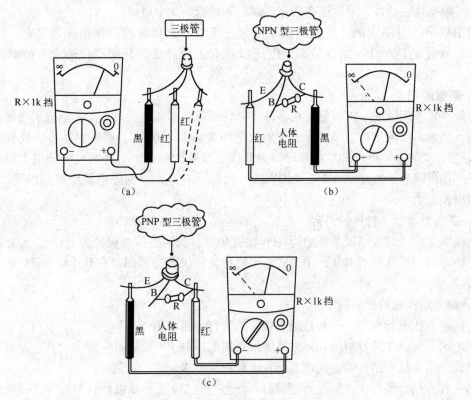

图 2.12 万用表测量接线示意图

2. 判断集电极和发射极

第一种方法：测量 be 结和 bc 结的正向导通电阻，并记下测量结果，一般情况下，阻值较小的是 bc 结，确定了 bc 结后，由于基极已知，则结的另一端就是集电极。余下的第三个电极即为发射极。

第二种方法：在判断出了基极和管型后，将万用表置于 R×100 或 R×1k 挡，左手拿红表笔搭接在待测的一个电极上，右手的大拇指和食指把黑表笔的笔尖和另一待测电极捏接在一起，然后用右手中指接触一下基极（串接人体电阻近似接入基极电阻），观察并记住表指针偏转的角度，再对调表笔按上述方法重测一次。两次测量中偏转角度较大的一次，若为 NPN 管，则黑表笔所接的电极为集电极，如图 2.12（b）所示；若为 PNP 管，则红表笔所接的电极为集电极，如图 2.12（c）所示。判断出基极和集电极后，剩下的电极即为发射极。该方法也常用于估测三极管的放大能力。

二、用数字式万用表检测晶体三极管

数字式万用表体积小巧，便于观察数据，使用和携带都很方便，越来越多地被电子

行业的从业人员和电子爱好者所使用。下面介绍用数字式万用表测量晶体三极管的简易方法。

晶体三极管具有两个 PN 结，分别是集电结和发射结。两个 PN 结分成 3 个区，即发射区、集电区和基区。这 3 个区在制造时掺入了浓度不同的杂质，组成了一个完整的具有放大功能的晶体三极管，其发射区的掺杂浓度最高，集电区的掺杂浓度低于发射区，基区掺杂浓度最低。根据这一特性，可以迅速判断出晶体三极管的 3 个电极。

利用数字式万用表的二极管挡测量晶体三极管，此挡位的工作电压为 2V，可以保证晶体三极管的两个 PN 结在施加此电压后具有正向导通、反向截止的 PN 结单向导电特性。

1. 基极的判定

将数字式万用表的一支表笔接在晶体三极管的假定基极上，另一支表笔分别接触另外两个电极，如果两次测量在液晶屏上显示的数字均为 0.1 ～ 0.7V，则说明晶体三极管的两个 PN 结处于正向导通。此时假定的基极即为晶体三极管的基极，另外两电极分别为集电极和发射极。如果只有一次显示 0.1 ～ 0.7V 或一次都没有显示，则应重新假定基极再次测量，直到测出基极为止。

2. 三极管类型、材料的判定

基极确定后，红表笔接基极的为 NPN 型三极管，黑表笔接基极的为 PNP 型三极管；PN 结正向导通时的结压降在 0.1 ～ 0.3V 的为锗材料三极管，结压降在 0.5 ～ 0.7V 的为硅材料三极管。

3. 集电极和发射极的判定

有两种方法进行判定。一种是用二极管挡进行测量，由于晶体三极管的发射区掺杂浓度高于集电区，所以在给发射结和集电结施加正向电压时 PN 压降不一样大，其中发射结的结压降略高于集电结的结压降，由此判定发射极和集电极。

另一种方法是使用 h_{FE} 挡来进行判断。在确定了三极管的基极和管型后，将三极管的基极按照基极的位置和管型插入到测量孔中，其他两个引脚插入到余下的 3 个测量孔中的任意两个，观察显示屏上数据的大小，找出三极管的集电极和发射极，交换位置后再测量一下，观察显示屏数值的大小，反复测量 4 次，对比观察。以所测的数值最大的一次为准，就是三极管的电流放大系数，相对应插孔的电极即是三极管的集电极和发射极。

4. 质量的判定

（1）正常：在正向测量两个 PN 结时具有正常的正向导通压降 0.1 ～ 0.7V，反向测量时两个 PN 结截止，显示屏上显示溢出符号 "1"。在集电极和发射极之间测量时，显示溢出符号 "1"。

（2）击穿：常见故障为集电结或发射结，以及集电极和发射极之间击穿，在测量时蜂鸣挡会发出蜂鸣声，同时显示屏上显示的数据接近于零。

（3）开路：常见的故障为发射结或集电结开路，在正向测量时显示屏上会显示为表示溢出的符号 "1"。

（4）漏电：常见的故障为发射结或集电结之间在正向测量时有正常的结压降，而在反向测量时也有一定的压降值显示。一般为零点几伏到一点几伏之间，反向压降值越小，说明漏电越严重。

【实践运用】三极管的选用注意事项

在使用三极管时，必须注意三极管的极限值，尤其不能允许这些参数的极限值的组合使用，即不能两个以上的参数的极限值同时被选用。

主要参数极限值如下。

1. 集电极电压 U_{cmax}

它是允许加在三极管集电结上的最大反向电压。使用时不能超过这个最大值，否则集电结在过大的反向电压作用下，会形成很强的电场，使集电极反向电流急剧增加，严重时会导致三极管的损坏。

2. 最大集电极直流功耗 P_{cmax}

该项参数与温度有关，温度升高时，该项参数要降低。锗三极管的上限温度是70℃，硅三极管的上限温度是150℃。为了提高 P_{cmax}，常采用散热片或强制冷却的方法。

3. 反向饱和电流 I_{cbo}

I_{cbo} 一般很小，但其受温度影响很大，会随温度增加呈指数上升的趋势。锗三极管的 I_{cbo} 大且温度特性差，所以在选用三极管时应尽量选用硅管。在器件手册中，常给出 $I_{ceo} = (1+\beta) I_{cbo}$，可见 I_{ceo} 对温度变化更敏感，因此，应选用 I_{ceo} 值比较小的管子。

4. 电流放大倍数

β 值的大小与工作点的频率有关，使用前应进行实测。一般来说，β 值不是越大越好，β 值太大会引起性能不稳定。β 值在 20 ～ 100 较好。

【巩固训练】

一、填空题

1. 根据结构的不同，三极管一般可分为两种类型：_____型和_____型。

2. 每个三极管的内部都有_____个 PN 结。

3. 半导体三极管，又称双极型晶体管，简称三极管。按半导体材料分，有_____管和_____管等。

4. 正常工作时发射结正向压降变化不大，硅管约为_____，锗管约为_____。

5. 三极管可有 3 种连接方式（3 种组态）：_____、_____和_____。

6. 三极管实现放大作用的外部条件，就是给它设置合适的偏置电压，即在发射结加_____电压，在集电结加_____电压。

二、判断题

7. 三极管的发射极电流等于集电极电流与基极电流之和，即 $I_E = I_B + I_C$。（   ）

8. 三极管在正常工作时，在集电结上的电压允许超过最大反向电压 U_{cmax}。（   ）

9. 三极管的集电极电流等于发射极电流与基极电流之和。（   ）

10. 输入特性曲线是指当集电极与发射极之间电压 U_{CE} 一定时，基极与发射极之间电压 U_{BE} 与基极电流 I_B 之间的关系曲线。（   ）

11. 三极管处于放大状态时，发射结正偏，集电结反偏。（   ）

三、分析题

12. 如图 2.13 所示，若用直流电压表测得放大电路中晶体管 V_1 各电极的对地电位

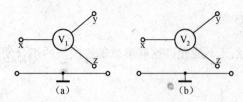

（a）　　　　（b）

图 2.13　第 12 题图

分别为 $U_x = 10V$，$U_y = 0.3V$，$U_z = 1V$，V_2 管各电极的对地电位分别为 $U_x = 0V$，$U_y = -0.3V$，$U_z = -5V$，试判断 V_1 和 V_2 各是何类型、何材料的管子，x、y、z 各是何电极。

四、实践操作题

13. 准备好若干只三极管（如 9013、9014 等），质差或废次的三极管若干只，万用表一只。试鉴别分析三极管的类型、材料。

2.2　三极管基本放大电路

【问题呈现】

用计算机下载的动听歌曲，我们可以通过 MP3 播放，带着耳机即可欣赏，也可以通过校园音响设备播放，让同学们都能听到。那么，MP3 播放器和校园音响设备有什么不同呢？

在现实生活中我们常常需要将微弱变化的电信号放大后去带动执行机构，以对生产设备进行测量、控制或调节。我们已经知道晶体三极管是一种重要的半导体器件，它对电流具有放大作用。那么我们是否可以利用三极管的电流放大作用，来放大微弱的电信号呢？

【知识探究】

一、放大电路的基本概念

1. 放大电路概述

放大电路又称放大器，其作用是将输入的微弱电信号放大成幅度足够大且与原来信号变化规律一致的电信号，即进行不失真的放大。

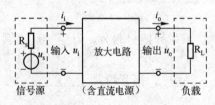

图 2.14　放大器的框图

放大器的框图如图 2.14 所示。信号源提供放大电路的输入信号，它具有一定的内阻；放大电路的作用是将输入的微弱电信号放大，输出被放大了的电信号；负载是接收放大器的输出信号并使之发挥作用的装置，如扬声器、显像管等。此外一般放大器都需要直流电源，以提供电路所需的能量，把直流电源的能量转换为输出信号的能量。

2. 放大电路的主要性能指标

放大电路的性能指标是衡量放大器质量优劣的标准，并决定了它的适用范围。这里主要讨论放大电路的放大倍数、输入电阻和输出电阻等参数。

1）放大倍数

放大倍数又称增益，是衡量放大电路放大能力的指标，主要有下列 3 种。

■ 电压放大倍数 A_u

它是放大器输出电压 u_o 与输入电压 u_i 的比值，即

$$A_u = \frac{u_o}{u_i}$$

■ 电流放大倍数 A_i

它是放大器输出电流 i_o 与输入电流 i_i 的比值，即

$$A_i = \frac{i_o}{i_i}$$

■ 功率放大倍数 A_P

它是放大器输出功率 P_o 与输入功率 P_i 的比值，即

$$A_P = \frac{P_o}{P_i}$$

它们之间的关系如下：

$$A_P = \frac{P_o}{P_i} = \frac{|I_o u_o|}{I_i u_i} = |A_i \cdot A_u|$$

工程上常用分贝（dB）表示放大倍数的大小，即

$$A_u(dB) = 20 \lg |A_u|$$

$$A_i(dB) = 20 \lg |A_i|$$

$$A_P(dB) = 10 \lg A_P$$

采用分贝表示放大倍数，可使表达式变得简单，运算变得方便。

2）输入电阻 R_i

输入电阻 R_i 是从放大电路输入端看进去的等效电阻，它的定义如下：

$$R_i = \frac{u_i}{i_i}$$

R_i 越大，表明它从信号源获得的电流越小，放大电路输入端所得的电压 u_i 就越接近信号源电压 u_s。

3）输出电阻 R_o

输出电阻 R_o 是从放大电路的输出端看进去的等效电阻，如图 2.15 所示。

通常测定输出电阻的方法是在输入端加信号 u_i，并保持不变，分别测出放大电路空载（R_L 断开）时的输出电压 u_o' 和接上负载 R_L 后的输出电压 u_o、显然，$u_o = u_o' \cdot \dfrac{R_L}{R_L + R_o}$，于是有

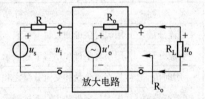

图 2.15　求输出电阻 R_o 的等效电路

$$R_o = \left(\frac{u_o'}{u_o} - 1 \right) R_L$$

显然，R_o 越小，接上负载 R_L 后输出电压下降越少，说明放大电路带负载能力越强。因此，输出电阻 R_o 反映了放大电路带负载能力的强弱。

必须注意，以上讨论都是在放大电路的输出波形不失真（或基本不失真）的情况下进行的，而且放大电路的输入电阻和输出电阻不是直流电阻，而是在线性使用情况下的交流等

效电阻，用符号 R 带有小写字母下标 i 和 o 来表示。

二、三极管基本放大电路

由一个放大器件（如三极管）组成的简单放大电路，就是基本放大电路。这里先介绍共发射极基本放大电路。

共发射极基本放大电路如图2.16所示。

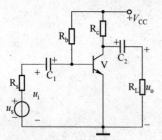

图2.16　共发射极基本放大电路

1. 元件的作用

（1）V：晶体三极管，其作用是将电流放大，是整个放大电路的核心元件。

（2）$+V_{CC}$：是整个放大电路正常工作的直流电源，它通过电阻 R_b 向发射结提供正偏电压；通过电阻 R_c 向集电结提供反偏电压。

（3）R_b：称为基极偏置电阻，由它决定基极直流电流 I_B（I_B通常称为偏置电流），R_b必须取适当的值，才能保证晶体管处于放大工作状态。

（4）集电极负载电阻 R_c：它的作用是将集电极电流 i_C 的变化转换成集电极电压 u_{CE} 的变化。若 $R_c=0$，则 u_{CE} 恒等于 V_{CC}，输出电压 u_o 等于0，电路失去放大作用。

（5）耦合电容 C_1 和 C_2：起隔直流、耦合交流的作用。在低频放大电路中，C_1 和 C_2 通常采用电解电容。值得注意的是，电解电容是有极性的，其正极应接直流高电位。

2. 电路中电压和电流符号的规定

放大电路在没有输入交流信号时，放大电路的各电压和电流都为直流。当有交流信号输入时，电路的电压和电流是由直流分量和交流分量叠加而成的。为了便于区别放大电路中电流或电压的直流分量、交流分量和瞬时值，对文字符号的写法如表2.3所示。

表2.3　放大电路中电压与电流的符号

名　称	符号表示方法	举　例
直流分量	用大写字母和大写下标表示	I_B，I_C，I_E，U_{BE}，U_{CE}，U_B，U_C，U_E
交流分量	用小写字母和小写下标表示	i_b，i_c，i_e，u_{be}，u_{ce}，u_i，u_o
瞬时值	是直流分量和交流分量之和，用小写字母和大写下标表示	i_B，i_C，i_E，u_{BE}，u_{CE}，u_I，u_O
交流有效值	用大写字母和小写下标表示	I_b，I_c，I_e，U_{be}，U_i，U_o

三、放大电路的静态分析

1. 直流通路和交流通路

分析的放大电路在工作时，其工作电流与电压既有直流分量，又有交流分量。为了便于分析，常将直流分量和交流分量分开来研究。所谓直流通路，是指放大电路未加输入信号时，放大电路在直流电源 V_{CC} 的作用下，直流分量所流过的路径。所谓交流通路，是指在输入信号的作用下交流信号流经的通路。

画直流通路的原则是，放大电路中的耦合电容、旁路电容视为开路，电感视为短路。

画交流通路的原则是，放大电路中电容视为短路，直流电源（如 V_{CC}）视为短路。
以图 2.16 共发射极基本放大电路为例，画出的直流通路和交流通路如图 2.17 所示。

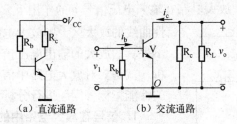

（a）直流通路　　　　　（b）交流通路

图 2.17　基本放大电路的直流通路和交流通路

2. 静态工作点

电路处于静态时，三极管各个电极的电压、电流在特性曲线上确定为一点，称为静态工作点，常称为 Q 点。一般用 I_B、I_C 和 V_{CE}（或 I_{BQ}、I_{CQ} 和 V_{CEQ}）表示，由放大电路的直流通路确定静态工作点。

根据图 2.17（a）所示的共发射极放大电路的直流通路，由电路得

$$I_B = \frac{V_{CC} - V_{BE}}{R_B} \approx \frac{V_{CC}}{R_B}$$

$$I_C = \beta I_B$$

$$V_{CE} = V_{CC} - I_C R_C$$

用上式可以近似估算此放大电路的静态工作点。晶体管导通后硅管 V_{BE} 的大小约在 $0.6 \sim 0.7\text{V}$ 之间（锗管 V_{BE} 的大小约在 $0.2 \sim 0.3\text{V}$ 之间）。而当 V_{CC} 较大时，V_{BE} 可以忽略不计。

3. 静态工作状态的图解分析法

放大电路静态工作状态的图解分析如图 2.18 所示。

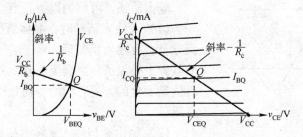

图 2.18　放大电路静态工作状态的图解分析

直流负载线的确定方法如下。

（1）由直流负载列出方程式 $V_{CE} = V_{CC} - I_C R_c$。

（2）在输出特性曲线 X 轴及 Y 轴上确定两个特殊点——V_{CC} 和 V_{CC}/R_c，即可画出直流负载线。

（3）由输入回路列出方程式 $V_{BE} = V_{CC} - I_B R_b$。

（4）在输入特性曲线上，画出输入负载线，两线的交点就是 Q 点。

（5）得到 Q 点的参数 I_{BQ}、I_{CQ} 和 V_{CEQ}。

四、放大电路的动态分析

静态工作点确定以后，放大电路在输入电压信号 v_i 的作用下，若晶体管能始终工作在特性曲线的放大区，则放大电路输出端就能获得基本上不失真的放大的输出电压信号 v_o。放大电路的动态分析，就是要对放大电路中信号的传输过程、放大电路的性能指标等问题进行分析讨论。

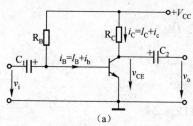

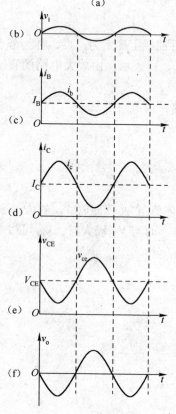

图 2.19　放大电路中电压、电流的波形

1. 信号在放大电路中的传输与放大

下面以图 2.19（a）为例来讨论，图中 I_B、I_C、V_{CE} 表示直流分量（静态值），i_b、i_c、v_{ce} 表示输入信号作用下的交流分量（有效值用 I_b、I_c、V_{ce} 表示），i_B、i_C、v_{CE} 表示总电流或总电压，这点务必搞清。

设输入信号 v_i 为正弦信号，通过耦合电容 C_1 加到晶体管的基—射极，产生电流 i_b，因而基极电流 $i_B = I_B + i_b$。集电极电流受基极电流的控制，$i_C = I_C + i_c = \beta(I_B + i_b)$。电阻 R_C 上的压降为 $i_C R_C$，它随 i_C 成比例地变化。而集—射极的管压降 $v_{CE} = V_{CC} - i_C R_C = V_{CC} - (I_C + i_c)R_C = V_{CE} - i_c R_C$，它却随 $i_C R_C$ 的增大而减小。耦合电容 C_2 阻隔直流分量 V_{CE}，将交流分量 $v_{ce} = -i_c R_C$ 送至输出端，这就是放大后的信号电压 $v_o = v_{ce} = -i_c R_C$。v_o 为负，说明 v_i、i_b、i_c 为正半周时，v_o 为负半周，它与输入信号电压 v_i 反相。图 2.19（b）～（f）为放大电路中各有关电压和电流的信号波形。

综上所述，可归纳以下几点。

（1）无输入信号时，晶体管的电压、电流都是直流分量。有输入信号后，i_B、i_C、v_{CE} 都在原来静态值的基础上叠加了一个交流分量。虽然 i_B、i_C、v_{CE} 的瞬时值是变化的，但它们的方向始终不变，即均是脉动直流量。

（2）输出 v_o 与输入 v_i 频率相同，且 v_o 比 v_i 的幅度大得多。

（3）电流 i_b、i_c 与输入 v_i 同相，输出电压 v_o 与输入 v_i 反相，即共发射极放大电路具有"倒相"作用。

2. 共发射极放大电路的动态参数

假定电路已经有了合适的静态工作点并且是在小信号情况下工作的，NPN 三极管的电路如图 2.20 所示。给晶体管的输入端加交流信号 u_{be} 时，在其基极将产生相应的变化电流 i_b，如同在一个电阻上加交流电压而产生交流电流一样。因此晶体管的输入端 b、e 之间可以用一个等效电阻代替，我们把这个电阻称为三极管的输入电阻，用 r_{be} 表示，r_{be} 的大小为：

$$r_{be} = \frac{u_{be}}{i_b}$$

在小信号输入的情况下，r_{be} 基本上不随信号的变化而变化，r_{be} 可以用下面的近似公式表示：

$$r_{be} \approx r_{bb'} + (1+\beta)\frac{26(mV)}{I_E(mV)}$$

上式中 $r_{bb'}$ 是晶体管基区电阻，在小电流（I_{EQ} 约几毫安）工作的情况下，$r_{bb'}$ 约为 100 ～ 300Ω。

从上式可以看出，r_{be} 与静态电流 I_E 有关。值得注意的是，r_{be} 是三极管 b、e 之间的交流等效电阻，而不是直流电阻。

对于动态指标的计算，需首先画出放大电路的交流通路，如图 2.21 所示，再求出放大电路的性能指标 A_u、R_i、R_o 等。

图 2.20　NPN 三极管电路

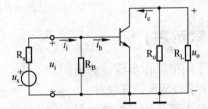

图 2.21　共射极基本放大电路的交流通路

电压放大倍数为

$$A_u = \frac{u_o}{u_i} = -\frac{\beta R_L'}{r_{be}}$$

上式中，$R_L' = R_c /\!/ R_L$，负号表示共射极电路的倒相作用。

又由图 2.21 得 $u_i = i_i (R_B /\!/ r_{be})$，考虑到 $R_B \geqslant r_{be}$，故输入电阻为

$$R_i = \frac{u_i}{i_i} = R_B /\!/ r_{be} \approx r_{be}$$

放大器的输出电阻 R_o 就是从放大器输出端（不包括外接负载电阻 R_L）看进去的交流等效电阻，因晶体管输出端在放大区为一受控恒流源，其动态电阻很大，所以输出电阻就近似等于集电极电阻，即

$$R_o = R_c$$

【技能方法】

例 2.1　电路为如图 2.22 所示的共射极放大电路，已知 V_{CC} = 12V，$R_B = 300k\Omega$，$R_C = 4k\Omega$，$R_L = 4k\Omega$，$R_S = 100\Omega$，晶体管的 β = 40。求：①估算静态工作点；②计算电压放大倍数；③计算输入电阻和输出电阻。

解：① 估算静态工作点。

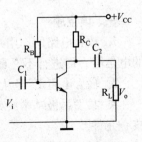

图 2.22　例 2.1 的电路图

$$I_B \approx \frac{V_{CC}}{R_B} = \frac{12}{300} = 40(\mu A)$$

$$I_C = \beta I_B = 40 \times 40 = 1.6(mA)$$

$$V_{CE} = V_{CC} - I_C R_C = 12 - 1.6 \times 4 = 5.6(V)$$

② 计算电压放大倍数。

$$r_{be} = 300 + (1+\beta)\frac{26}{I_E} = 300 + 41 \times \frac{26}{1.6} = 0.966(k\Omega)$$

$$\dot{V}_o = -\beta \dot{I}_b \cdot (R_C /\!/ R_L)$$

$$\dot{V}_i = \dot{I}_b r_{be}$$

$$A_v = \frac{\dot{V}_o}{\dot{V}_i} = \frac{-\beta \dot{I}_b \cdot (R_C /\!/ R_L)}{\dot{I}_b r_{be}} = -40 \times \frac{2}{0.966} = -82.8$$

③ 计算输入电阻和输出电阻。

$$r_i = \frac{V_i}{I_i} = R_B /\!/ r_{be} \approx 0.966(k\Omega)$$

$$r_o = R_C = 4(k\Omega)$$

【实践运用】

根据下面的操作步骤，仿真实验。

（1）打开 EWB 仿真软件。

（2）单击元件库三极管符号，拖曳一个 NPN 型三极管到工作区。

（3）单击元件库电阻符号，拖曳两个电阻到工作区，并修改电阻的阻值和标识 R_B（180kΩ），R_C（2kΩ）。

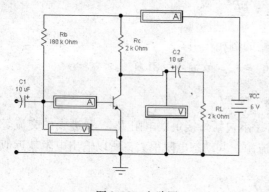

图 2.23　电路图

（4）单击元件库电阻符号，拖曳两个电解电容到工作区，并修改电容器和标识。C1、C2 均为 10μF。

（5）单击元件库电源符号，拖曳电源到工作区，并修改电源电压为 6V。

（6）单击元件库，拖曳电流表 2 只，电压表 2 只到工作区。

（7）按图 2.23 所示连接线路（此电路图为 EWB 仿真软件所画）。

（8）接通电路，测量数据静态工作点数据。

【巩固训练】

一、填空题

1. 放大电路的作用是将输入的_____放大成幅度足够大且与原来信号变化规律一致的电信号，即进行不失真的放大。

2. 输入电阻 R_i 是从放大电路_____端看进去的等效电阻。

3. 共发射极基本放大电路中晶体三极管的作用是将_____放大，是整个放大电路的核心元件。

4. 画直流通路的原则是，放大电路中的耦合电容、旁路电容视为_____，电感视为_____。

5. 共发射极放大电路具有"倒相"作用，即输出电压 V_o 与 _____反相。

二、计算题

6. 已知共发射极基本放大电路如图 2.24 所示，其中晶体三极管的 $\beta = 80$，$R_b = 300\text{k}\Omega$，$R_c = 2\text{k}\Omega$，$V_{CC} = +12\text{V}$，$R_L = 2\text{k}\Omega$。

求：①估算静态工作点；②计算电压放大倍数；③计算输入电阻和输出电阻。

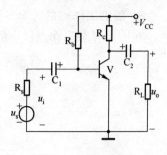

图 2.24　第 6 题图

2.3　具有稳定工作点的放大电路

【问题呈现】

在图 2.25 所示的电路中，将低频信号发生器接入输入端，向电路输入 1kHz、50mV 的正弦信号。将示波器接在电路输出端，观察输出波形。调节 R_P 的阻值，观察输出波形有什么变化？为什么？

由此可见，合理的静态工作点是保证放大电路正常工作的先决条件。但是放大电路的静态工作点常因外界条件的变化而发生变动。在固定偏置放大电路中，温度变化、三极管老化、电源电压波动等外部因素都容易引起静态工作点的变动，严重时将使放大电路不能正常工作，如何解决这个问题呢？

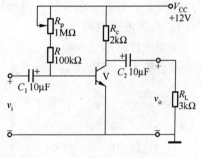

图 2.25　电路图

【知识探究】

一、分压式偏置放大电路

1. 电路的组成

分压式偏置电路如图 2.26 所示。电源电压 V_{CC} 经 R_{b1} 和 R_{b2} 分压后得到基极电压 U_B，提供基极偏置电流 I_B，R_e 是发射极电阻，C_e 是发射极电阻旁路电容。

2. 电路工作原理

由图 2.26 可知，由于基极电位 U_B 可近似看成是由 V_{CC} 经电阻分压后得到的，故可认为其不受温度变化的影响，基本上是稳定的，$U_{BEQ} = U_{BQ} - U_{EQ}$，当环境温度升高时，$I_{EQ}$ 增大，发射极电位 $U_{EQ} = I_{EQ}R_e$ 升高，故 U_{BEQ} 减小，使 I_{BQ} 也减小，于是限制了 I_{CQ} 的增大，其总的效果是使 I_{CQ} 基本不变。上述稳定过程可表示为

$$T(\text{温度})\uparrow \to I_{CQ}\uparrow \to I_{EQ}\uparrow \to U_{EQ}\uparrow \to U_{BEQ}\downarrow \to I_{BQ}\downarrow \to I_{CQ}\downarrow$$

分压式偏置电路中与 R_e 并联的旁路电容 C_e 的作用是提供交流信号的通道，减少信号放大过程的损

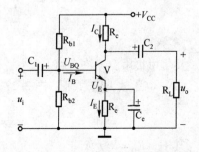

图 2.26　分压式稳定工作点偏置电路

耗，使放大器的放大倍数不至于因 R_e 的存在而降低。

3. 静态工作点的计算

在满足静态工作点稳定的条件下，不难得到

$$U_{BQ} \approx \frac{R_{b2}}{R_{b1} + R_{b2}} V_{CC}$$

$$I_{CQ} \approx I_{EQ} = \frac{U_{BQ} - U_{BEQ}}{R_e} \approx \frac{U_{BQ}}{R_e}$$

$$U_{CEQ} = V_{CC} - I_{CQ}R_e - I_{EQ}R_c \approx V_{CC} - I_{CQ}(R_e + R_e)$$

$$I_{BQ} = \frac{I_{CQ}}{\beta}$$

应当指出，当 $U_{BQ} > U_{BE}$ 得不到满足时，则 U_{BE} 不能忽略。

二、放大电路的 3 种基本组态

根据输入和输出回路共同端的不同，放大电路有 3 种基本组态。除了上面讨论的共发射极电路外，还有共集电极和共基极两种电路，下面分别予以讨论。

1. 共集电极电路

共集电极基本放大电路如图 2.27（a）所示，其结构特点是集电极直接接电源，而负载接在发射极上，所以共集电极放大电路也称为"射极输出器"或"射极跟随器"。

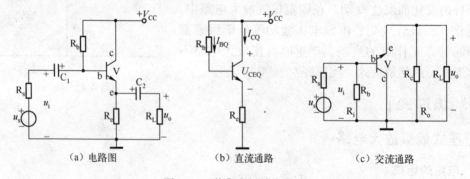

（a）电路图　　　　　　（b）直流通路　　　　　　（c）交流通路

图 2.27　共集电极放大电路

根据图 2.27（b）所示的直流通路，在基极回路中，按照基尔霍夫电压定律可知

$$V_{CC} = I_{BQ}R_b + U_{BEQ} + I_{EQ}R_e = I_{BQ}R_e + U_{BEQ} + (1 + \beta)I_{BQ}R_e$$

故

$$I_{BQ} = \frac{V_{CC} - U_{BEQ}}{R_b + (1 + \beta)R_e} \approx \frac{V_{CC}}{R_b + (1 + \beta)R_e}$$

$$I_{EQ} = (1 + \beta)I_{BQ}$$

$$U_{CEQ} = V_{CC} - I_{EQ}R_e$$

共集电极电路动态分析。

（1）电压放大倍数 A_u：图 2.27（c）所示为电路的交流通路，通过分析可以得到

$$A_u = \frac{u_o}{u_i} = \frac{(1 + \beta)R'_L}{r_{be} + (1 + \beta)R'_L}$$

其中，$R'_L = R_e // R_L$。

由上式可以看出 $A_u < 1$，但因为 $(1 + \beta)R'_L \gg r_{be}$，所以 $A_u \approx 1$。由于射极输出器的电压增

益近于 1，同时电压放大倍数为正，说明输出电压与输入电压大小相近，相位相同，因此射极输出器通常又称为电压跟随器。

（2）输入电阻 R_i：从基极与地之间看进去的等效电阻，可以通过分析得到输入电阻为

$$R_i = R_b // \left[r_{be} + (1+\beta)R'_L \right]$$

（3）输出电阻 R_o：从放大器输出端向电路内看进去的等效电阻。可以通过分析计算得到

$$R_o = R_e // \frac{R'_s + r_{be}}{1+\beta}$$

上式中，$R'_s = R_s // R_b$。通常情况下

$$R_o = \frac{R'_s + r_{be}}{1+\beta}$$

例如，当三极管的 $\beta = 50$，$r_{be} = 1k\Omega$，$R_s = 50\Omega$，$R_b = 100k\Omega$，$R_e = 2k\Omega$，$R_L = 2k\Omega$，$R'_s = R_s // R_b \approx 50\Omega$ 时，可得 $R_i = 34.2k\Omega$，$R_o = 21\Omega$。这个数值表明，电压跟随器的输入电阻较高，输出电阻是很低的。为了提高输入电阻和降低输出电阻，应选用 β 较大的三极管。

上述分析说明，电压跟随器的特点是，电压放大倍数小于 1 而近于 1，输出电压与输入电压同相，输入电阻高，输出电阻低。由于电压跟随器具有上述特点而被广泛应用。它在多级放大电路中用做输入级可以提高放大电路的输入电阻，减小放大电路对信号源（或前级）所需的信号电流；若把它用做输出级，则可以提高带负载的能力。它还可以用做阻抗变换器，使电路中的放大器通过它的接入达到阻抗匹配，有时还用它作为隔离级，减小后级对前级电路的影响。

2. 共基极电路

共基极放大电路如图 2.28（a）所示，其中 R_c 为集电极电阻，R_{b1}、R_{b2} 为基极分压偏置电阻，图 2.28（b）所示为其直流通路，图 2.28（c）所示为其交流通路。由于基极是输入、输出回路的公共端，因此该电路是共基极电路。

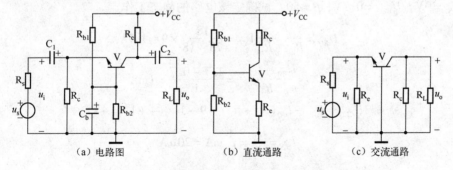

图 2.28　共基极电路

由图 2.28（b）所示共基极电路的直流通路与分压式偏置电路的直流通路完全相同，因此其工作点的求法也完全相同。

共基极电路的交流通路如图 2.28（c）所示。共基极放大电路的交流参数通过分析可以得到

$$A_u = \frac{\beta R'_L}{r_{be}}$$

$$R_i = R_e /\!/ \frac{r_{be}}{1+\beta} \approx \frac{r_{be}}{1+\beta}$$

$$R_o = R_e$$

由此可见共基极电路有如下特点：u_o 与 u_i 之间同相；共基极电路的输入电阻很低，一般只有几至几十欧姆；共基极电路的输出电阻较高，它没有电流放大能力。

共基极电路由于其频率特性好，因此多用于高频和宽频带电路中。

三、放大电路 3 种基本组态的特点

3 种晶体管基本放大电路（共发射极、共集电极、共基极）各具特点，它们三者间的比较详见表 2.4。

表 2.4　3 种放大电路的特点比较

参数与应用	共发射极电路	共基极电路	共集电极电路
输入电阻 R_i	一千欧姆左右	几十欧姆	几十至几百欧姆
输出电阻 R_o	几千欧姆至几十千欧姆	几千欧姆至几百千欧姆	几十欧姆
电流增益 A_i	几十至一百左右	略小于 1	几十至一百左右
电压增益 A_u	几十至几百	几十至几百	略小于 1
u_i 与 u_o 之间的相位关系	反相	同相	同相
在多级放大器中的应用	输入、输出和中间级	做宽频带放大器	输入级、缓冲级、输出级

【技能方法】估算分压偏置电路的静态工作点

例 2.2　在图 2.26 所示的分压偏置电路中，若 $R_{b1}=75\text{k}\Omega$，$R_{b2}=18\text{k}\Omega$，$R_c=4\text{k}\Omega$，$R_e=1\text{k}\Omega$，$V_{CC}=9\text{V}$，$U_{BEQ}=0.7\text{V}$，$\beta=50$，试确定该电路的静态工作点。

解：

$$U_{BQ} = \frac{R_{b2}}{R_{b1}+R_{b2}} V_{CC} = \frac{18}{75+18} \times 9 \approx 1.7\text{V}$$

$$I_{CQ} \approx \frac{U_{BQ}-U_{BEQ}}{R_e} = \frac{1.7-0.7}{1} = 1\text{mA}$$

$$U_{CEQ} \approx V_{CC} - I_{CQ}(R_c+R_e) = 9 - 1 \times (4+1) = 4\text{V}$$

$$I_{BQ} = \frac{I_{CQ}}{\beta} = \frac{1}{50}\text{mA} = 20\mu\text{A}$$

【实践运用】

具有稳定工作点的放大器（见图 2.29）的静态工作点的测量与调试。

（1）通过 EWB 仿真软件，接通电路，测量数据。

（2）静态工作点的测量。

测量放大器的静态工作点，应在输入信号 $u_i=0$ 的情况下进行，即将放大器输入端与地短接，然后选用量程合适的直流毫安表和直流电压表，分别测量晶体管的集电极电流 I_C，以及各电极对地的电位 U_B、U_C、U_E。实验中，为了避免断开集电极，一般采用测量 U_E 或 U_C，

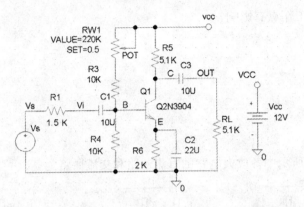

图 2.29　具有稳定工作点的放大器（EWB 仿真软件电路图）

然后算出 I_C 的方法。例如，只要测出 U_E，即可用 $I_C \approx I_E = \dfrac{U_E}{R_E}$ 的方法算出 I_C，同时也能算出 $U_{BE} = U_B - U_E$，$U_{CE} = U_C - U_E$。

改变电路参数 V_{CC}、V_c、R_b（R_{b1}、R_{b2}）都会引起静态工作点的变化，通常多采用调节偏置电阻 R_{b1}（电路中的 RP）的方法来改变静态工作点。

（3）电压放大倍数 A_u 的测量。

调整放大器到合适的静态工作点，然后加入输入电压 u_i，在输出电压 u_o 不失真的情况下，用交流毫伏表测出 u_i 和 u_o 的有效值 U_i 和 U_o，则 $A_u = \dfrac{U_o}{U_i}$。

（4）输入电阻 R_i 的测量。

为了测量放大器的输入电阻，按如图 2.29 所示电路，在被测放大器的输入端与信号源之间串入一个已知电阻 R。在放大器正常工作的情况下，用交流毫伏表测出 U_s 和 U_i，根据输入电阻的定义可得 $R_i = \dfrac{U_i}{I_i} = \dfrac{U_i}{\dfrac{U_s - U_i}{R}} = \dfrac{U_i}{U_s - U_i} R$。

（5）输出电阻 R_o 的测量。

在放大器正常工作的条件下，测出输出端不接负载 R_L 的输出电压 U_o 和接入负载后的输出电压 U_L，根据 $R_o = (U_o / U_L - 1) R_L$ 即可求出 R_o。在测试时，要保证 R_L 接入前后输入信号的大小不变。

【巩固训练】

一、判断题

1. 放大电路的 3 种基本组态是共发射极、共集电极和共基极电路。（　　　）

2. 共基极电路 u_i 与 u_o 之间的相位关系是反相的。（　　　）

3. 分压式偏置电路中与 R_e 并联的旁路电容 C_e 的作用是提供交流信号的通道，减少信号放大过程的损耗。（　　　）

4. 共集电极放大电路的电压放大倍数总是小于 1，故不能用来实现功率放大。（　　　）

二、问答题

5. 在实际工作中调整分压式偏置电路的静态工作点时，调节哪个元件的参数比较方便？

电容 C_e 是否对静态工作点有影响？

三、作图题

6. 画出图 2.30 所示中各放大电路的直流通路和交流通路。

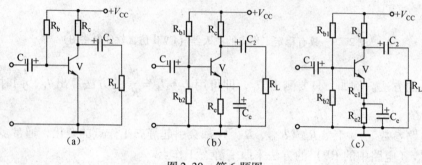

图 2.30　第 6 题图

四、计算题

7. 如图 2.30（c）所示的放大电路中，已知 $U_{CC} = 20V$，$R_{B1} = 150k\Omega$，$R_{B2} = 47k\Omega$，$R_C = 3.3k\Omega$，$R_{E2} = 1.3k\Omega$，$\beta = 80$，$R_L = 1.5k\Omega$。（1）当 $R_{E1} = 200\Omega$ 时，求其输入电阻和输出电阻及电压放大倍数 $\dot{A}_u$。（2）当 $R_{E1} = 0$ 时，求 r_i，r_o 及 $\dot{A}_u$ 的值。

*2.4　多级放大电路

【问题呈现】

实际上大多数电子放大电路，如各种通信传输设备都需要把毫伏或微伏级信号放大为足够大的输出电压或输出电流去推动负载工作。单级放大电路的放大倍数有限，往往不能满足要求。因此需要把几个单级放大电路按一定的方式连接起来组成多级放大电路。

单级放大电路怎么连接才能组成多级放大电路呢？各级放大器之间会相互影响吗？多级放大电路的放大倍数又怎么计算呢？

【知识探究】

一、多级放大电路

多级放大器由输入级、中间级和输出级组成。如图 2.31 所示，输出级一般是大信号放大器，这里我们只讨论由输入级到中间级组成的多级小信号放大器。单个放大电路的放大倍数有限，因此往往需要两级以上放大电路串联起来使用。

级间耦合方式是指在多级放大器中，要求前级的输出信号通过耦合不失真地传送到后级的输入端。常用的耦合方式有阻容耦合、直接耦合、变压器耦合。

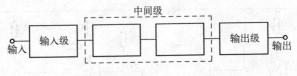

图 2.31 多级放大器的组成框图

1. 阻容耦合

阻容耦合就是利用电容作为耦合和隔直流元件的电路。如图 2.32 所示，第一级的输出信号，通过电容 C_2 和第二级的输入电阻 r_{i2} 加到第二级的输入端。

阻容耦合的优点是，前后级直流通路彼此隔开，每一级的静态工作点都相互独立，便于分析、设计和应用。缺点是信号在通过耦合电容加到下一级时会大幅度衰减。在集成电路里制造大电容很困难，所以阻容耦合只适用于分立元件电路。

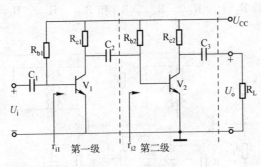

图 2.32 阻容耦合

2. 直接耦合

直接耦合是将前后级直接相连的一种耦合方式。但是，两个基本放大电路不能像图 2.33 那样简单地连接在一起。因为如果这样连接，V_1 管集电极电位被 V_2 管基极限制在 0.7V 左右（设 V_2 为硅管），导致 V_1 处于临界饱和状态；同时，V_2 基极电流由 R_{b2} 和 R_{c1} 流过的电流决定，因此 V_2 的工作点将发生变化，容易导致 V_2 饱和。通过上述分析，在采用直接耦合方式时，必须解决级间电平配置和工作点漂移两个问题，以保证各级各自有合适的稳定的静态工作点。

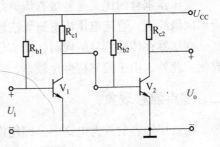

图 2.33 错误的直接耦合

如图 2.34 所示给出了两个直接耦合的例子。在图 2.34（a）中，由于 R_{e2} 提高了 V_2 发射极电位，保证了 V_1 的集电极得到较高的静态电位。所以 V_1 不致于工作在饱和区。在图 2.34（b）中，用负电源 U_{BB}，既降低了 V_2 基极电位，又与 R_1、R_2 配合，使 V_1 集电极得到较高的静态电位。

直接耦合的优点是电路中没有大电容和变压器，能放大缓慢变化的信号，它在集成电路中被广泛地应用。它的缺点是前、后级直流电路相通，静态工作点相互牵制、相互影响，不利于分析和设计。

3. 变压器耦合

变压器耦合是用变压器将前级的输出端与后级的输入端连接起来的方式，如图 2.35

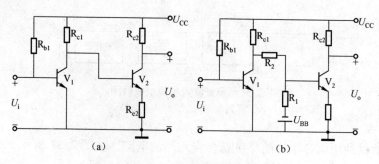

图 2.34　直接耦合

所示。

在图 2.35 中，V_1 输出的信号通过变压器 T_1 加到 V_2 基极和发射极之间。V_2 输出的信号通过变压器 T_2 耦合到负载 R_L 上。R_{b11}、R_{b12}、R_{e1} 和 R_{b21}、R_{b22}、R_{e2} 分别为 V_1 和 V_2 确定静态工作点。

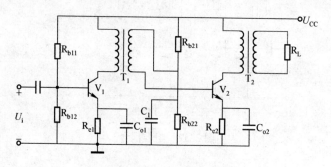

图 2.35　变压器耦合

变压器耦合的优点是各级直流通路相互独立，变压器通过磁路，把初级线圈的交流信号传到次级线圈，直流电压或电流无法通过变压器传给次级。

变压器在传递信号的同时，能实现阻抗变换。变压器耦合的缺点是体积大，不能实现集成化。此外，由于频率特性比较差，一般只应用于低频功率放大和中频调谐放大电路中。

二、零点漂移现象

在直接耦合的放大电路中，即使将输入端短路，用灵敏的直流表测量输出端，也会有变化缓慢的输出电压，如图 2.36 所示。这种输入电压为零而输出电压不为零且缓慢变化的现象，称为零点漂移（零漂）现象。在阻容耦合放大电路中，这种缓慢变化的漂移电压都将降落在耦合电容之上，而不会传递到下一级电路进一步放大。但是，在直接耦合放大电路中，由于前后级直接相连，前一级的漂移电压会和有用信号一起被送到下一级，而且逐级放大，以至于有时在输出端很难分辨出哪个是有用信号，哪个是漂移电压。换句话说，有用信号被漂移电压"淹没"了，致使放大电路不能正常工作。

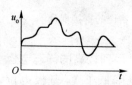

图 2.36　零点漂移现象

一般来说，直接耦合放大电路的零点漂移主要取决于第一级，而且级数越多，放大倍数越大，零点漂移越严重。通常，零点漂移的大小不能以输出端漂移电压的绝对大小来衡量。

因为输出端的漂移电压与放大倍数成正比，所以零漂一般都用输出的漂移电压折合到输入端后来衡量。

对于电源电压的波动、元件的老化所引起的零漂可采用高质量的稳压电源或经过老化实验的元件来减小，因此温度变化所引起的半导体器件参数的变化是产生零点漂移的主要原因，故也将零点漂移称为温度漂移，简称温漂。

三、差动放大电路

差动放大电路是一种能有效抑制零漂的直流放大电路，它又称为差分放大电路。它的电路结构有多种形式，如图 2.37 所示为最基本的差动放大电路。下面讨论差动放大电路的特点、工作原理和主要性能。

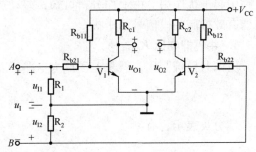

1. 电路特点

差动放大电路由两个完全对称的单管放大电路组成。在图 2.37 中 $R_{b11} = R_{b12}$，$R_{b21} = R_{b22}$，$R_{c1} = R_{c2}$，$R_1 = R_2$，且 V_1、V_2 的特性相同。u_1 是输入信号电压，它经 R_1、R_2 分压为 u_{I1} 和 u_{I2}，分别加到两管的基极（称为双端输入）；u_o 是输出电压，它为两管输出电压之差，即 $u_0 = u_{O1} - u_{O2}$（称为双端输出）。

图 2.37　基本差动放大电路

2. 抑制零漂的原理

因为 V_1、V_2 完全对称，所以在没有加输入信号，即 $u_1 = 0$ 时，$I_{CQ1} = I_{CQ2}$，$u_{O1} = u_{O2}$，则输出电压 $u_0 = 0$。当电源电压波动或温度变化时，两管同时发生漂移，由于电路的对称性，总有 $u_{O1} = u_{O2}$，故 $u_0 = u_{O1} - u_{O2}$ 仍为 0。这就说明，零点漂移因相互补偿而抵消了，仍使输出电压为 0。显然，这种差动放大电路两边的对称性越好，其抑制零漂的效果就越好。

3. 放大倍数

（1）差模放大倍数 A_{ud}：在图 2.37 中，因为 $R_1 = R_2$，故 $u_{I1} = 1/2u_I$，$u_{I2} = 1/2u_I$，分别输入 V_1 管和 V_2 管的基极。这种输入信号方式称为差模输入。u_{I1}，u_{I2} 是两个大小相等、极性相反的信号电压，$u_{I1} = -u_{I2}$，称为差模信号。

放大电路以差模信号输入时，有 $u_{Id} = u_{I1} - u_{I2} = 2u_{I1}$，此时，放大电路中有 $u_{O1} = -u_{O2}$，则 $u_{Od} = u_{O1} - u_{O2} = 2u_{O1}$。设两个单管放大电路的放大倍数为 A_{u1} 和 A_{u2}，显然 $A_{u1} = A_{u2}$，则整个差动放大电路的放大倍数为

$$A_{ud} = \frac{u_{Od}}{u_{Id}} = \frac{2u_{O1}}{2u_{I1}} = A_{u1} = A_{u2}$$

由上式可见，差动放大电路采用双端输入、双端输出时，它的差模放大倍数与单管放大电路的放大倍数相同。所以，我们只要求出其中一个单管放大电路的放大倍数即可求得差动放大电路的 A_{ud}。差动电路多用了一组放大电路，只是为了换来对零漂的抑制作用。

（2）共模放大倍数 A_{uc}：如图 2.38 所示，两管输入信号 $u_{I1} = u_{I2} = u_{Ic}$，它们是大小相等且极性相同的信号，称为共模信号，这种输入方式称为共模输入。因为两边电路完全对称，所以 $u_{O1} = u_{O2}$，则 $u_{Oc} = u_{O1} - u_{O2} = 0$。

一个完全对称的差动放大电路，它的共模放大倍数为

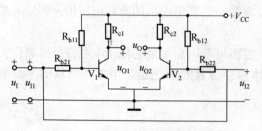

图2.38　差动放大器的共模输入方式

$$A_{uc} = \frac{u_{Oc}}{u_{Ic}} = \frac{0}{u_z} = 0$$

实际的差动放大电路不可能两边完全对称，A_{uc} 并不精确为 0，但通常很小。在图 2.38 中，当外界的干扰信号同时从两管基极输入时，就相当于共模输入，或者由于温度变化，造成两管产生同样的零漂电压时，也相当于在输入端加入共模信号。可见，共模信号在放大电路中起干扰作用。由上面分析可知，差动放大电路的 A_{uc} 很小，不能对共模信号放大，所以能有效抑制共模信号的干扰。

4. 共模抑制比 K_{CMR}

所谓共模抑制比，就是差动放大电路的差模放大倍数与共模放大倍数之比的绝对值，即

$$K_{CMR} = \left| \frac{A_{ud}}{A_{uc}} \right|$$

用分贝表示，有

$$K_{CMR} = 20 \lg \left| \frac{A_{ud}}{A_{uc}} \right| \ (dB)$$

共模抑制比是衡量差动放大电路优劣的重要指标之一。共模抑制比越大，说明放大电路对共模信号的抑制能力越强，电路受共模信号干扰的影响越小，放大电路质量越好。

综上分析，差动放大电路是利用电路的对称性进行温度补偿抑制零漂的。当因温度等变化引起共模信号输入时，放大电路对它无放大能力而使输出电压保持为零。只有输入信号为有"差别"的非共模信号时，放大电路才放大，输出端才有电压输出，"差动"的名称由此而来。

【技能方法】 多级放大电路的分析和动态参数的计算

一、电压放大倍数的计算

在多级放大器中，如各级电压增益分别为

$$A_{u1} = \frac{U_{o1}}{U_{i1}}, \cdots, A_{un} = \frac{U_o}{U_{in}}$$

且不论多级放大电路中是何种耦合方式和何种组态，由于各级之间是相互串行连接的，所以前一级的输出信号就是后一级的输入信号，后一级的输入电阻就是前一级的负载，因此多级放大电路的电压放大倍数等于各级电压放大倍数的乘积，即

$$A_u = \frac{U_{o1}}{U_{i1}} \cdot \frac{U_{o2}}{U_{i2}} \cdots \frac{U_o}{U_{in}} = A_{u1} \cdot A_{u2} \cdots A_{un}$$

二、多级放大电路的输入和输出电阻

多级放大电路的输入电阻 R_i 即为第一级放大器的输入电阻，即

$$R_i = R_{i1}$$

多级放大电路的输出电阻 R_o 即为第 n 级放大器的输出电阻，即

$$R_o = R_{on}$$

需要注意，当共集电极电路作为多级放大电路的输入级时，多级放大电路的输入电阻与其负载，即后一级的输入电阻有关；当共集电极电路作为输出级时，多级放大电路的输出电阻与其信号源内阻，即其前一级的输出电阻有关。

例 2.3　某通信接收机中信号放大电路采用两级放大电路如图 2.39 所示，已知 $\beta_1 = \beta_2 = 50$，$U_{BE1} = U_{BE2} = 0.7\,\text{V}$，$r_{bb'} = 300\Omega$，电容器对交流可视为短路。

（1）试估算该电路 V_1 管和 V_2 管的静态工作点。

（2）估算该电路的电压放大倍数、输入电阻和输出电阻。

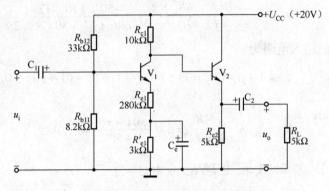

图 2.39　某通信接收机信号放大电路

解：（1）因为

$$U_{BQ1} = \frac{R_{b11}}{R_{b11} + R_{b12}} U_{CC} = \frac{8.2}{8.2 + 33} \times 20 \approx 3.98\,\text{V}$$

　　所以

$$I_{CQ1} \approx I_{EQ1} = \frac{U_{BQ1} - U_{BEQ1}}{R_{e1} + R'_{e1}} = \frac{3.98 - 0.7}{0.28 + 3} = 1\,\text{mA}$$

$$I_{BQ1} = \frac{I_{CQ1}}{\beta} = \frac{1}{50} = 20\,\mu\text{A}$$

　　又因为 V_1 管和 V_2 管之间是直接耦合方式，V_1 管的集电极电位等于 V_2 管的基极电位，V_2 管的基极电流相对于 V_1 管的集电极电流较小，因此忽略 I_{B2}，可得

$$U_{CEQ1} = U_{CC} - I_{CQ1}(R_{c1} + R_{e1} + R'_{e1}) = 20 - 1 \times (10 + 0.28 + 3) = 6.72\,\text{V}$$

　　列出第二级放大电路输入回路方程

$$U_{CQ1} = U_{BEQ2} + I_{EQ2}R_{e2}$$

　　由于

$$U_{CQ1} \approx U_{CC} - I_{CQ1}R_{c1} = 20 - 1 \times 10 = 10\,\text{V}$$

　　所以

$$I_{CQ2} \approx I_{EQ2} = \frac{U_{CQ1} - U_{BEQ2}}{R_{e2}} = \frac{10 - 0.7}{5} = 1.86\,\text{mA}$$

$$I_{BQ2} = \frac{I_{CQ2}}{\beta} = \frac{1.86}{50} = 37.2\,\mu\text{A}$$

$$U_{CEQ2} = U_{CC} - I_{CQ2}R_{e2} = 20 - 1.86 \times 5 = 10.7\,\text{V}$$

（2）因为

$$r_{be1} = r_{bb'} + (1 + \beta)\frac{26}{I_{EQ1}} = 300 + (1 + 50) \times \frac{26}{1} = 1.626k\Omega$$

$$r_{be2} = r_{bb'} + (1 - \beta)\frac{26}{I_{EQ2}} = 300 + (1 + 50) \times \frac{26}{1.86} \approx 1.01k\Omega$$

所以第二级的输入电阻 R_{i2} 为

$$R_{i2} = r_{be2} + (1 + \beta)(R_{e2}//R_L) = 1.01 + (1 + 50) \times (5//5) \approx 129k\Omega$$

$$A_u = A_{u1} \cdot A_{u2} \approx A_{u1} = \frac{-\beta(R_{c1}//R_{i2})}{r_{be1} + (1 + \beta)R_{e1}} = \frac{-50 \times (10//129)}{1.626 + (1 + 50) \times 0.28} \approx -29$$

两级放大电路的输入电阻为

$$R_i = R_{b11}//R_{b12}//[r_{be1} + (1 + \beta)R_{e1}] = 33//8.2//[1.626 + (1 + 50) \times 0.28] \approx 4.6k\Omega$$

输出电阻为

$$R_o = R_{e2}//\frac{r_{be2} + R_{c1}}{1 + \beta} = 5//\frac{1.01 + 10}{1 + 50} \approx 0.20k\Omega$$

【实践运用】 差动放大电路的 4 种接法

差动放大电路一共有两个输入端和两个输出端，按照信号的输入、输出方式，可以组成下列 4 种接法。

（1）双端输入、双端输出：如图 2.40（a）所示，由前面分析可知，它的差模放大倍数 $A_{ud} = A_{u1} = A_{u2}$。

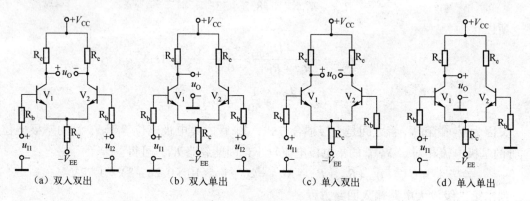

（a）双入双出 （b）双入单出 （c）单入双出 （d）单入单出

图 2.40 差动放大电路的 4 种接法

（2）双端输入、单端输出：如图 2.40（b）所示，由于输出只和 V_1 集电极连接，而 V_2 的集电极电压未使用，所以输出电压只有双端输出时的一半，故有 $A_{ud} = A_{u1}/2$。这种接法适合于将双端输入转换成单端输出，以便与后面的放大级均处于共"地"状态。

（3）单端输入、双端输出：如图 2.40（c）所示，其特点是将单端输入的信号转换为双端输出的信号，作为下一级差动输入。例如，示波器将单端信号放大后，双端输出送到示波器的偏转板。

从图中看出虽然信号只从一个晶体管的基极输入，似乎两个晶体管并不工作在差模输入状态，但通过分析可以得知这种电路的工作状态与双端输入、双端输出近似一致，即 $A_{ud} = A_{u1}$。

（4）单端输入、单端输出：如图 2.40（d）所示，这种接法比单管基本放大电路具有更强的抑制零漂作用，而且通过输出端的不同接法（接 V_2 或接 V_1），可以得到与输入信号同相或反相的输出信号。它的放大倍数和双端输入、单端输出一样，即 $A_{ud} = A_{u1}/2$。

综上所述，双端输出的差模电压放大倍数等于单管放大电路的电压放大倍数；单端输出的差模电压放大倍数为单管放大电路电压放大倍数的一半。

【巩固训练】

一、填空题

1. 多级放大器由_____、_____和_____组成。

2. 多级放大器常用的耦合方式有_____、_____和_____。

3. 直接耦合放大电路存在零点漂移的原因是_____。

4. 多级放大器直接耦合的优点是，电路中没有大电容和变压器，能放大_____的信号，它可在集成电路中得到广泛的应用。

5. 多级放大器的输入电压为零，输出电压_____且缓慢变化的现象称为零点漂移。

二、判断题

6. 阻容耦合多级放大电路各级的 Q 点相互独立。（　　）

7. 一般来说，直接耦合放大电路的零点漂移主要取决于最后一级，而且级数越多，放大倍数越大，零点漂移越严重。（　　）

8. 多级放大电路的输入电阻 R_i 即为第一级放大器的输入电阻。（　　）

9. 差动放大电路两边的对称性越好，其抑制零漂的效果就越好。（　　）

10. 双端输出的差模电压放大倍数等于单管放大电路的电压放大倍数。（　　）

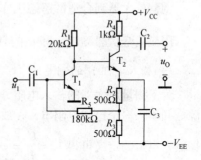

图 2.41　第 11 题图

三、计算题

11. 在如图 2.41 所示的电路中，晶体管的 β 均为 50，r_{be} 均为 $1.2k\Omega$，Q 点合适。求解 $\dot{A}_u$、R_i 和 R_o。

实验实训　单管低频放大器实验

一、实验目的

（1）通过对单管低频放大器的估算和调试，熟悉放大器的主要性能指标。

（2）掌握静态工作点的测量和调试方法。

（3）掌握放大器电压放大倍数、输入电阻和输出电阻的测试方法。

（4）研究静态工作点对输出波形失真和电压放大倍数的影响。

二、实验原理

1. 实验电路

实验电路图如图 2.42 所示。

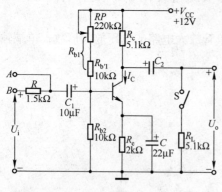

图 2.42 实验电路图

2. 基本原理

1）放大器静态工作点的测量与调试

■ 静态工作点的测量

测量放大器的静态工作点，应在输入信号 $u_i = 0$ 的情况下进行，即将放大器输入端与地短接，然后选用量程合适的直流毫安表和直流电压表，分别测量晶体管的集电极电流 I_C 以及各电极对地的电位 U_B、U_C、U_E。实验中，为了避免断开集电极，一般采用测量 U_E 或 U_C，然后算出 I_C 的方法。例如，只要测出 U_E，即可用 $I_C \approx I_E = \dfrac{U_E}{R_E}$，算出 I_C，同时也能算出 $U_{BE} = U_B - U_E$ 和 $U_{CE} = U_C - U_E$。

■ 静态工作点的调试

改变电路参数 V_{CC}、V_c、R_b（R_{b1}、R_{b2}）都会引起静态工作点的变化。通常多采用调节偏置电阻 R_{b1}（电路中的 RP）的方法来改变静态工作点。

2）电压放大倍数 A_u 的测量

调整放大器到合适的静态工作点，然后加入输入电压 u_i，在输出电压 u_o 不失真的情况下，用交流毫伏表测出 u_i 和 u_o 的有效值 U_i 和 U_o，则 $A_u = \dfrac{U_o}{U_i}$。

3）输入电阻 R_i 的测量

为了测量放大器的输入电阻，按如图 2.43 所示的电路，在被测放大器的输入端与信号源之间串入一个已知电阻 R，在放大器正常工作的情况下，用交流毫伏表测出 U_s 和 U_i，根据输入电阻的定义可得 $R_i = \dfrac{U_i}{I_i} = \dfrac{U_i}{\dfrac{U_s - U_i}{R}} = \dfrac{U_i}{U_s - U_i} R$。

4）输出电阻 R_o 的测量

按图 2.43 所示的电路，在放大器正常工作的条件下，测出输出端不接负载 R_L 的输出电压 U_o 和接入负载后的输出电压 U_L，根据 $R_o = (U_o/U_L - 1)R_L$，即可求出 R_o 的值。在测试时，要保证 R_L 接入前后输入信号的大小不变。

5）最大不失真输出电压 U_{opp} 的测量

为了得到最大动态范围，应将静态工作点调在交流负载线的中点。在放大器正常工作时，逐步增大输入信号的幅度，并同时调节 RP，用示波器观察 u_o，当输出波形同时出现削底和削顶现象时，说明静态工作点已调在交流负载线的中点。然后反复调整输入信号，当波形输出幅度最大，且无明显失真时，由示波器直接读出 U_{opp}，或用毫伏表测出 U_o，则动态

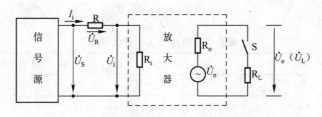

图2.43 输入、输出电阻的测量

范围等于 $2\sqrt{2}U_\text{o}$。

三、实验仪器和器材

电子电压表一台，示波器一台，稳压电源一台，万用表一只，实验电路板一块。

四、实验内容与步骤

1. 调试静态工作点

（1）按 $I_\text{CQ} = 1\text{mA}$ 调整（调节 RP，用万用表测量 R_e 两端的电压，使 $U_{R_\text{e}} = I_\text{CQ}R_\text{e}$），测试三极管各点电位，并计算电压，将数据填入表2.5中。

（2）以最大不失真输出为依据调整（接负载 R_L，输入端加 1kHz 正弦信号，调节 RP 并改变输入信号幅度，用示波器观察输出波形，直到达到最大不失真输出为止），测试三极管各点电位，并计算电压，将数据填入表2.5中。

表2.5 静态工作点测试值

测试条件	测 试 值			计 算 值		
	U_CQ（V）	U_BQ（V）	U_EQ（V）	U_BEQ（V）	U_CEQ（V）	I_CQ（mA）
$I_\text{CQ} = 1\text{mA}$						
最大不失真输出						

2. 研究静态工作点与输出波形失真的关系

将输入端 A 接 1kHz 正弦信号，断开负载 R_L，在输出端用示波器观察波形。改变输入信号的大小，使输出为最大不失真波形，在此基础上将 RP 的阻值调大和调小，分别观察波形的变化，并记录输出波形，测试各点电位，并填入表2.6中。

表2.6 波形失真时的静态工作点

测试条件	测 试 值			计 算 值		
	U_CQ（V）	U_BQ（V）	U_EQ（V）	U_BEQ（V）	U_CEQ（V）	I_CQ（mA）
R_b1						
较大						
较小						

3. 测试电压放大倍数 A_u

将输入端 A 接 1kHz 正弦信号，要求输出端波形不失真，按表2.7所列测试条件进行测试。

表2.7 电压放大倍数的测量

测 试 条 件		测 试 值		计 算 值		
I_{CQ}	R_L	U_i（V）	U_o（V）	$A_u = U_o/U_i$	r_{be}（Ω）	理论计算 A_u
1mA	∞					
	接入					
0.5mA	∞					
	接入					
1.5mA	∞					
	接入					

4. 测量输入电阻 R_i

接入辅助电阻 R，在 B 输入端加频率为 1kHz 的正弦信号 U_s，用示波器监视输出波形，要求不失真，测量 U_s 和 U_i，填入表2.8中，并计算。

表2.8 输入电阻测试值

测 试 条 件	测 试 值		计 算 值	
	U_s（V）	U_i（V）	$R_i = U_i R/(U_s - U_i)$	$R_i \approx r_{be}$
$I_{CQ} = 1mA$				

5. 测量输出电阻 R_o

在输入端加频率为 1kHz 的正弦信号，用示波器监视输出波形（要求不失真），分别测量不接 R_L 时的输出电压 U'_o 和接上 R_L 时的输出电压 U'_o，填入表2.9中，并计算。

表2.9 输出电阻测试值

测 试 条 件	测 试 值		计 算 值	
	U'_o（V）	U_o（V）	$R_o = (U'_o/U_o - 1)R_L$	$R_o \approx R_c$
$R_L = 5.1kΩ$				

五、注意事项

（1）静态工作点的测试应在输入信号为零或将输入端短接的条件下测量，避免交流信号对直流测量的影响。

（2）测量直流电位时，应尽可能采用内阻高的仪表或数字万用表，并且用同一量程测量，以免因不同量程导致的内阻变化引起测量值的误差。

（3）所有仪器的接地端引线必须接放大器的地线。

（4）输出波形应为不失真的正弦波形，避免在各种失真情况下测试动态参数，影响测量结果。

六、实验分析和总结

（1）总结静态工作点对放大器输出波形及电压放大倍数的影响。

（2）讨论外接负载 R_L 对放大器输出的动态范围有何影响。

总 结 评 价

【自我检测】

一、填空题

1. 晶体三极管的 3 个电极分别称为_____极、_____极和_____极，它们分别用字母_____、_____和_____表示。

2. 由晶体三极管的输出特性可知，晶体三极的工作状态可分为_____区、_____区和_____区 3 个区域。

3. 硅晶体三极管发射结的导通电压约为_____，锗晶体管发射结导通电压约为_____。

4. 三极管组成的放大电路，当静态工作点设置不合适时，会产生非线性失真，包括_____失真和_____失真。

5. 选择三极管时，参数 I_{CBO} 越_____（大或小），说明三极管的性能越好。多级放大器常用的级间耦合方式有 3 种，分别是_____耦合、_____耦合和_____耦合。

6. 通常希望放大电路的输入电阻大，这样可以使前级放大电路的_____提高，希望输出电阻小，这样可以使该放大电路_____的能力提高。

7. 多级阻容耦合放大电路的每一级也存在工作点零漂问题，但各级工作点相互独立，这是因为有_____的结果。

8. 为了有效地抑制零点漂移，多级放大器的第一级均采用_____放大电路。

9. 差动放大电路中，两个大小相等且极性相反的输入信号称为_____信号。

10. 多级放大电路中常用的级间耦合方式有_____耦合、_____耦合、_____耦合和光电耦合等。

二、选择题

11. 射随器适合做多级放大电路的输出级，是因为它的（　　）。

    A. 电压放大倍数近似为 1　　　　B. R_i 很大　　　　C. R_o 很小

12. 当晶体管工作在放大区时，（　　）。

    A. 发射结和集电结均反偏　　　　B. 发射结正偏，集电结反偏

    C. 发射结和集电结均正偏

13. 在三极管的放大电路中，三极管最高电位的一端是（　　）。

    A. NPN 管的发射极　　　　　　　B. PNP 管的发射极

    C. PNP 管的集电极　　　　　　　D. NPN 管的基极

14. 用直流电压表测得放大电路中的三极管的 3 个电极电位分别是 $V_1 = 2.8V$，$V_2 = 2.1V$，$V_3 = 7V$，那么此三极管是（　　）型三极管，$V_1 = 2.8V$ 的那个极是（　　），$V_2 = 2.1V$ 的那个极是（　　），$V_3 = 7V$ 的那个极是（　　）。

    A. NPN　　　　B. PNP　　　　C. 发射极　　　　D. 基极　　　　E. 集电极

15. 在固定式偏置电路中，若偏置电阻 R_B 的值增大了，则静态工作点 Q 将（　　）。

    A. 上移　　　B. 下移　　　C. 不动　　　D. 上下来回移动

三、计算与分析题

16. 射极输出器有无电压放大作用？有无电流放大作用？它有哪些特点？

17. 在如图 2.44 所示的电路中，已知 $U_{CC} = 10V$，$R_B = 200k\Omega$，$R_c = 2.5k\Omega$，$\beta = 40$，画出直流通路，估算静态工作点 Q。

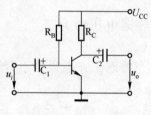

图 2.44　第 17 题图

【自我总结】

请反思在本章进程中你的收获和疑惑，并写出你的体会和评价。

任务总结与评价表

内　　　容		你的收获	你的疑惑
获得知识			
掌握方法			
习得技能			
学习体会			
学习评价	自我评价		
	同学互评		
	老师寄语		

第3章 常用放大电路

【学习建议】

通过本章的学习，你将知道集成运放的组成、性能特点、主要技术指标及一般电路结构，能分析集成运放的基本电路，画出电路图、写出输出/输入电压的关系式，会测试和判别集成运放；知道反馈和负反馈的含义，负反馈的类型，负反馈对放大电路性能的影响，认识典型的负反馈电路，并能判断负反馈的类型；知道低频功率放大电路的特点、电路组成和类型，会选用功放管，会识别典型功放集成电路的引脚功能和实际应用电路，能安装和调试功率放大电路。

要学好这一章，就要注意前后知识的联系，注重知识的实际应用，在实际电路的分析中，理解巩固知识，掌握技能和方法。

3.1 集成运算放大电路

【问题呈现】

二极管有两个引脚，三极管有 3 个引脚，如图 3.1 所示的元器件有多个引脚，它们是什么呢？由于这种元器件早期应用于模拟计算机中，用以实现数学运算，故得名"运算放大器"，此名称一直延续至今。现在，这种元器件还有什么应用呢？

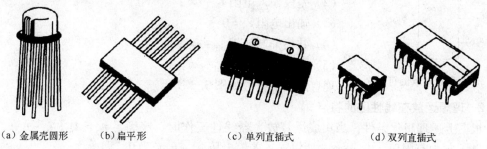

(a) 金属壳圆形　　(b) 扁平形　　　　(c) 单列直插式　　　　(d) 双列直插式

图 3.1　集成运算放大器的外形

【知识探究】

一、集成运放的理想化

集成电路是利用特殊的制造工艺，把晶体管、电阻、导线等集中制作在一小块半导体基片上，构成的一个完整的电路。根据功能的不同，集成电路可分为模拟集成电路和数字集成电路两大类，其中集成电路运算放大器（简称集成运放）在模拟集成电路中的应用最为广泛，它实质上是一个高增益直接耦合的多级放大电路。集成电路具有如下特点：

（1）电路结构和元器件的性能参数比较一致，对称性好；

（2）高阻值电阻在集成电路中常用三极管组成的恒流源替代；

（3）大电容和电感不易制造，常采用外接方式；

（4）在集成电路中，二极管常用三极管的发射结代替；

（5）多级放大电路都采用直接耦合方式。

集成运算放大器本质上是一个高电压增益、高输入电阻和低输出电阻的直接耦合多级放大电路，它的类型很多，为了使用方便，通常分为通用型和专用型两类。前者的适用范围很广，其特性和指标可以满足一般应用要求；后者是在前者的基础上为适应某些特殊要求而制作的。不同类型的集成运放，电路也各不相同，但是结构具有共同之处。如图 3.2 所示为集成运放 CF714 金属圆形封装和塑料双列直插式封装的外形及引脚排列图。

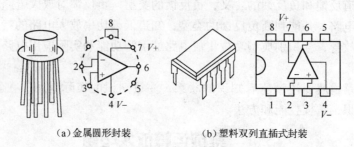

（a）金属圆形封装　　　　　（b）塑料双列直插式封装

图 3.2　集成运放 CF714 外形及引脚排列图

1．理想运放的概念

为了简化分析，人们常常把集成运放理想化。通常认为理想的集成运放具有下列特性：

（1）开环电压增益 $A_{od} \to \infty$；

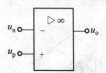

图 3.3　理想运放的符号

（2）差模输入电阻 $r_{id} \to \infty$；

（3）输出电阻 $r_o = 0$；

（4）共模抑制比 $K_{CMR} \to \infty$；

（5）上限截止频率 $f_H \to \infty$。

理想运放的符号如图 3.3 所示。

2．理想运放在线性区的特点

根据上述理想化条件，当集成运算放大器线性工作时，应满足 $u_o = A_{od}(u_p - u_n)$，由于输出电压 u_o 为有限值，$A_{od} \to \infty$，所以输入差模电压 $u_p - u_n$ 必为 0，即

$$u_p - u_n = \frac{u_o}{A_{od}} = 0$$

由此得到

$$u_p = u_n$$

又因集成运放的差模输入电阻趋于无穷大，所以流进运放的两输入端电流 $i_{in} = i_{ip} = 0$，如图 3.4（a）所示，后面的 i_{in} 和 i_{ip} 都用 i_i 表示，且 $i_i = 0$。

因此，工作在线性放大状态的理想运放具有两个重要的特点。

（1）虚短：由于两输入端之间的电压差为 0，相当于两输入端短路，但又不是真正的短路，故称为"虚短"。虚短实际上指的是两输入端的电压相同，也就是 $u_p = u_n$。

（2）虚断：由于 $i_i = 0$，相当于两输入端开路，但又不是真正的断开，故称为"虚断"。

虚断表明两输入端没有电流。

虚短、虚断的情况如图 3.4（b）所示。

（a）运放的电压和电源　　　（b）理想运放的"虚短"、"虚断"示意图

图 3.4　集成运放的电压、电流及"虚短"、"虚断"示意图

显然，理想运放是不存在的，但只要实际运放的性能较好，其应用效果与理想运放很接近，就可以把它近似看成理想运放。在后面的分析中，如不特别指出，都认为运放是理想的，这样可以大大简化对电路的分析。

二、集成运放的主要参数

为了合理选择和正确使用集成运放，下面介绍运放的几个主要参数。

（1）输入失调电压 U_{IO}：在输入电压和输入端外接电阻为 0 时，为了使输出电压为 0，在两输入端之间必须加一个直流补偿电压，这个电压就是输入失调电压 U_{IO}。U_{IO} 越小越好，其值在 ±（$1\mu V \sim 20mV$）之间。

（2）输入失调电流 I_{IO}：当运放输出失调电压为 0 时，两输入端静态偏置电流之差称为输入失调电流，即 $I_{IO} = |I_{BP} - I_{BN}|$。$I_{IO}$ 实际上为两输入端所加的补偿电流，它越小越好。

（3）输入偏置电流 I_{IB}：运放反相输入端与同相输入端的静态偏置电流 I_{BN} 和 I_{BP} 的平均值被称为输入偏置电流 I_{IB}，即

$$I_{IB} = \frac{1}{2}(I_{BN} + I_{BP})$$

双极型运放 I_{IB} 在 μA 数量级，MOS 管运放 I_{IB} 在 pA 数量级。

（4）开环差模电压增益 A_{od}：当运放工作在线性区时，输出开路电压 u_o 与输入差模电压 $u_{id} = (u_p - u_n)$ 的比值，称为 A_{od}。A_{od} 的值在 $60 \sim 180dB$ 之间。

（5）共模抑制比 K_{CMR}：其定义与前面一致，$K_{CMR} = |A_{od}/A_{oc}|$，即运放的开环差模型增益与开环共模型增益的比值的绝对值，用分贝表示，则其值在 $80 \sim 180dB$ 之间。

三、集成运放的基本电路

要使运放工作在线性放大状态，必须引入负反馈。否则，由于运放的开环增益很大，开环时很小的输入电压，甚至运放本身的失调就会使它超出线性范围。

1. 反相输入放大电路

1）电路结构与特点

如图 3.5 所示为反相输入放大电路，输入信号加到运放的反相输入端。图中的 R_f 为反馈电阻，R_1 为输入端电阻，其作用与信号源内阻相类似，R' 为反相端的平衡电阻，要求 $R' = R_1 // R_f$。显然这是电压并联负反馈电路。

加入信号电压 u_i，由于理想运放 $i_i = 0$，R' 上压降为 0，则 u_p

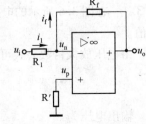

图 3.5　反相输入放大电路

与地等电位。又根据"虚短"的概念，则 $u_n = u_p = 0$，相当于反相输入端接地，但又不是真正接地，故称为"虚地"。虚地是虚短的特例，是工作在线性区的反相输入放大电路的重要特征。

2）电路分析

根据虚地与虚断的概念，有

$$i_1 = \frac{u_i}{R_1}, \quad i_f = -\frac{u_o}{R_f}, \quad i_i = i_f$$

则

$$\frac{u_i}{R_1} = -\frac{u_o}{R_f}$$

所以电路的电压增益为

$$A_{uf} = \frac{u_o}{u_i} = -\frac{R_f}{R_1}$$

式中负号表明输出与输入反相。

该电路的输入电阻为

$$R_i = \frac{u_i}{i_1} = R_1$$

而该电路的输出电阻即为运放的输出电阻，即 $R_o = 0$。

2. 同相输入放大电路

1）电路的结构与特点

如图3.6所示，输入信号加到运放的同相输入端，输出电压通过 R_f 接反相输入端，且 $R' = R_1 // R_f$。显然，这是电压串联负反馈电路。

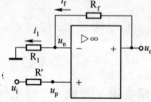

图3.6 同相输入放大电路

2）电路分析

根据虚断的概念，通过 R' 的电流为0，则 $u_p = u_i$，且 $i_1 = i_f$。根据虚短的概念，$u_n = u_p = u_i$。由于 $i_1 = i_f$，则

$$u_i = u_n = u_o \frac{R_1}{R_1 + R_f}$$

由此得到，电路的电压增益

$$A_{uf} = \frac{u_o}{u_i} = 1 + \frac{R_f}{R_1}$$

上式表明，该电路为同相放大电路，且 $A_{uf} \geqslant 1$。

由于引入了电压串联负反馈，所以在理想的情况下，同相输入放大电路的 $R_i \to \infty$，$R_o = 0$。

例3.1 在图3.6所示的电路中，如果已知 $R_1 = 1\text{k}\Omega$，$R_f = 25\text{k}\Omega$，$u_i = 0.2\text{V}$，求 A_{uf}，u_o 及 R' 的值。

解：由电压放大倍数公式可得

$$A_{uf} = -\frac{R_f}{R_1} = -\frac{25}{1} = -25$$

输出电压为

$$u_o = A_{uf} u_i = -25 \times 0.2 = -5\text{V}$$

平衡电阻 R' 为 R_1 与 R_f 的并联值，即

$$R' = R_1 // R_f \approx 0.96\text{k}\Omega$$

例3.2 在如图3.7所示的电路中，$V_{CC} = 9\text{V}$，$R_f = 3.3\text{k}\Omega$，$R_2 = 5\text{k}\Omega$，$R_3 = 10\text{k}\Omega$，求输出电压 u_o 的值。

解： 输入电压 u_i（指同相输入端对地电压）为

$$u_i = \frac{R_2}{R_2 + R_3}V_{CC} = \frac{5}{5 + 10} \times 9 = 3\text{V}$$

由于 $R_1 \to \infty$，则 u_o 为

$$u_o = \left(1 + \frac{R_f}{R_1}\right)u_i = \left(1 + \frac{3.3}{\infty}\right) \times 3 = 3\text{V}$$

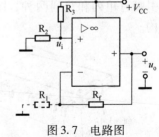

图3.7 电路图

结果表明，输出电压与输入电压大小相等，相位相同，随输入电压变化。因为是同相输入放大电路，具有电压串联负反馈电路的特点，所以运算放大电路工作状态与射极输出器相当，不但具有很高的输入电阻和很低的输出电阻，而且性能优良，在实际电路中得到了广泛的应用。

【技能方法】 集成运放常见故障解决方法

用集成运放组成放大电路时，有可能出现一些实际的问题，下面介绍几种常见的故障现象及其常用的解决方法。

1. 不能调零

故障现象为将两输入端对地短路，调整外接调零电位器，输出电压无法为零。在无负反馈时，由于 A_{od} 很大，微小的失调电压经过放大后，有可能造成输出电压接近正电源或负电源的电压，属正常现象。若已加入较强的负反馈，在调整零电位器时，输出电压不产生变化，其原因可能是接线有误、电路虚焊或集成运放损坏。

2. "堵塞" 现象

又称"自锁"现象，它是指反馈运算放大器突然发生工作不正常，输出电压接近正、负电源两个极限值的情况。引起"阻塞"的原因是输入信号过强或受强干扰信号的影响，使运放内部某些管子进入饱和状态，从而使负反馈变成正反馈。解决的方法是切断电源，重新接通，或把组件的两个输入端短路一下，就可使电路恢复正常工作了。

3. 工作时产生"自激"

自激产生的原因可能是集成运放的 RC 补偿元件参数选择不合适、电源滤波不良或输出端有电容性负载。为了消除自激，应重新调整 RC 补偿元件参数，加强对正、负电源的滤波，调整电路的布线结构，避免电路接线过长。

【实践运用】 运算放大器在使用中的注意事项

除了与半导体二极管、三极管有相同点之外，还需注意以下几个方面。

1. 引脚排列

集成电路一般是多端器件，封装形式也有所不同，如图3.8所示展示了各种集成电路的外形和引脚排列。因此，在使用某块集成器件前，必须搞清它的封装形式和引脚排列，以免错接，造成器件的损坏。

集成电路的封装形式主要有金属外壳、陶瓷外壳和塑料外壳3种，目前使用较多的是后两种。金属外壳封装为圆形结构，形状类似于普通半导体三极管，其引脚有3，5，8，10和12脚等多种，图3.8（f）是8脚的圆形结构集成电路。塑料或陶瓷封装的多为直插式结构，其引脚有单列和双列两种，图3.8中除（b）、（e）、（f）以外的其他集成电路均属这种结构。

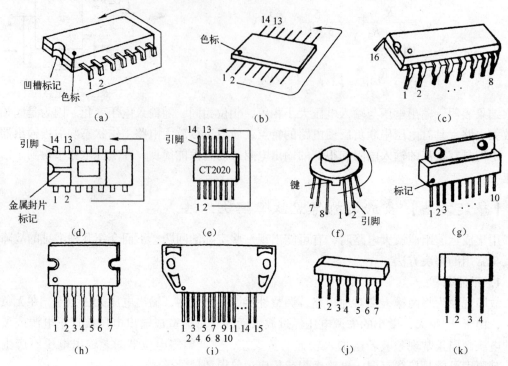

图3.8　各种集成电路的封装和引脚排列

集成电路的引脚排列有一定的规律，以便辨认。一般是从外壳顶部往下看，按逆时针方向数，第一脚附近往往加有标记。如图3.8（a）和（c）所示在一端中央开有凹槽，凹槽右侧的第1根线便是第一脚。图中用凹槽标记的同时，在引脚1的上方还会加一色点。如图3.8（b）所示只有一个色标，色标下面为第一脚。在图3.8（d）中以金属封片作为辨认标记，在其下方顶头为第一脚。在图3.8（e）中正对型号下方顶头的为第一脚。在图3.8（j）中将集成块上方一端做成倒角的形式，倒角的第一根引线为引脚1。在图3.8（k）中第一脚的标志是一条线。图3.8（f）是圆形结构，以管键作为辨认标记，由顶上向下看，管键朝向自己，管键右方的第一根引线为引脚1。对于各种不同标志的集成电路，第一脚确定后，均可按逆时针方向围绕集成块顺序数出其余各引脚。

2. 零点调整

零点调整的常用方法是，将两输入端短路接地，利用外接调零电位器调整，使输出电压为0，具体的调零方法可参阅有关说明书。

3. 消除寄生振荡

集成运算放大器开环电压放大倍数很大，容易引起振荡，寄生振荡频率在几十至几百kHz范围。为此，常要加阻容补偿网络，具体参数和接法可查阅使用说明书。合适的补偿网络参数数值应通过实验确定。

4. 保护电路

当集成运算放大器的电源的电压极性接反、输入信号过大、输出端电压过高时，都可能造成放大器损坏，除使用时应当注意外，最好加有保护电路。

（1）电源极性的保护：利用二极管的单向导电性可防止由于电源极性接反而造成的损坏。由图 3.9 可见，当电源极性错接成上负下正时，两二极管均不导通，相当于电源断路，从而起到保护作用。

（2）输入保护：当输入信号超过额定值时，可能会引起集成运算放大器内部结构的损坏。常用的保护办法是利用二极管 VD_1、VD_2 对输入信号幅度加以限制，如图 3.10 所示，无论是信号的正向电压还是负向电压超过二极管导通电压时，VD_1 或 VD_2 中就会有导通，从而限制输入信号的幅度，起到保护作用。

（3）输出保护：图 3.11 是利用稳压管 VD_1、VD_2 接成反向串联。若输出端出现过高电压，集成运放电路输出端电压将受到稳压管稳压值的限制，从而避免损坏。稳压管的稳压值应略高于运放的最大输出电压。

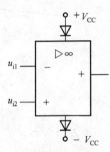

图 3.9　电源极性保护

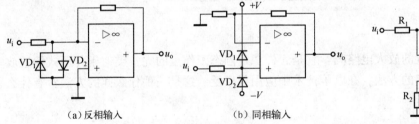

（a）反相输入　　　（b）同相输入

图 3.10　输入保护电路

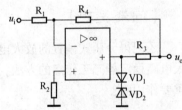

图 3.11　输出端过压保护电路

实际使用的保护电路形式是很多的，以上仅给出几个例子。

【巩固训练】

一、填空题

1. 集成运算放大器本质上是一个高电压增益、高输入电阻和低输出电阻的_____耦合多级放大电路。

2. 理想集成运算放大器开环电压增益_____。

3. 要使集成运算放大器工作在线性放大状态，必须引入_____反馈。

4. 理想运放工作在线性区存在虚短和虚断的概念，虚短指_____，虚断指_____。

二、分析题

5. 若图 3.12 中为理想运放，试标出各电路的输出电压值。

6. 电路如图 3.13 所示，试写出输出电压 u_o 的表达式。若 $u_i = 2V$，$R_f = 100k\Omega$，$R_1 = 10k\Omega$，$R = 20k\Omega$，求输出电压 u_o 的值。

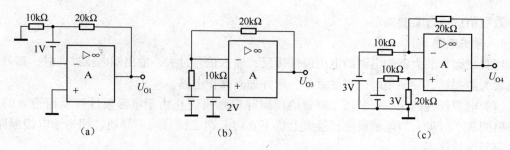

图 3.12　第 5 题图

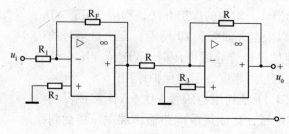

图 3.13　第 6 题图

3.2　负反馈放大电路

【问题呈现】

还记得分压式偏置的放大电路吗？它是怎样稳定静态工作点的呢？类似于分压式偏置放大电路稳定静态工作点的方法，在电子技术中应用很广泛。这是一种什么样的方法？有什么重要作用呢？

【知识探究】

一、反馈的基本概念

将放大电路的输出量（电压或电流）的一部分或全部，通过一定的电路（反馈网络）再送回到输入回路，这一过程称为反馈。要识别一个电路是否存在反馈，只要分析放大电路的输出回路与输入回路之间是否存在联系作用的反馈网络即可。反馈网络通常由电阻、电容等元件组成。

二、负反馈放大电路的一般分析方法

1. 反馈放大电路的方框图

反馈放大电路的形式有很多，为了研究其共同特点，可把它们的相互关系抽象地概括起来加以分析，方框图表示法就是一种概括方式。不管什么类型的反馈放大电路，也不管采用什么反馈方式，都包含基本放大电路和反馈网络两大部分，方框图如图 3.14 所示。

图中，A 称为基本放大电路，F 表示反馈网络，反馈网络一般由线性元件组成。由图可见，反馈放大电路由基本放大电路和反馈网络构成一个闭环系统，因此又把它称为闭环放大电路，而把基本放大电路称为开环放大电路。x_i、x_f、x_{id} 和 x_o 分别表示输入信号、反馈信号、净输入信号和输出信号，它们可以是电压，也可以是电流。图中箭头表示信号的传输方向，由输入端到输出端称为正向传输，由输出端到输入端称为反向传输。因为在实际放大电路中，输出信号 x_o 经由基本放大电路的内部反馈产生的反向传输作用很微弱，可略去，所以可认为基本放大电路只能将净输入信号 x_{id} 正向传输到输出端。同样，在实际反馈放大电路中，输入信号 x_i 通过反馈网络产生的正向传输作用也很微弱，也可略去，这样也可认为反馈网络中只能将输出信号 x_o 反向传输到输入端。

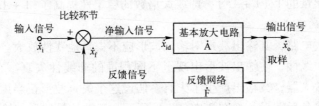

图 3.14　反馈放大电路的方框图

2. 反馈的一般关系式

采用方框图表示法，可以将不同的反馈放大电路的结构统一起来，并由它导出反馈的一般关系式，由图 3.14 可得开环放大倍数为

$$A = \frac{x_o}{x_{id}}$$

反馈系数为

$$F = \frac{x_f}{x_o}$$

净输入信号为

$$x_{id} = x_i - x_f$$

整理后可得反馈放大电路输入、输出关系的一般表达式为

$$A_f = \frac{x_o}{x_f} = \frac{A x_{id}}{x_{id} + A F x_{id}} = \frac{A}{1 + AF}$$

在上式中，A_f 表示引入反馈后放大电路的放大倍数，称为闭环放大倍数，它表示了反馈放大电路的基本关系，是分析反馈问题的出发点；$1 + AF$ 称为反馈深度，$|1 + AF|$ 越大，A_f 越小，反馈程度越深；当满足 $|1 + AF| \gg 1$ 时，则有 $A_f \approx \frac{A}{AF} = \frac{1}{F}$。在这种情况下 $x_i \approx x_f$，净输入信号 $x_{id} \approx 0$，此时的负反馈称为深度负反馈。

3. 负反馈对放大电路性能的影响

放大电路中引入交流负反馈后，其性能可得到多方面的改善。比如，可以稳定放大倍数、改变输入电阻和输出电阻、展宽频带、减小非线性失真等。当然这些性能的改善都是以降低放大倍数为代价的。

1）放大倍数稳定性的提高

放大电路引入了负反馈以后得到的最直接的、最显著的效果就是提高了放大倍数的稳定性。

假设由于某种原因使基本放大电路的放大倍数在 A 的基础上变化了 ΔA，在无反馈的情况下，放大倍数的相对变化量为 $\Delta A / A$。

在同样情况下，有反馈时，放大倍数在 A_f 的基础上变化了 ΔA_f，可以推导得到，有反馈时放大倍数的相对变化量为

$$\frac{\Delta A_f}{A_f} \approx \frac{\Delta A}{A} \frac{1}{1 + AF}$$

对于负反馈有 $(1 + AF) > 1$，所以 $\frac{\Delta A_f}{A_f} < \frac{\Delta A}{A}$。这表明闭环放大倍数的相对变化量只是开环放大倍数相对变化量的 $1/(1 + AF)$，即放大倍数的稳定性提高了 $(1 + AF)$ 倍。

2）非线性失真的减小

一个理想的放大电路，其输出波形对输入波形应不失真地线性放大。但由于实际的三极管等半导体器件的非线性，使输出波形出现了不同程度的非线性失真。在图 3.15（a）中，一个无反馈的基本放大器，其输出产生了失真。假设这个失真波形正半周期的幅值大，负半周期的幅值小，引入负反馈后，如图 3.15（b）所示，反馈信号波形与输出波形相似，也是上大下小，经过比较环节后，净输入电压 $u_i' = u_i - u_f$ 将变为上小下大的波形。这个净输入信号经过放大，其输出波形的失真程度将大大减小。

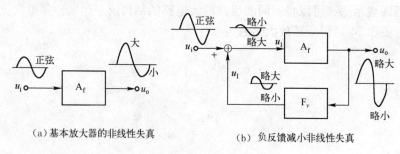

(a) 基本放大器的非线性失真　　　　　(b) 负反馈减小非线性失真

图 3.15　负反馈减小非线性失真

顺便指出，负反馈只能减小由放大电路器件本身的非线性引起的失真，不能完全消除失真，对闭环系统外的失真不能改善。

3）通频带的扩展

采用负反馈之后，可以减小由于各种因素引起的增益变化，显然，由于频率不同而引起的放大倍数的变化，也要被减小。由图 3.16 可见，由于负反馈的引入，在各频段的放大倍数均要下降。

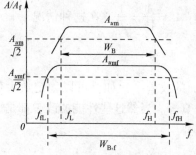

由公式 $A_f = \dfrac{A}{1 + AF}$ 可见，原来 A 越大的，则 $1 + AF$ 也越大，那么放大倍数下降得越多。中频段的开环增益 A 最大，所以放大倍数下降最多。而在高频段及低频段，由于原先放大倍数较小，故放大倍数下降量就小，从而使放大电路的幅频特性变得平坦，即通频带得到扩展，变宽了。由图 3.16 可以清楚地看出其通频带的变化。

图 3.16　开环与闭环的幅频特性

4）输入电阻和输出电阻的改变

放大电路引入负反馈后，其输入、输出电阻都要发生变化。负反馈对输入电阻的影响取决于放大电路输入端的连接方式，而与输出端的连接方式无关。由分析可得，串联负反馈使

输入电阻增大，并联负反馈使输入电阻减小。负反馈对输出电阻的影响取决于放大电路输出端的连接方式，而与输入端的连接方式无关。由分析可得，电压负反馈使输出电阻减小，电流负反馈使输出电阻增大。

5）减小放大器的内部噪声

放大器内部噪声的存在，对有用信号的放大和传输都是有害的。但噪声对放大器的影响程度并不取决于它的大小，而是取决于它与有用信号的相对大小，即"信噪比"。放大器的"信噪比"越大，噪声对有用信号的影响就越小。

放大器中引入负反馈后，虽然使有用信号和内部噪声的幅度同时减小了，但有用信号的幅度能通过加大输入信号的幅度来解决。

负反馈只能减小放大器的内部噪声，对混在输入信号中的外部噪声，负反馈无能为力。

【技能方法】 反馈的判断

1. 有无反馈的判断

若放大电路中存在将输出回路与输入回路相连接的通路，即反馈通路，并由此影响了放大电路的净输入信号，则表明电路引入了反馈，否则电路中便没有反馈。

在图 3.17（a）所示的电路中，集成运放的输出端与同相输入端、反相输入端均无通路，故电路中没有反馈。

在图 3.17（b）所示的电路中，电阻 R_2 将集成电路运放的输出端与反相输入端相连接，因而集成运放的净输入量不仅取决于输入信号，还与输出信号有关，所以该电路中引入了反馈。

在图 3.17（c）所示的电路中，虽然电阻 R 跨接在集成运放的输出端与同相输入端之间，但是由于同相输入端接地，所以 R 只不过是集成运放的负载，而不会使 u_0 作用于输入回路，可见电路中没有引入反馈。

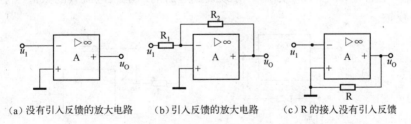

（a）没有引入反馈的放大电路　（b）引入反馈的放大电路　（c）R 的接入没有引入反馈

图 3.17　有无反馈的判断

由上分析可知，通过寻找电路中有无反馈通路，即可判断电路是否引入了反馈。

2. 正反馈与负反馈的判断

根据反馈的效果可以区分反馈的极性，使放大电路净输入量增大的反馈称为正反馈，使放大电路净输入量减小的反馈称为负反馈。由于反馈的结果影响净输入量，因而必然影响输出量。所以，根据输出量的变化也可以区分反馈的极性，反馈的结果使输出量的变化增大的便为正反馈，使输出量的变化减小的便为负反馈。

瞬时极性法是判断电路中反馈极性的基本方法，具体做法是，规定电路输入信号在某一时刻对地的极性，并以此为依据，逐级判断电路中各相关点的电流流向和电位极性，从而得到输出信号的极性。根据输出信号的极性判断出反馈信号的极性，若反馈信号使基本放大电路的净输入信号增大，则说明引入了正反馈；若反馈信号使基本放大电路的净输入信号减小，则说明引入了负反馈。

对于分立元件电路，可以通过判断输入级放大端的净输入电压（b、e 间或 e、b 间电压）或者净输入电流（I_B 或 I_E）因反馈的引入是增大还是减小，来判断反馈的极性。例如，在 图 3.18 所示的电路中，设输入电压 u_1 的瞬时极性对地为 "＋"，因而 VT_1 管的基极电位对地为 "＋"，由于共射极电路输出电压与输入电压反相（共集电极电路输出电压与输入电压同相，共基极电路输出电压与输入电压同相），故 VT_1 管的集电极电位对地为 "－"，即 VT_2 管的基极电位对地为 "－"；第二级仍为共射极电路，故 VT_2 管的集电极电位对地为 "＋"，即输出电压 u_0 极性为上 "＋" 下 "－"；u_0 作用于 R_6 和 R_3 回路，产生电流，如图 3.18 中虚线所示，从而在 R_3 上得到反馈电压 u_F；根据 u_0 的极性得到 u_F 的极性为上 "＋" 下 "－"；u_F 作用的结果使 VT_1 管的净输入电压 u_{BE} 减小，故判定电路引入了负反馈。

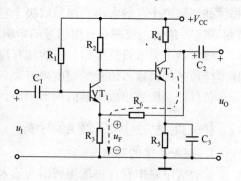

图 3.18　分立元件放大电路
反馈极性的判断

在图 3.19（a）所示的电路中，设输入电压 u_1 的瞬时极性对地为 "＋"，即集成运放同相输入端 u_P 对地为 "＋"，因而输出电压 u_0 对地也为 "＋"。u_0 通过 R_2、R_1 在 R_1 上分压产生上 "＋" 下 "－" 的反馈电压 u_F，使反相输入端电位对地为 "＋"，由此导致集成运放的净输入电压 $u_P - u_N$ 的数值减小，说明电路引入负反馈。

在图 3.19（b）所示的电路中，设输入电流 I_1 的瞬时极性如图所示。集成运放反相输入端的电流 i_N 流入集成运放，电位 u_N 对地为 "＋"，因而输出电压 u_0 极性对地为 "－"。u_0 作用于电阻 R_f 产生电流 i_f，如图中所示，导致集成运放的净输入电流 i_N 的数值减小，故说明电路引入了负反馈。

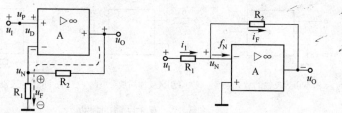

（a）通过净输入电压的变化判断反馈的极性　（b）通过净输入电流的变化判断反馈的极性

图 3.19　集成运放反馈极性的判断

以上分析说明，在集成运放组成的反馈放大电路中，可以通过分析集成运放的净输入电压 $u_P - u_N$（或 $u_N - u_P$）或净输入电流 I_P（或 I_N）因反馈的引入是增大还是减小来判断反馈的极性。凡使净输入量增大的为正反馈，使净输入量减小的为负反馈。

可以证明，当输入信号与反馈信号在不同端子引入时，反馈信号与输入信号极性相同，为负反馈；若两者极性相反，为正反馈。当输入信号和反馈信号在同一节点引入时，若两者极性相同，为正反馈；若两者极性相反，为负反馈。

3. 直流反馈与交流反馈的判断

如果反馈量只含有直流量，则称为直流反馈；如果反馈量只含有交流量，则为交流反馈。或者说，仅在直流通路中存在的反馈称为直流反馈，仅在交流通路中存在的反馈称为交流反馈。在很多放大电路中，常常交、直流反馈兼而有之。

根据直流反馈和交流反馈的定义，可以通过反馈是存在于放大电路的直流通路之中还是交流通路之中，来判断电路引入的是直流反馈还是交流反馈。

在图 3.20（a）所示的电路中，已知电容 C 对交流信号可视为短路，因而它的直流通路和交流通路分别如图 3.20（b）和图 3.20（c）所示。根据前面判断反馈的方法可知，图 3.20（a）所示的电路中只引入了直流反馈，而没有引入交流反馈。

在图 3.21 所示的电路中，已知电容 C 对交流信号可视为短路；对直流信号，电容 C 相当于开路，即在直流通路中不存在连接输出回路与输入回路的通路，故电路中没有直流反馈，而只是引入了交流反馈。

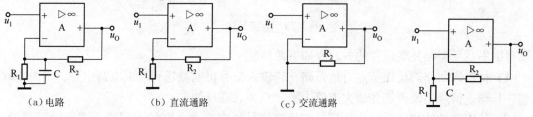

（a）电路　　　　　（b）直流通路　　　　　（c）交流通路

图 3.20　直流反馈与交流反馈的判断　　　　　图 3.21　判断直流反馈
与交流反馈

4. 电压反馈与电流反馈的判断

根据反馈信号从输出端的取样对象（取自放大电路输出电压或电流）来分类，可以分为电压反馈和电流反馈。如果反馈信号取自输出电压，即反馈量与输出电压量成正比，则称为电压反馈；如果反馈信号取自输出电流，即反馈量与输出电流量成正比，则称为电流反馈。其具体判别方法如下：令反馈放大电路的输出电压 u_O 为零，若反馈量也随之为零，则说明电路中引入了电压反馈；若反馈量依然存在，则说明电路中引入了电流反馈。

通过判断可知，如图 3.22（a）所示的电路中引入了交流负反馈。令输出电压 $u_O = 0$，即将集成运放的输出端接地，便得到图 3.22（b）所示的电路。此时输出与输入之间没有连接的通路，反馈不存在，故电路中引入的是电压反馈。

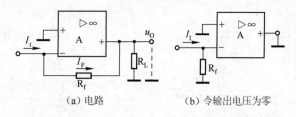

（a）电路　　　　　　　（b）令输出电压为零

图 3.22　电压反馈

通过判断可知，如图 3.23（a）所示的电路中引入了交流负反馈。令输出电压 $u_O = 0$，即将负载 R_L 两端短路，便得到如图 3.23（b）所示的电路。可以通过判断得知反馈仍然存在，故电路中引入的是电流反馈。

5. 串联反馈与并联反馈的判断

串联反馈与并联反馈是针对反馈放大电路的输入端而言的。串联反馈与并联反馈的区别在于基本放大电路的输入回路与反馈网络的连接方式不同。若反馈量是电压，与输入电压求差而获得净输入电压，即净输入电压＝输入电压－反馈电压，则为串联反馈；若反馈信号为电流量，与输入电流求差获得净输入电流，即净输入电流＝输入电流－反馈电流，则为并联反馈。

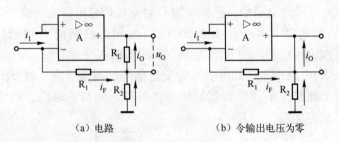

（a）电路　　　　　　　（b）令输出电压为零

图3.23　电流反馈

判别串联反馈与并联反馈的方法有如下两种。

（1）将输入回路的反馈节点对地短路，若输入信号仍能被送到放大电路中去，则为串联反馈；若输入信号不能再送到放大电路中去，则为并联反馈。

（2）从电路的结构来看，输入信号与反馈信号加在放大电路的不同输入端为串联反馈；输入信号与反馈信号并接在同一输入端上为并联反馈。

例如，在图3.24（a）中，将输入回路反馈节点对地短路后，三极管VT_1的基极接地，输入信号无法送到放大电路中，故为并联反馈。另外，由图中也可以看出，R_f和C_f引入的反馈信号线与输入信号线并接在一起，将反馈信号回送到输入端，依据此同样可判定为并联反馈。又如，在图3.24（b）中，将输入回路的反馈节点对地短路后，相当于VT_1发射极接地，由于输入信号加于VT_1的基极，故输入信号仍然能送入放大电路中，因此为串联反馈。另外也可以由该图看出，R_f和C_f引入的反馈信号接在VT_1的发射极，而没有回送到输入回路的输入端VT_1的基极，故为串联反馈。

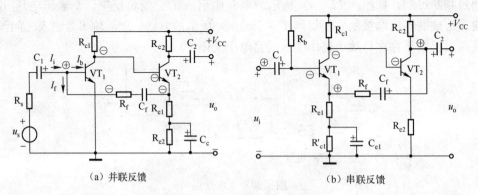

（a）并联反馈　　　　　　　　　　（b）串联反馈

图3.24　串联反馈和并联反馈的判断

【实践运用】 负反馈的4种组态及其判别

综合考虑反馈信号在输出端的取样方式及与输入回路的连接方式的不同组合，负反馈分别有4种组态，即电压串联负反馈、电压并联负反馈、电流串联负反馈和电流并联负反馈。

下面通过具体电路进行分析。

1. 电压串联负反馈

如图 3.25 所示的电路是电压串联负反馈放大电路，其中基本放大电路是一个集成运放，由电阻 R_1 和 R_2 组成的分压器就是反馈网络。采用瞬时极性法判别反馈极性，即假设在同相输入端接入一电压信号 u_i，设其瞬时极性为正（对地），因为输出端与同相输入端极性一致所以也为正，u_o 经 R_1、R_2 分压后 N 点电位仍为正，而在输入回路中有 $u_i = u_d + u_f$，则 $u_d = u_i = u_f$，由于 u_f 的存在使 u_d 减小了，因而所引入的反馈为负反馈；由于反馈信号在输入回路中与输入信号串联，故为串联反馈；从输出端看，R_1、R_2 组成分压器，将输出电压的一部分取出作为反馈信号 $u_f = u_o R_1 / (R_1 + R_2)$，所以为电压反馈。综合上面的三点可知，图 3.25 所示的电路中引入的反馈为电压串联负反馈。

2. 电压并联负反馈

图 3.26 是一个电压并联负反馈放大电路。从输入端看，反馈信号 i_f 与输入信号 i_i 并联，所以为并联反馈；从输出端看，反馈电路（由 R_f 构成）与基本放大电路和负载 R_L 并联，若将输出端短路，反馈信号就消失了，这说明反馈信号与输出电压成正比，因而为电压反馈。设某一瞬间输入 u_i 为正，则 u_o 为负，i_f 和 i_d 的方向如图中所标，可见净输入电流 $i_d = i_i - i_f$，由于 i_f 的存在，i_d 变小了，故为负反馈。由上述分析可知，电路所引入的反馈为电压并联负反馈。

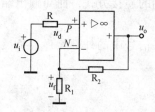

图 3.25　电压串联负反馈放大电路

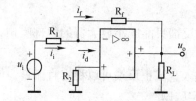

图 3.26　电压并联负反馈放大电路

3. 电流串联负反馈

图 3.27 是一个电流串联负反馈放大电路。反馈信号 u_f 与输入信号 u_i 和净输入信号 u_d 串联在输入回路中，故为串联反馈；从输出端看，反馈电阻 R_f 和负载电阻 R_L 串联，若输出端被短路，即 $u_o = 0$，而 $u_f = i_o R_f$ 仍存在，故为电流反馈；设 u_i 瞬时极性对地为正，输出电压 u_o 对地也为正，i_o 流向如图所示，u_f 极性已标出，在输入回路中有 $u_i = u_d + u_f$，则 $u_d = u_i - u_f$，u_f 的存在使 u_d 减小了，故为负反馈。由上述分析可知，电路所引入的反馈为电流串联负反馈，引入电流负反馈可以稳定输出电流。

4. 电流并联负反馈

图 3.28 是一个电流并联负反馈放大电路。反馈信号与净输入信号并联，故为并联反馈；若将 R_L 短路，则 $u_o = 0$，而反馈信号 i_f 仍存在，故为电流反馈；设 u_i 瞬时极性为正，输出电压 u_o 为负，则 i_f 及 i_i 方向如图中所示，$i_d = i_i - i_f$，故为负反馈。由此分析可知，电路所引入的反馈为电流并联负反馈。

放大电路中引入交流负反馈后，其性能会得到多方面的改善。比如，可以稳定放大倍数，改变输入、输出电阻，展宽频带，减小非线性失真等。

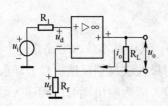 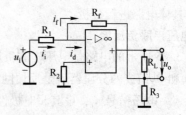

图 3.27 电流串联负反馈放大电路　　　　图 3.28 电流并联负反馈放大电路

【巩固训练】

一、填空题

1. 将放大电路的输出量的_____，通过一定的电路，再送回到输入回路，这一过程称为反馈。

2. 含有_____网络的放大电路称反馈放大电路。

3. 放大电路引入了负反馈以后得到的最直接的、最显著的效果就是提高了放大倍数的_____性。

4. 并联反馈的特点：信号源_____越大，反馈效果越明显。

二、判断题

5. 放大电路中引入交流负反馈后，其性能没有得到直接的改善。（　　）

6. 负反馈对输入电阻的影响取决于放大电路输入端的连接方式，而与输出端的连接方式无关。（　　）

7. 负反馈只能减小放大器的内部噪声，对混在输入信号中的外部噪声，负反馈无能为力。（　　）

8. 引入直流正反馈可以稳定直流量，如静态工作点。（　　）

三、实践题

9. 在如图 3.29 所示的电路中，判断电路中引入的是哪种组态的交流负反馈。

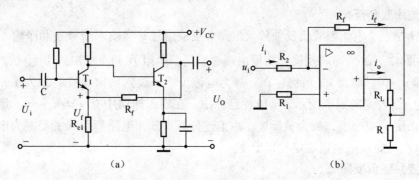

（a）　　　　　　　　　　　　　　　　　（b）

图 3.29　第 9 题图

3.3　低频功率放大电路

【问题呈现】

学生会要组织校园卡拉 OK 比赛，一些同学正在安装连接音响系统。在整个音响系统中有一个起着"组织、协调、枢纽"作用的设备，你知道是什么吗？它是怎样发挥作用的呢？同学们自己可以动手做一个吗？

【知识探究】

一、功率放大电路的特点与分类

1. 功率放大电路的特点

如前所述，放大电路实质上都是能量转换电路。从能量控制的观点来看，功率放大电路和电压放大电路没有本质的区别。但是，功率放大电路和电压放大电路所要完成的任务是不同的。对电压放大电路的主要要求是使负载得到不失真的电压信号，讨论的主要指标是电压增益、输入电阻和输出电阻等，输出的功率并不一定大。而功率放大电路则不同，它要求获得一定的不失真（或失真较小）的输出功率，通常是在大信号状态下工作。因此，功率放大电路包含着一系列在电压放大电路中没有出现过的特殊问题。

1）要求输出功率尽可能大

为了获得大的功率输出，要求功放管的电压和电流都有足够大的输出幅度，因此管子往往在接近极限的状态下工作，但又不能超越管子的极限参数。

2）效率要高

由于输出功率大，因此直流电源消耗的功率也大，这就存在一个效率问题。所谓效率就是负载得到的有用信号功率和电源供给的直流功率的比值。这个比值越大，意味着效率越高。

3）非线性失真要小

功率放大电路是在大信号下工作的，所以不可避免地会产生非线性失真，而且同一功放管输出功率越大，非线性失真就越严重。在测量系统和声电设备中，这个问题显得比较突出，而在工业控制系统中，以输出功率为主要目的，则对非线性失真的要求就成为次要问题了。

4）散热性能要好

在功率放大电路中，由于功放管工作在大电流与大电压状态下，造成结温度和管壳温度升高而使功放管容易损坏，为此必须考虑管子的散热问题。

由于功放电路是在大信号下工作，故通常采用图解法分析。

2. 功率放大器的分类

按管子的工作状态功率放大器可分为甲类、乙类和甲乙类等。

1）甲类

其工作状态如图3.30（a）所示。在输入信号的整个周期内都有 i_c 流过功放管，这种工作方式称为甲类功放。显然，甲类功放的 Q 点位置适中，管子在整个周期内导通，非线性失真较小。前面介绍的电压放大电路就工作在甲类状态。

2）乙类

其工作状态如图3.30（c）所示。它只在半个周期有 i_c 流过功放管，这种工作方式称为乙类功放。显然，乙类功放的 Q 点位于截止区（零偏置），管子在半个周期内导通，非线性失真严重（i_c 只有正弦信号的一半）。由于几乎无静态电流，功率损耗最小，所以效率大大提高。

3）甲乙类

其工作状态如图3.30（b）所示。甲乙类功放是介于甲类和乙类之间的工作状态，在大半个周期内有i_C流过功放管。显然，其Q点较低，管子在大于半个周期内导通，非线性失真较严重。

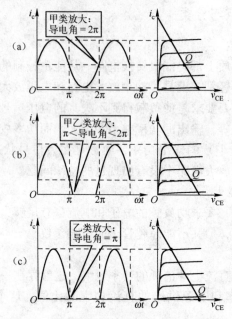

图3.30　Q点下移对放大电路工作状态的影响

从前面的介绍可以看出，功放的工作状态从甲类到甲乙类，再到乙类，其工作点Q逐步降低，管子的导通时间逐渐减小，非线性失真越来越严重，但是，它们的效率却逐渐得到提高。提高效率和减小非线性失真是一对矛盾，这需要在电路结构上采取措施加以协调。

必须指出，甲类功放由于静态电流大，在理想情况下，其效率最高也只能达到50%，因此现在已很少采用。变压器耦合功放由于变压器体积大，不适于集成，频率特性差，在现在的功放中也不大采用。因此，本章不涉及这两类功放。

二、互补对称功率放大器

1. 乙类双电源互补对称功率放大器（OCL电路）

1）电路的组成与工作原理

如图3.31所示的电路是用两只功放管接成推挽形式的乙类放大电路，其中V_1为NPN管，V_2为PNP管，两个管子的参数应基本一致，两管的发射极连在一起，作为输出端直接接电阻R_L，两个管子都为共集电极接法。正负对称双电源供电，两个管子的中点静态电位U_A必须为0。

当输入信号$u_i = 0$时，电路处于静态，两个管子都不导通，静态电流为0，电源不消耗功率。

当u_i为正半周时，V_1导通，V_2截止，电流通过电源V_{CC}，流进V_1的集电极，再从发射极流出，经过R_L到地，得到u_o的正半周。

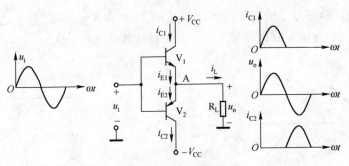

图 3.31　OCL 电路

当 u_i 为负半周时，V_1 截止，V_2 导通，电流由地流过 R_L 经过 V_2 进入电源 $-V_{CC}$，负载上的电压极性与前半周正好相反，叠加后便形成了一个完整的波形。由此可见，采用一对 NPN 和 PNP 型参数对称的管子互补连接，便能实现推挽式的工作，故称为互补对称电路，即 OCL 电路。

2）图解分析

因为输出信号是两个管子共同作用的结果，所以流过负载 R_L 的电流 $i_L = i_{C1} - i_{C2}$，i_{C1} 与 i_{C2} 流过 R_L 的方向相反，输出电压 $u_o = i_L R_L$。为了便于分析，将 V_1 与 V_2 的特性曲线组合在一起，如图 3.32 所示。

3）输出功率、最大效率、管耗

（1）输出功率：电路的最大不失真输出功率为

$$P_{om} = \frac{(V_{CC} - U_{CES})^2}{2R_L} \approx \frac{V_{CC}^2}{2R_L}$$

（2）最大效率 η_m：在理想情况下电路的最大效率为

$$\eta_m = \frac{\pi}{4} \approx 78.5\%$$

（3）管耗：功率放大器的功率损耗与功率转换效率相关。可以证明对于乙类推挽功放电路功放管的最大管耗为

$$P_{T1m} = P_{T2m} \approx 0.2 P_{om}$$

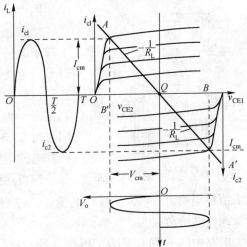

图 3.32　V_1 与 V_2 的特性曲线组合

2. 甲乙类双电源互补对称功率放大器

前面讨论的乙类互补对称功率放大器，没有考虑三极管死区电压的影响，实际上这种电路并不能使输出波形很好地反映输入的变化。由于没有直流偏置，管子必须在 $|u_{BE}|$ 大于其死区电压时才能导通。当 u_i 低于这个数值时，V_1 和 V_2 都截止，i_{C1} 和 i_{C2} 基本上为 0，负载 R_L 上无电流流过，出现一段死区，如图 3.33 所示，这种现象称为交越失真。

为了克服交越失真，可给两个互补管子的发射结设置一个很小的正向偏压，使它们在静态时处于微导通状态，从而使静态工作点很低。这样，既消除了交越失真，又使功放管工作在甲乙类状态，效率仍可较高。如图 3.34 所示就是甲乙类互补对称功率放大器。

在图 3.34 中，静态时二极管 V_4、V_5 两端的压降加到 V_1、V_2 的基极之间，使两个管子处于微导通状态。当有信号时，即使 u_i 很小，也可线性地进行放大。

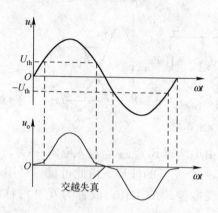

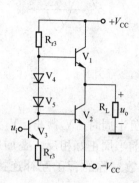

图 3.33　乙类互补对称功放的交越失真　　　　图 3.34　甲乙类互补对称功率放大器

3. 甲乙类单电源互补对称功率放大器

上述的 OCL 电路采用双电源供电，在某些场合往往给使用者带来不便。为此，常采用如图 3.35 所示的单电源供电的甲乙类互补对称功放电路，简称 OTL 电路。

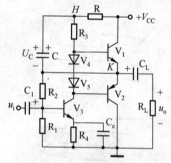

图中，V_3 为前置放大级，V_1、V_2 组成互补对称输出级，V_4、V_5 保证电路工作于甲乙类状态，C_L 为大电容。由于两个管子的特性对称，它们的发射极 K 点的电位为 $V_{CC}/2$，所以 C_L 上的静态电压 $U_{CL} = V_{CC}/2$。

当输入信号 u_i 为负半周时，经 V_3 倒相放大，输入到 V_1、V_2 基极上为正半周，使 V_1 导通，V_2 截止，有电流流过 R_L，同时对 C_L 充电；在 u_i 为正半周时，V_2 导通，V_1 截止，则已经充电的电容 C_L 起着电源的作用，通过 R_L 放电。C_L 的容量必须选得足够大，才能使电容 C_L 的充、放电时间常数远远

图 3.35　带自举的 OTL 电路

大于信号周期。在输入信号周期变化的过程中，电容 C_L 两端电压基本不变，使交流信号无衰减地传送给负载。

电路中的 R 和 C 是为了提高互补对称式推挽功放电路的最大输出电压幅度而引入的，通常称之为"自举电路"。

值得指出的是，采用单电源供电的互补对称电路，由于每个管子的工作电压不是原来的 V_{CC}，而是 $V_{CC}/2$，所以前面推导的 P_{om} 和 P_{Tm} 的公式必须加以修正，以 $V_{CC}/2$ 代替原来的 V_{CC}。

【技能方法】 集成功率放大器的应用线路

随着线性集成电路的发展，集成功率放大器的应用已日益广泛。目前，国内外的集成功率放大器产品有多种型号，它们具有体积小、工作稳定，以及易于安装、调试等优点。对于使用者来说，只要了解其外部特性和外接线路的连接方法，就可方便地使用它们，下面举例介绍两种集成功率放大器的作用。

一、4100 系列集成电路应用线路

由于生产厂家不同，4100 系列集成电路中，国产的有 DL4100（北京）、TB4100（天津）和 SF4100（上海）等；国外的主要有日本三洋公司生产的 LA4100 等。这些产品的内部电路、技术指标、外形尺寸、封装形式和引脚分布都是一致的，在使用中可以互换，属于该系列的有 4100、4101 和 4112 等产品。

1. 外形图与引脚的功能

4100 系列集成电路引脚排列与符号如图 3.36 所示，它是带散热体的 14 脚双排直插式塑封结构，其引脚是从散热体顶部起按逆时针方向依次编号的。

2. 典型应用电路

图 3.37 是用 LA4100 集成电路组成的 OTL 功率放大器。图中 C_1、C_5 分别为输入、输出信号耦合电容；C_3 为消振电容，用于抑制可能产生的高频寄生振荡；C_4 为交流反馈电容，亦可起消振作用；C_6 为自举电容，用于自举升压；C_7 为防振电容，用于防止高频自激；调节 R_1 大小，可调节反馈深度，控制功放电路增益。该电路可作为收音机的整个低频放大和功率放大电路，其输入端可直接接收音机的检波输出端。4100 系列集成电路还可作为收录机、电唱机等设备的功率放大电路。

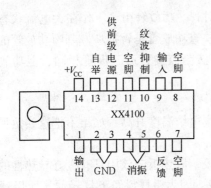

图 3.36　4100 系列集成电路引脚排列与符号

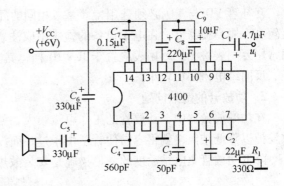

图 3.37　4100 系列典型应用电路

二、TDA2030 集成功率放大器的应用线路

TDA2030 集成功率放大器是一种音频功放质量较好的集成块。它的外引脚和外接元件少，内部有过载保护电路，输出过载时不会损坏。单电源使用时，散热体可直接固定在金属板上与地线相连，十分方便。

如图 3.38 所示是 TDA2030 功放集成块的外引线排列。该电路的参数特点是，电源范围为 $\pm(6 \sim 18)$ V，输入信号为 0 时的电源电流小于 $60\mu A$，频率响应为 $10Hz \sim 140kHz$，谐波失真小于 0.5%，在 $V_{CC} = \pm 14V$，$R_L = 4\Omega$ 时最大输出功率为 14W。

图 3.39 是把 TDA2030 功放集成块接成 OCL 功放电路的接法，图中接入 V_1、V_2 是为了防止电源接反而损坏组件采取的防护措施。电容 C_3、C_5、C_4 和 C_6 为电源滤波电容，$100\mu F$ 电容并联 $0.1\mu F$ 电容的原因是 $100\mu F$ 的电解电容具有电感效应。

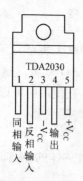

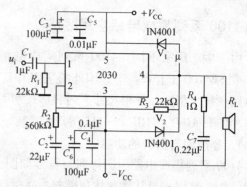

图 3.38　TDA2030 功放集成块的外引线排列　　图 3.39　把 TDA2030 功放集成块接成 OCL 功放电路

【实践运用】功放管应用注意事项

1. 功放管的选择

在 OCL 功放电路中若要使功放电路输出最大功率，又使功放管安全工作，功放管的参数必须满足下列条件：

（1）每只功放管的最大允许管耗 P_{CM} 必须大于 P_{T1m}（$\approx 0.2P_{om}$）；

（2）$|U_{(BR)CEO}| > 2V_{CC}$；

（3）$I_{CM} > V_{CC}/R_L$。

互补管 VD_1 与 VD_2 必须选用特性基本相同的配对管。功放管由于工作在大电流状态且温度较高，属易损器件，在电子设备的检修中应注意检查功放管是否损坏。判断功放管的质量通常用万用表检测，万用表应置于 R×10 挡，其方法与监测普通三极管相同，但功放管的正、反向结电阻都比较小。

2. 功放管的散热问题

在功率放大器中，功放管的工作电流较大，使集电结温度升高，如果不把这些热量迅速散发掉以降低结温，就很容易使管子由于过热而损坏。

降低功放管集电结温度的常见措施是安装散热板，散热板应该用具有良好导热性的金属材料制成。因为铝材料经济且轻便，所以通常用它制成铝型材散热片，如图 3.40 所示。散热的效果与散热片的面积及表面颜色有关。一般情况下，面积越大，散热效果越好，黑色物体比白色物体散热效果好。在安装散热器时，要使功放管的管壳与散热片之间贴紧靠牢，固定螺钉要旋紧。在电气绝缘允许的情况下，可以把功放管直接安装在金属机箱或金属底板上。

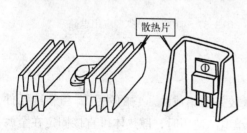

图 3.40　用于功放管安装的散热片

3. 功放管的保护

适当采取保护措施，也是保证功率放大管正常运行的有效手段。保护的方法有很多，如在负载两端并联二极管（或二极管和电容），可防止感性负载使管子产生过压或过流；用 U_Z 值适当的稳压管并联在功放管的 c、e 极之间，可吸收瞬时的过电压等。采用何种保护措施可根据具体情况而定。

【巩固训练】

一、填空题

1. 对功率放大器的基本要求：（1）_____；（2）_____；（3）_____；
（4）_____。

2. 按管子的工作状态功率放大器可分为_____、_____和_____等。

3. 乙类推挽功率放大电路的_____较高，在理想情况下其值可达_____。但这种
电路会产生一种_____失真，这是功放电路特有的非线性失真现象。为了消除这种失真，
应当使推挽功率放大电路工作在_____类状态。

二、判断题

4. 功率放大电路的主要作用是向负载提供足够大的功率信号。（　　　）

5. 功率放大电路所要研究的问题就是一个输出功率的大小问题。（　　　）

6. 顾名思义，功率放大电路有功率放大作用，电压放大电路只有电压放大作用而没有
功率放大作用。（　　　）

7. 在功率放大电路中，输出功率最大时，功放管的功率损耗也最大。（　　　）

三、分析题

8. 画出简单的 OTL 和 OCL 电路图，解释其工作原理，写出各自的最大输出功率和理想
效率的表达式。

9. 乙类功率放大电路为什么会产生交越失真？如何消除交越失真？

四、操作实践题

10. 组装音频功率放大电路，电路如图 3.41 所示。

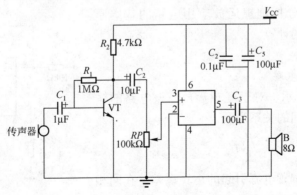

图 3.41　第 10 题图

（1）利用 EWB 软件，进行直流、交流、瞬态调试，测量出电路性能指标，检查是否满
足主要技术指标及要求。

（2）用万用表检测各元器件的质量好坏。

（3）组装焊接音频放大电路，要求焊点均匀、可靠。

（4）测试调整音频放大电路，检验电路的放大效果。调节电位器 RP，使输出音量适度。

实验实训 运算放大电路实验

一、实验目的

（1）研究由集成运算放大器组成的基本运算电路的功能。

（2）了解运算放大器在实际应用时应考虑的一些问题。

二、实验原理

集成运算放大器是一种具有高电压放大倍数的直接耦合多级放大电路。当外部接入不同的线性或非线性元器件组成输入和负反馈电路时，可以灵活地实现各种特定的函数关系。在线性应用方面，可组成比例、加法等模拟运算电路。

1. 理想运算放大器特性

在大多数情况下，将运放视为理想运放，就是将运放的各项技术指标理想化。满足下列条件的运算放大器称为理想运放：

（1）开环电压增益 $A_{ud} \to \infty$；

（2）输入阻抗 $r_i \to \infty$；

（3）输出阻抗 $r_o \to 0$；

（4）带宽 $f_{BW} \to \infty$；

（5）失调与漂移均为零等。

2. 理想运放在线性应用时的两个重要特性

（1）输出电压 U_o 与输入电压之间满足关系式

$$U_o = A_{ud}(U_+ - U_-)$$

由于 $A_{ud} \to \infty$，而 U_o 为有限值，因此，$U_+ - U_- \approx 0$，即 $U_+ \approx U_-$，称为"虚短"。

（2）由于 $r_i \to \infty$，故流进运放两个输入端的电流可视为零，即 $I_{IB} = 0$，称为"虚断"。这说明运放对其前级吸取电流极小。

上述两个特性是分析理想运放应用电路的基本原则，可简化运放电路的计算。

3. 基本运算电路

1）反相比例运算电路

电路如图 3.42 所示。对于理想运放，该电路的输出电压与输入电压之间的关系为

$$U_o = -\frac{R_F}{R_1}U_i$$

为了减小输入级偏置电流引起的运算误差，在同相输入端应接入平衡电阻 $R_2 = R_1 // R_F$。

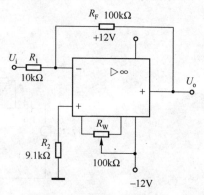

图 3.42 反相比例运算电路

2）同相比例运算电路

图 3.43 是同相比例运算电路，它的输出电压与输入电压之间的关系为

$$U_o = \left(1 + \frac{R_F}{R_1}\right)U_i \qquad R_2 = R_1 // R_F$$

当 $R_1 \to \infty$ 时，$U_o = U_i$，即得到如图 3.44 所示的电压跟随器。图中 $R_2 = R_F$，用以减小漂

移和起保护作用。一般 R_F 取 $10\text{k}\Omega$，R_F 太小起不到保护作用，太大则影响跟随性。

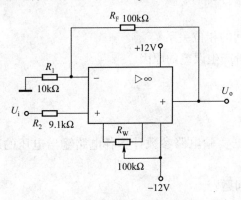

图 3.43　同相比例运算电路

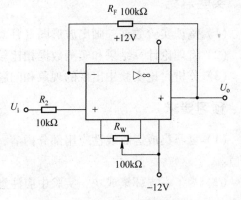

图 3.44　电压跟随器

三、实验设备与器件

（1）$\pm 12\text{V}$ 直流电源。

（2）函数信号发生器。

（3）交流毫伏表。

（4）直流电压表。

（5）集成运算放大器 $\mu\text{A}741 \times 1$。

（6）电阻器、电容器若干。

四、实验内容

实验前要看清运放组件各管脚的位置；切忌正、负电源极性接反和输出端短路，否则将会损坏集成块。

1. 反相比例运算电路

（1）按图 3.42 连接实验电路，接通 $\pm 12\text{V}$ 电源，输入端对地短路，进行调零和消振。

（2）输入 $f = 100\text{Hz}$，$U_i = 0.5\text{V}$ 的正弦交流信号，测量相应的 U_o，并用示波器观察 u_o 和 u_i 的相位关系，记入表 3.1。

表 3.1　实验实训表 1

U_i（V）	U_o（V）	u_i 波形	u_o 波形	A_V	
				实测值	计算值

2. 同相比例运算电路

按图 3.43 连接实验电路。实验步骤同反相比例运算电路的步骤，将结果记入表 3.2。

表 3.2　实验实训表 2

U_i（V）	U_o（V）	u_i 波形	u_o 波形	A_V	
				实测值	计算值

五、实验总结

（1）整理实验数据，画出波形图（注意波形间的相位关系）。

（2）将理论计算结果和实测数据相比较，分析产生误差的原因。

（3）分析讨论实验中出现的现象和问题。

六、预习要求

（1）复习集成运放线性应用部分内容，并根据实验电路参数计算各电路输出电压的理论值。

（2）为了不损坏集成块，实验中应注意什么问题？

总结评价

【自我检测】

一、填空题

1. 工作在甲类和乙类两种状态的放大电路，其中_____工作方式的输出功率大、效率高。

2. 集成运算放大器级与级之间的信号耦合方式采取的是_____耦合方式，由此带来的两个问题是_____和_____。

3. 串联负反馈电路能够_____输入阻抗，电流负反馈能够使输出阻抗_____。

4. 放大电路中引入电压并联负反馈，可_____输入电阻，_____输出电阻。

5. 有一 OTL 功放电路，其电源电压 $V_{CC} = 16V$，$R_L = 8\Omega$，在理想情况下可得到最大输出功率为_____。

二、选择题

6. 反馈量是指（　　）。

　　A. 反馈网络从输出回路取出的信号量

　　B. 反馈到输入回路的信号量

　　C. 反馈到输入回路的信号量与反馈网络从输出回路取出的信号量之比。

7. 某负反馈放大电路，输出端接地时，电路中的反馈量仍存在，则表明该反馈是（　　）反馈。

　　A. 电流　　　　B. 电压　　　　C. 串联　　　　D. 并联

8. 某负反馈放大电路，输出端接地时，电路中的反馈量变为零，则表明该反馈是（　　）反馈。

　　A. 电流　　　　B. 电压　　　　C. 串联　　　　D. 并联

9. 引入（　　）负反馈后，将使放大器的输出电阻增大、输入电阻减小。

　　A. 电压串联　　B. 电压并联　　C. 电流串联　　D. 电流并联

10. 在选择功放电路中的晶体管时，应当特别注意的参数有（　　）。

　　A. β　　　　　B. I_{CM}　　　　C. I_{CBO}

　　D. $U_{(BR)CEO}$　　E. P_{CM}　　　F. f_T

三、计算与分析题

11. 负反馈放大器对放大电路有什么影响？

12. 集成运算放大电路的输入级最常采用什么放大电路？其内部是什么耦合方式的放大电路？

13. 判断如图 3.45 所示的电路中是否引入了反馈；若引入了反馈，则是直流反馈还是交流反馈？是正反馈还是负反馈？

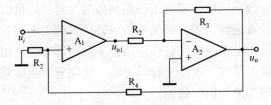

图 3.45　第 13 题图

14. 若图 3.46 中为理想运放，试标出各电路的输出电压值。

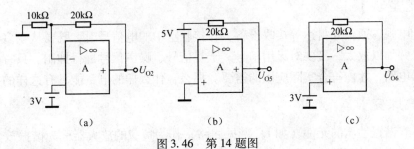

图 3.46　第 14 题图

15. 画出输出电压 u_o 与输入电压 u_i 符合下列关系的运放电路图：

（1）$u_o = = u_i$；（2）$u_o = 15u_i$。

【自我总结】

请反思在本章进程中你的收获和疑惑、写出你的体会和评价。

任务总结与评价表

内　　容		你 的 收 获	你 的 疑 惑
获得知识			
掌握方法			
习得技能			
学习体会			
学习评价	自我评价		
	同学互评		
	老师寄语		

＊第4章 其他放大电路

通过本章的学习，你可以学到小信号谐振放大电路的组成和工作原理，知道小信号谐振放大电路的种类和应用，会测试单、双调谐回路谐振放大器，还可以知道场效应管与晶体管的区别，会识别和测试场效应管，能分析简单的场效应管放大电路。

在学习小信号谐振放大电路时要注意理论结合实际，结合收音机的选台功能，就会比较容易理解。在对场效应管及其放大电路进行学习时，要注意和晶体管的区别和联系，才能正确理解和掌握场效应管的相关知识和技能。

4.1 小信号谐振放大电路

【问题呈现】

广播、电视、通信和雷达等接收设备，在接收空中的电信号时，既要从众多电信号中选出有用信号并加以放大，又要对无用信号、干扰信号、噪声信号进行抑制。只有具有良好的选频能力的电路，才能符合实际应用的需要。那么，什么样的电路能具有这样的功能呢？

【知识探究】

采用具有谐振性质的元件（如 LC 谐振回路）作为负载的放大器称为谐振放大器，又称调谐放大器。小信号调谐放大器有分散选频和集中选频两大类。分散选频的每级放大器都接入谐振负载，为分立元件电路；而集中选频的调谐放大器都为集成宽带放大器，且谐振负载多为集中滤波器。

一、分散选频的小信号调谐放大器

根据负载选频网络的不同特点，调谐放大器可分为单调谐回路调谐放大器和双调谐回路调谐放大器。

1. 单调谐放大器

单调谐放大器回路如图 4.1（a）所示，图 4.1（b）为其交流等效电路，图中 R_{b1}、R_{b2}、R_e 组成了稳定工作点的分压偏置电路。C_e、C_b 为高频旁路电容，L、C 组成并联谐振回路，其谐振频率应为输入信号频率（理想状态下），Z_L 为负载阻抗。单调谐放大器的工作过程如下：输入信号经 T_1 变压器加在三极管的 b、e 极之间，使三极管产生电流 i_b；由于三极管本身的电流放大作用，会产生较大的集电极电流 i_c；当谐振回路调谐在输入信号频率时，在回路两端会出现最高的谐振电压；这个电压经变压器 T_2 耦合到负载阻抗 Z_L 上，从而使负载得到较大的功率或电压。

调谐放大器的技术指标除了电压增益外，电路还应满足通频带和选择性的要求。单调谐放大器的通频带和选择性与理想谐振曲线的形状相差很大，所以单调谐放大器只能用于对通频带和选择性要求不高的场合。

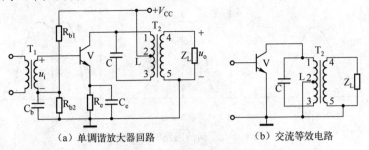

（a）单调谐放大器回路　　　　　　　（b）交流等效电路

图 4.1　单调谐放大器

2. 双调谐放大器

双调谐放大器一般有互感耦合和电容耦合两种形式，如图 4.2 和图 4.3 所示。如图 4.2 所示为互感耦合双调谐放大器，它与单调谐放大器的不同之处在于，它用 L_2C_2 调谐电路来代替单调谐电路的次级线圈。初、次级之间采用互感耦合，即改变 L_1 与 L_2 之间的距离或磁芯位置即可改变它们的耦合程度。如图 4.3 所示为电容耦合双调谐放大器，通过外接电容 C_k 来改变两个调谐回路之间的耦合程度。

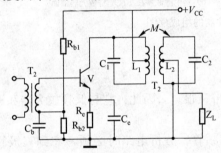 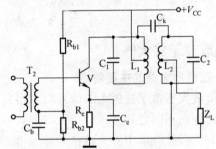

图 4.2　互感耦合双调谐放大器　　　　图 4.3　电容耦合双调谐放大器

下面以互感耦合电路为例来说明双调谐电路的工作原理。设 L_1C_1、L_2C_2 两个回路都调谐在输入信号频率上。当输入信号经变压器加在三极管 b、e 极之间时，三极管产生电流 I_b，由于三极管的电流放大作用，集电极电流 I_c 经过 L_1C_1 并联谐振回路，产生并联谐振。此时，L_1 中电流由于互感耦合的存在，在次级 L_2 上感应出一个电动势，由于 L_2C_2 回路也谐振于输入信号频率上，因此在次级回路会产生最大的输出电压给 Z_L。

适当地选择回路之间的耦合程度，可使放大器的谐振曲线较为理想，如图 4.4 所示。通过理论分析可知，当耦合较松时，谐振曲线呈现单峰，如图 4.4（a）所示。当耦合较强时，谐振曲线呈现对称于中心频率 f_0 的双峰，如图 4.4（c）所示。双峰之间的频率间隔及下凹的深度与耦合程度有关，耦合越强，下凹程度和双峰之间的频率间隔越大。当回路工作于临界耦合状态时，谐振曲线呈单峰，如图 4.4（b）所示，这时有较宽的频带和较好的选择性（与理想情况比较接近），一般双调谐放大器工作在临界耦合状态。

二、集成中频放大器

分散选频的小信号调谐放大器在组成多级放大器时，线路比较复杂，调试不方便，稳定性不高，可靠性较差，尤其是不能满足某些特殊频率特性的要求。随着电子技术的不断发展，出现了采用集中滤波和集中放大相结合的小信号谐振放大器，即集中选频式放大器。这

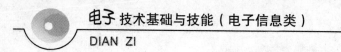

种放大器多用于放大中频信号，故常称为集成中频放大器。

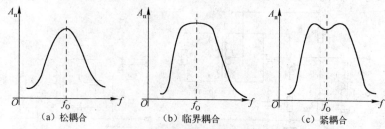

图 4.4　双调谐回路的谐振曲线

集成中频放大器是由集成宽带放大器和集中滤波器组成的。如图 4.5 所示，它有两种形式。其中，图 4.5（a）所示的集中滤波器在集成宽带放大器的后面，而图 4.5（b）所示的集中滤波器则在集成宽带放大器的前面。无论哪一种类型的集成中频放大器，其集成宽带放大器的频带都应比被放大信号的频带和集中滤波器的频带更宽一些。

图 4.5　集成中频放大器的组成框图

三、集成宽带放大器

1. 宽带放大器的主要特点

宽带放大器由于被放大的信号频率很高，频带又很宽，因此，它与低频放大器和调谐放大器相比存在不同之处。

（1）三极管应采用 f_T（特征频率）很高的高频管，分析电路时必须考虑到三极管的高频特性。

（2）对电路的技术指标要求高。宽带放大器要满足一定的增益要求，但增益和带宽的要求往往是矛盾的。

（3）负载为非谐振的。由于谐振回路带宽较窄，所以宽带放大器不能选择谐振回路作为负载，即它的负载只能是非谐振的。

2. 扩展放大器通频带的方法

要得到频带较宽的放大器，首先必须采用 f_T 足够高的管子。在这样的条件下，就要采用不同的方法来提高放大器的上限截止频率。常用的方法有组合电路法和负反馈法等几种。

（1）组合电路法：各种不同组态的电路具有不同的特点。共发射极电路电压增益最高，而上限截止频率最低；共基极电路电流增益最低，而上限截止频率较高；共集电极电路电压增益最低，而上限截止频率最高。如果我们将不同组态的电路合理地混合连接（组合），就可以提高放大器的上限截止频率，扩展其通频带，这种方法称为组合电路法。常用的组合电路有共发射–共基组合和共集电–共发射组合。

（2）负反馈法：引入负反馈可扩展放大器的通频带，而且反馈越深，通频带扩展得越宽。利用反馈技术来扩展放大器的通频带可广泛地应用于宽带放大电路。常用的有引入单级负反馈和引入级间反馈。注意在多级放大器中，当每一级引入负反馈时，前级、后级的负反馈要适当安排。

四、陶瓷滤波器

陶瓷滤波器是用具有压电性能的陶瓷片制成的新型压电器件。它的结构很像瓷介电容，也是一块具有特定几何尺寸的薄片，而电性能类似晶体滤波器。陶瓷滤波器是由锆钛酸铝陶瓷材料制成的，把这种材料制成片状，两面覆盖银层作为电极，经过直流高压极化后，它具有与石英晶体谐振器相似的压电效应。因此，陶瓷滤波器也具有选频特性，可用它来作为滤波器。

目前，陶瓷滤波器广泛应用于电视机、录像机、收音机等各种电子产品中，作为其中的选频元件。在电视机中采用陶瓷滤波器，可对伴音中频信号（6.5MHz）进行衰减，减小伴音干扰，提高图像清晰度，有的还作为伴音中频放大的 LC 单调谐回路或鉴频器使用。

陶瓷滤波器的结构有二端和三端两大类，在电路中用字母 Z 或 ZC 表示。

1. 二端陶瓷滤波器

在陶瓷片两面涂上银作为电极，经直流高压极化后便成为二端陶瓷滤波器，电路符号如图 4.6（a）所示。图 4.6（b）为其等效电路。其中，L 为动态电感，C 为动态电容，R 为等效损耗电阻，C_p 是在陶瓷片两面涂了银后形成的静态电容。

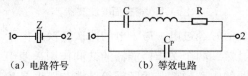

（a）电路符号　　　　（b）等效电路

图 4.6　二端陶瓷滤波器的电路符号和等效电路

2. 三端陶瓷滤波器

图 4.7（a）所示为三端陶瓷滤波器的结构示意图，它是通过在陶瓷片的一面分割出两个电极的方法做成的。其中 1 和 3 是输入端，2 和 3 是输出端。如图 4.7（b）和图 4.7（c）所示为三端陶瓷滤波器的电路符号和实物图。

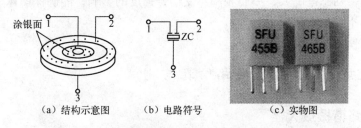

（a）结构示意图　　　（b）电路符号　　　（c）实物图

图 4.7　三端陶瓷滤波器的结构、电路符号和实物图

陶瓷滤波器具有体积小、成本低、受外界条件影响小等优点，已被广泛地应用在接收机中。但陶瓷滤波器的通频带不够宽，频率特性的一致性较差，这也是它的不足之处。

五、声表面波滤波器

声表面波滤波器简称 SAWF 或 SAW，具有工作频率高、通频带宽、选频特性好、体积小等优点，并且可采用与集成电路相同的生产工艺，制造简单、成本低、频率特性的一致性较好，因此被广泛应用于各种电子设备中。

声表面波滤波器的结构示意图、电路符号和实物图如图 4.8 所示。它以石英、钽酸锂或铌酸锂等压电晶体为基片，经表面抛光后在其上蒸发一层金属膜，通过光刻工艺制成两组具有能量转换功能的叉指形金属电极，分别称为输入叉指换能器和输出叉指换能器。当输入叉指换能器接上交流电压信号时，压电晶体基片的表面就产生振动，并激发出与外加信号同频率的声波，此声波主要沿着基片的表面在与叉指电极垂直的方向传播，故称为声表面波。其中一个方向的声波被吸声材料吸收，另一个方向的声波则被传送到输出叉指换能器，并转换为电信号输出。

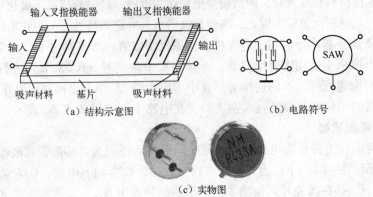

图 4.8　声表面波滤波器

在声表面波滤波器中，信号经过电－声－电的两次转换。由于基片的压电效应，因此叉指换能器具有选频特性。显然，两个叉指换能器的共同作用，使声表面波滤波器的选频特性较为理想。声表面波滤波器的中心频率、通频带等性能与压电晶片基片的材料及叉指电极的指条数目、疏密、宽度和长度等有关。

声表面波滤波器的特点如下。

（1）性能稳定，可靠性高，一致性好，抗干扰能力强，不易老化。

（2）选择性好，一般达到140dB左右，能够确保图像的清晰度。

（3）频带宽，动态范围大，中心频率不受信号强度的影响，能确保图像、彩色和伴音载波的正常传输，不互相干扰。

（4）使用方便，不需要任何调整。

【技能方法】谐振放大电路仿真与测试

一、单调谐回路谐振放大器

1. 仿真电路

高频小信号谐振放大器，输入信号频率为465kHz，振幅为10mV，输出信号幅度接近100V，放大倍数接近1 000倍。这其中有变压器变压比25倍，实际放大器放大40倍。

如图4.9所示为单调谐回路谐振放大器电路图。

如图4.10所示为单调谐回路谐振放大器幅频特性图。

如图4.11所示为单调谐回路谐振放大器波形图。

2. 测试内容

（1）测试放大器的静态工作点，判断三极管的工作状态。

（2）改变电阻R4的大小，通过扫频仪（XBP1）观察频带宽度的变化。

（3）改变电容C3的大小，通过示波器（XSC1）观察输出信号幅度的变化。

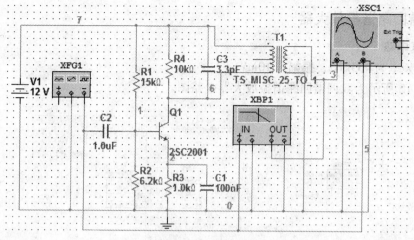

图4.9 单调谐回路谐振放大器电路图

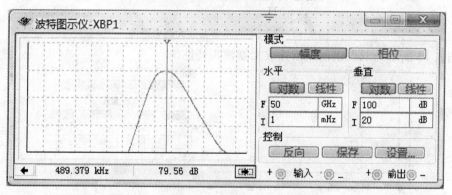

图4.10 单调谐回路谐振放大器幅频特性图

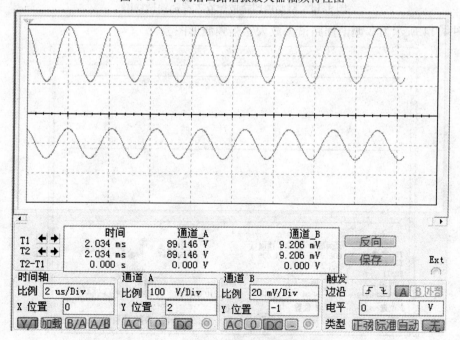

图4.11 单调谐回路谐振放大器波形图

二、双调谐回路谐振放大器

1. 仿真电路

信号源频率为 465kHz，振幅为 10mV。

如图 4.12 所示为双调谐回路谐振放大器电路图。

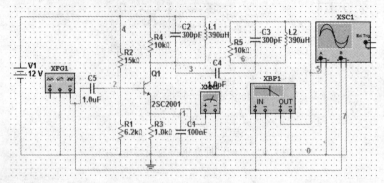

图 4.12　双调谐回路谐振放大器电路图

如图 4.13 所示为双调谐回路谐振放大器幅频特性图。

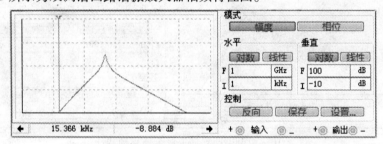

图 4.13　双调谐回路谐振放大器幅频特性图

如图 4.14 所示为双调谐回路谐振放大器幅频波形图。

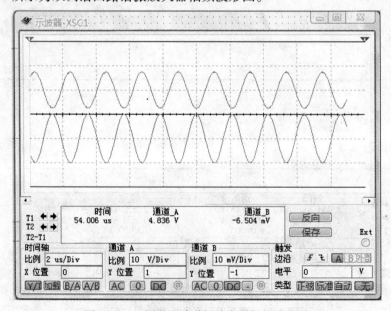

图 4.14　双调谐回路谐振放大器幅频波形图

2. 测试内容

（1）测试晶体管的静态工作点，并与理论计算值进行比较。

（2）调整放大器的谐振回路 C2、C3、L1、L2，使其谐振在输入信号的频率上。

（3）测量电压增益 A_{vo}。测量放大器通频带 $B_{0.7}$。测量放大器选择性 $K_{0.1}$。

【实践运用】 谐振放大器电路举例应用

如图 4.15 所示为国产某调幅通信机接收部分所采用的二级中频放大器电路。

第一中放级由晶体管 T_1 和 T_2 组成共射－共基级联电路，电源电路采用串馈供电，R_6、R_{10}、R_{11} 为这两个管子的偏置电阻，R_7 为负反馈电阻，用来控制和调整中放增益。R_8 为发射极温度稳定电阻。R_{12}、C_6 为本级中放的去耦电路，防止中频信号电流通过公共电源引起不必要的反馈。变压器 Tr1 和电容 C_7、C_8 组成单调谐回路。

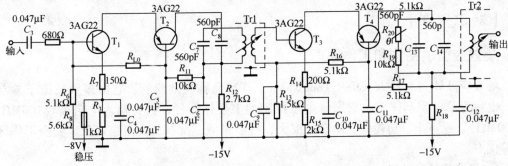

图 4.15　二级共射－共基级联中频放大器电路

C_4、C_5 为中频旁路电容器。人工增益控制电压通过 R_9 加至 T_1 的发射极，改变控制电压（$-8V$）即可改变本级的直流工作状态，达到增益控制的目的。

耦合电容 C_3 至 T_1 的基极之间加接的 680W 电阻是防止可能产生寄生振荡（自激振荡）用的，是否需要加，这要根据具体情况而定。

第二级中放由晶体管 T_3 和 T_4 组成共射－共基级联电路，基本上和第一级中放相同，仅回路上多并联了电阻，即 R_{10} 和 R_{20} 的串联值。电阻 R_{19} 和热敏电阻 R_{20} 串接后用做低温补偿，使低温时灵敏度不降低。

在调整合适的情况下，应该保持两个管子的管压降接近相等。这时能充分发挥两个管子的作用，使放大器达到最佳的直流工作状态。

【巩固训练】

一、填空题

1. 谐振放大器根据负载选频网络的不同分为_____调谐放大器和_____调谐放大器。

2. 双调谐放大器一般有_____耦合和_____耦合两种形式。

3. 声表面波滤波器具有_____、_____、_____和_____等优点，因此被广泛应用于各种电子设备中。

二、判断题

4. 集中选频式放大器是采用集中滤波和集中放大相结合的小信号谐振放大器。（　　）

5. 单调谐放大器只能用于对通频带和选择性要求不高的场合。（　　）

6. 陶瓷滤波器是由锆钛酸铝陶瓷材料制成的，它具有与石英晶体谐振器相似的压电效应，可用它来作为滤波器。（　　）

三、问答题

7. 试说明宽带放大器的主要特点。

4.2　场效应管及其放大电路

【问题呈现】

晶体管是电流控制元件，在信号电压较低，又允许从信号源取较多电流的条件下，可以选用晶体管。但是，如果只允许从信号源取较少电流，则应选用场效应管。那么场效应管是怎样的一种半导体器件呢？它又是如何应用于放大电路的呢？

【知识探究】

一、场效应管的结构和工作原理

场效应晶体管（Field Effect Transistor，FET）简称场效应管。它由多数载流子参与导电，也称为单极型晶体管。它属于电压控制型半导体器件，具有输入电阻高（100MΩ ～ 1 000MΩ）、噪声小、功耗低、动态范围大、易于集成、没有二次击穿现象、安全工作区域宽等优点。

1. 场效应管的分类

场效应管分结型、绝缘栅型（MOS）两大类。

按沟道材料分，结型和绝缘栅型场效应管各分为 N 沟道和 P 沟道两种。

按导电方式可分为耗尽型与增强型场效应管。结型场效应管均为耗尽型，绝缘栅型场效应管既有耗尽型的，也有增强型的。

场效应晶体管可分为结型场效应晶体管和绝缘栅型场效应晶体管，而绝缘栅型场效应晶体管又分为 N 沟耗尽型和增强型、P 沟耗尽型和增强型四大类，如图 4.16 所示。

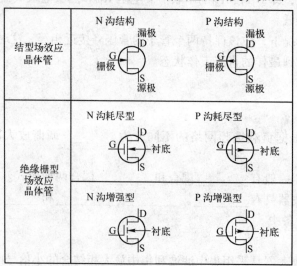

图 4.16　场效应晶体管的分类、电路图形符号及实物图

2. 场效应三极管的型号命名方法

现行的有两种命名方法。第一种命名方法与双极型三极管相同，第三位字母 J 代表结型场效应管，O 代表绝缘栅型场效应管。第二位字母代表材料，D 是 P 型硅，反型层是 N 沟道，C 是 N 型硅 P 沟道。例如，3DJ6D 是结型 N 沟道场效应三极管，3DO6C 是绝缘栅型 N 沟道场效应三极管。

第二种命名方法是 CS××#，CS 代表场效应管，×× 以数字代表型号的序号，# 用字母代表同一型号中的不同规格。例如，CS14A、CS45G 等。

3. 场效应管的参数

场效应管的参数很多，包括直流参数、交流参数和极限参数，但一般使用时应关注以下主要参数。

（1）I_{DSS}：饱和漏源电流，是指当结型或耗尽型的绝缘栅型场效应管中，栅极电压 $U_{GS}=0$ 时的漏源电流。

（2）U_P：夹断电压，是指结型或耗尽型的绝缘栅型场效应管中，使漏源间刚截止时的栅极电压。

（3）U_T：开启电压，是指增强型的绝缘栅型场效管中，使漏源间刚导通时的栅极电压。

（4）g_m：跨导，表示栅源电压 U_{GS} 对漏极电流 I_D 的控制能力，即漏极电流 I_D 变化量与栅源电压 U_{GS} 变化量的比值。g_m 是衡量场效应管放大能力的重要参数。

（5）BU_{DS}：漏源击穿电压，是指当栅源电压 U_{GS} 一定时，场效应管正常工作所能承受的最大漏源电压。这是一项极限参数，加在场效应管上的工作电压必须小于 BU_{DS}。

（6）P_{DSM}：最大耗散功率。这是一项极限参数，是指场效应管性能不变坏时所允许的最大漏源耗散功率。使用时，场效应管实际功耗应小于 P_{DSM} 并留有一定余量。

（7）I_{DSM}：最大漏源电流。这是一项极限参数，是指场效应管正常工作时，漏源间所允许通过的最大电流。场效应管的工作电流不应超过 I_{DSM}。

二、场效应管放大电路（以耗尽型 MOS 管为例）

1. 直流偏置电路

由场效应管组成放大电路时，也要建立合适的静态工作点 Q，而且场效应管是电压控制器件，因此需要有合适的栅–源偏置电压。常用的直流偏置电路有两种形式，即自偏压电路和分压式自偏压电路。

如图 4.17（a）所示电路是一个自偏压电路，其中场效应管的栅极通过电阻 R_g 接地，源极通过电阻 R 接地。这种偏置方式靠漏极电流 I_D 在源极电阻 R 上产生的电压为栅–源极间提供一个偏置电压 V_{GS}，故称为自偏压电路。静态时，源极电位 $V_S=I_DR$。由于栅极电流为零，R_g 上没有电压降，栅极电位 $V_G=0$，所以栅源偏置电压 $V_{GS}=V_G-V_S=-IR$。耗尽型 MOS 管也可采用这种形式的偏置电路。

图 4.17（b）所示电路是自偏压电路的特例，其中 $V_{GS}=0$。显然，这种偏置电路只适用于耗尽型 MOS 管，因为在栅–源电压大于零、等于零和小于零的一定范围内，耗尽型 MOS 管均能正常工作。

增强型 MOS 管只有在栅–源电压达到其开启电压 V_T 时，才有漏极电流 I_D 产生，因此这类管子不能用于图 4.17 所示的自偏压电路中。

2. 分压式偏置电路（见图4.18）

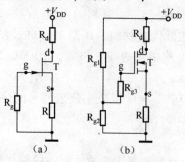

图4.17 自偏压电路及其特例

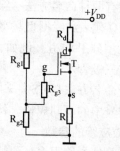

图4.18 分压式偏置电路

3. 静态分析

对场效应管放大电路的静态分析可以采用公式估算法。

工作在饱和区时，结型场效应管和耗尽型 MOS 管的漏极电流 $i_D = T_{DSS}\left(1 - \dfrac{v_{GS}}{V_p}\right)^2$，增强型 MOS 管的漏极电流 $i_D = I_{DO}\left(\dfrac{v_{GS}}{V_T} - 1\right)^2$。

求静态工作点时，对于图4.17（a）所示的电路，可求解方程组

$$\begin{cases} V_{GS} = -I_D R \\ I_D = I_{DSS}\left(1 - \dfrac{V_{GS}}{V_p}\right)^2 \end{cases}$$

得到 I_D 和 V_{GS}。
管压降为

$$V_{DS} = V_{DD} - I_D(R_d + R)$$

对于图4.18所示的电路，可求解方程组

$$\begin{cases} V_{GS} = \dfrac{R_{g2} V_{DD}}{R_{g1} + R_{g2}} - I_D R \\ I_D = I_{DO}\left(\dfrac{V_{GS}}{V_T} - 1\right)^2 \end{cases}$$

得到 I_D 和 V_{GS}。
管压降为

$$V_{DS} = V_{DD} - I_D(R_d + R)$$

三、场效应管放大电路与三极管放大电路的性能比较

场效应管放大电路的共源电路、共漏电路、共栅电路分别与三极管放大电路的共射电路、共集电路、共基电路相对应。

共源电路与共射电路均有电压放大作用，即 $|\dot{A}_{VM}| \gg 1$，而且输出电压与输入电压相位相反。因此，这两种放大电路可统称为反相电压放大器，用图4.19（a）所示的示意图表示。

共漏电路与共集电路均没有电压放大作用。在一定条件下电压放大倍数 $|\dot{A}_{VM}| \approx 1$，即

$|\dot{V}_o = \dot{V}_i|$，而且输出电压与输入电压同相位。因此，可将这两种放大电路称为电压跟随器，用图 4.19（b）所示的示意图表示。

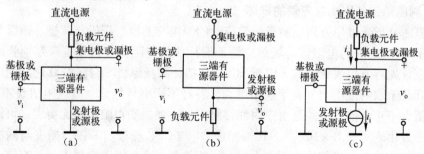

图 4.19　两种放大电路的比较

共栅电路和共基电路均有输出电流与输入电流接近相等（$\dot{I}_o \approx \dot{I}_i$）。为此，可将它们称为电流跟随器，用图 4.19（c）所示的示意图表示。而且，由于这两种放大电路的输入电流都比较大，因此它们的输入电阻都比较小。

场效应管放大电路最突出的优点是，共源、共漏和共栅电路的输入电阻高于相应的共射、共集和共基电路的输入电阻。此外，场效应管还有噪声低、温度稳定性好、抗辐射能力强等优于三极管的特点，而且便于集成。

必须指出，由于场效应管的低频跨导一般比较小，所以场效应管的放大能力比三极管差，如共源电路的电压增益往往小于共射电路的电压增益。另外，由于 MOS 管栅 – 源极之间的等效电容 C_{gs} 只有几皮法到几十皮法，而栅 – 源电阻 r_{gs} 的阻值又很大，若有感应电荷，则不易释放，从而形成高电压，以至于将栅 – 源极间的绝缘层击穿，造成管子永久性损坏，使用时应注意保护。

实际应用中可根据具体要求将上述各种组态的电路进行适当的组合，以构成高性能的放大电路。

【技能方法】结型场效应管的检测

1. 用测电阻法判别结型场效应管的电极

根据场效应管的 PN 结正、反向电阻值不一样的现象，可以判别出结型场效应管的 3 个电极。具体方法为将万用表拨到 R×1k 挡上，任选两个电极，分别测出其正、反向电阻值。当某两个电极的正、反向电阻值相等，且为几千欧姆时，则该两个电极分别是漏极 D 和源极 S。因为对结型场效应管而言，漏极和源极可互换，剩下的电极肯定是栅极 G。另外，也可以将万用表的黑表笔（红表笔也行）任意接触一个电极，另一只表笔依次去接触其余的两个电极，测其电阻值。如图 4.20 所示，当出现两次测得的电阻值近似相等时，则黑表笔所接触的电极为栅极，其余两电极分别为漏极和源极。若两次测出的电阻值均很大，说明是 PN 结的反向，即都是反向电阻，可以判定是 N 沟道场效应管，且黑表笔接的是栅极；若两次测出的电阻值均很小，说明是正向 PN 结，即是正

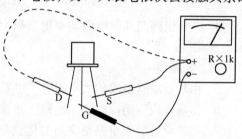

图 4.20　结型场效应管检测示意图

向电阻，判定为 P 沟道场效应管，黑表笔接的也是栅极。若不出现上述情况，可以调换黑、红表笔按上述方法进行测试，直到判别出栅极为止。

2. 用测电阻法判别场效应管的好坏

测电阻法是指通过用万用表测量场效应管的源极与漏极、栅极与源极、栅极与漏极、栅极 G1 与栅极 G2 之间的电阻值与场效应管手册标明的电阻值是否相符来判别管的好坏。具体方法为，首先将万用表置于 R×10 或 R×100 挡，测量源极 S 与漏极 D 之间的电阻，通常在几十欧到几千欧的范围内（在手册中可知，各种不同型号的管，其电阻值是不同的），如果测得阻值大于正常值，可能是由于内部接触不良；如果测得阻值是无穷大，可能是内部断极。然后把万用表置于 R×10k 挡，再测栅极 G1 与 G2、栅极与源极、栅极与漏极之间的电阻值，当测得其各项电阻值均为无穷大时，说明管是正常的；若测得上述各阻值太小或为通路，则说明管是坏的。要注意，若两个栅极在管内断极，可用元件代换法进行检测。

【实践运用】

由于结构和工作原理的不同，使得场效应管具有一些不同于三极管的特点，如表 4.1 所示。将两者结合使用，取长补短，可改善和提高放大电路的某些性能指标。

表 4.1　场效应管与三极管的比较

比 较 内 容	场 效 应 管	三 极 管
导电机理	只依靠一种载流子（多子）参与导电，为单极型器件	两种载流子（多子和少子）参与导电，为双极型器件
放大原理	输入电压控制输出电流，如 $\Delta v_{CS} \xrightarrow{g_m} \Delta i_D$，$g_m = 0.1 \sim 20$ms	输入电流控制输出电流，如 $\Delta i_B \longrightarrow \Delta i_C$，$\beta = 20 \sim 100$
特点	① 制造工艺简单，便于大规模集成 ② 热稳定性好，噪声低 ③ 输入电阻高，栅极电流 $i_C \approx 0$ ④ g_m 小，放大能力弱	① 受温度等外界影响较大，噪声大 ② 输入电阻低（因发射结正偏） ③ β 较大，放大能力强

【巩固训练】

一、填空题

1. 场效应管按沟道材料进行分类，结型和绝缘栅型各分为_____沟道和_____沟道两种。

2. MOS 场效应晶体管又分为 N 沟_____和_____，P 沟_____和_____四大类。

3. 增强型 MOS 管只有在栅 – 源电压达到其_____时，才有漏极电流 I_D 产生。

4. 共源电路与共射电路均有电压放大作用，即 $|\dot{A}_{Vm}| \gg 1$，而且_____与_____输入电压相位相反。

二、判断题

5. 由场效应管组成放大电路时，也要建立合适的静态工作点 Q。（　　）

6. 由场效应管组成的放大电路，共漏电路与共集电路均有电压放大作用。（　　）

7. 场效应管放大电路最突出的优点是，共源、共漏和共栅电路的输入电阻高于相应的共射、共集和共基电路的输入电阻。（　　）

8. 场效应管的低频跨导一般比较小，所以场效应管的放大能力比三极管强。（　　　）

三、实践题

9. 万用表一只，不同类型场效应管 5 只（适当准备一些废次的场效应管）。

（1）用测电阻法判别结型场效应管的电极。

（2）用测电阻法判别场效应管的好坏。

实验实训　场效应管放大器的测试

一、实验目的

（1）了解结型场效应管的性能和特点。

（2）进一步熟悉放大器动态参数的测试方法。

二、实验原理

场效应管是一种电压控制型器件。按结构可分为结型和绝缘栅型两种类型。由于场效应管栅－源之间处于绝缘或反向偏置，所以输入电阻很高（一般可达上百兆欧），又由于场效应管是一种多数载流子控制器件，因此热稳定性好，抗辐射能力强，噪声系数小。加之制造工艺较简单，便于大规模集成，因此得到越来越广泛的应用。

1. 结型场效应管的参数

N 沟道结型场效应管 3DJ6F 的直流参数主要有饱和漏极电流 I_{DSS}，夹断电压 U_{P} 等；交流参数主要有低频跨导 $g_{\text{m}} = \dfrac{\Delta I_{\text{D}}}{\Delta U_{\text{GS}}}\bigg|U_{\text{DS}}$，$g_{\text{m}}$ 为常数。

表 4.2 列出了 3DJ6F 的典型参数值及测试条件。

表 4.2　3DJ6F 典型参数值及测试条件

参 数 名 称	饱和漏极电流 I_{DSS}（mA）	夹断电压 U_{P}（V）	跨导 g_{m}（μA/V）
测试条件	$U_{\text{DS}} = 10\text{V}$ $U_{\text{GS}} = 0\text{V}$	$U_{\text{DS}} = 10\text{V}$ $I_{\text{DS}} = 50\mu\text{A}$	$U_{\text{DS}} = 10\text{V}$ $I_{\text{DS}} = 3\text{mA}$ $f = 1\text{kHz}$
参数值	$1 \sim 3.5$	$< |-9|$	> 100

2. 场效应管放大器性能分析

如图 4.21 所示为结型场效应管组成的共源极放大电路。其静态工作点为

$$U_{\text{GS}} = U_{\text{G}} - U_{\text{S}} = \frac{R_{\text{g1}}}{R_{\text{g1}} + R_{\text{g2}}} U_{\text{DD}} - I_{\text{D}} R_{\text{S}}$$

$$I_{\text{D}} = I_{\text{DSS}} \left(1 - \frac{U_{\text{GS}}}{U_{\text{p}}} \right)^2$$

中频电压放大倍数 $A_{\text{V}} = -g_{\text{m}} R'_{\text{L}} = -g_{\text{m}} R_{\text{D}} /\!/ R_{\text{L}}$，输入电阻 $R_{\text{i}} = R_{\text{G}} + R_{\text{g1}} /\!/ R_{\text{g2}}$，输出电阻 $R_0 \approx R_{\text{D}}$。

式中跨导 g_{m} 可由特性曲线用作图法求得，或用公式 $g_{\text{m}} = -\dfrac{2I_{\text{DSS}}}{U_{\text{p}}} \left(1 - \dfrac{U_{\text{GS}}}{U_{\text{p}}} \right)$ 计算。但要注意，计算时 U_{GS} 要用静态工作点处的数值。

3. 输入电阻的测量方法

场效应管放大器的静态工作点、电压放大倍数和输出电阻的测量方法，与第 2 章实验实训中晶体管放大器的测量方法相同。其输入电阻的测量，从原理上讲，也可采用第 2 章实验实训中所述方法，但由于场效应管的 R_i 比较大，若直接测输入电压 $\dot{U}_S$ 和 $\dot{U}_i$，则限于测量仪器的输入电阻有限，必然会带来较大的误差。因此为了减小误差，常利用被测放大器的隔离作用，通过测量输出电压 $\dot{U}_o$ 来计算输入电阻。测量电路如图 4.22 所示。

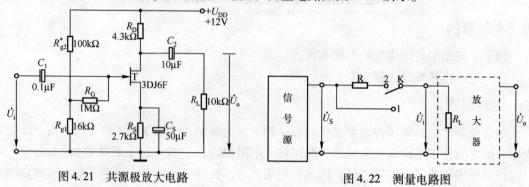

图 4.21 共源极放大电路 图 4.22 测量电路图

在放大器的输入端串入电阻 R，把开关 K 掷向位置 1（即使 $R = 0$），测量放大器的输出电压 $U_{o1} = A_V \dot{U}_S$；保持 $\dot{U}_S$ 不变，再把 K 掷向 2（即接入 R），测量放大器的输出电压 U_{o2}。由于两次测量中 A_V 和 $\dot{U}_S$ 保持不变，故

$$U_{o2} = A_V \dot{U}_i = \frac{R_i}{R + R_i} \dot{U}_S A_V$$

由此可以求出

$$R_i = \frac{U_{o2}}{U_{o1} - U_{o2}} R$$

式中 R 和 R_i 不要相差太大，本实验可取 $R = 100 \sim 200\text{k}\Omega$。

三、实验设备与器件

（1）+12V 直流电源。

（2）函数信号发生器。

（3）双踪示波器。

（4）交流毫伏表。

（5）直流电压表。

（6）结型场效应管 3DJ6F ×1。

（7）电阻器、电容器若干。

四、实验内容

1. 静态工作点的测量和调整

（1）按图 4.21 连接电路，令 $u_i = 0$，接通 +12V 电源，用直流电压表测量 U_G、U_S 和 U_D。检查静态工作点是否在特性曲线放大区的中间部分。若合适则把结果记入表 4.3。

（2）若不合适，则适当调整 R_{g2} 和 R_S，调好后，再测量 U_G、U_S 和 U_D，并将结果记入

表 4.3。

表 4.3　实验结果记录表 1

测 量 值						计 算 值		
U_G（V）	U_S（V）	U_D（V）	U_{DS}（V）	U_{GS}（V）	I_D（mA）	U_{DS}（V）	U_{GS}（V）	I_D（mA）

2. 电压放大倍数 A_V、输入电阻 R_i 和输出电阻 R_o 的测量

1）A_V 和 R_o 的测量

在放大器的输入端加入 $f=1\text{kHz}$ 的正弦信号 U_i（50 ～ 100mV），并用示波器监视输出电压 u_o 的波形。在输出电压 u_o 没有失真的条件下，用交流毫伏表分别测量 $R_L \to \infty$ 和 $R_L=10\text{k}\Omega$ 时的输出电压 U_o（注意：保持 U_i 幅值不变），将结果记入表 4.4。

表 4.4　实验结果记录表 2

测 量 值					计 算 值		u_i 和 u_o 波形
	U_i（V）	U_o（V）	A_V	R_o（kΩ）	A_V	R_o（kΩ）	u_o ↑ ——→ t
$R_L \to \infty$							u_o ↑ ——→ t
$R_L=10\text{k}\Omega$							

用示波器同时观察 u_i 和 u_o 的波形，描绘出来并分析它们的相位关系。

2）R_i 的测量

按图 4.22 改接实验电路，选择合适大小的输入电压 U_S（50 ～ 100mV），将开关 K 掷向"1"，测出 $R=0$ 时的输出电压 U_{o1}，然后将开关掷向"2"，（接入 R），保持 U_S 不变，再测出 U_{o2}，根据公式 $R_i=\dfrac{U_{o2}}{U_{o1}-U_{o2}}$，求出 R_i，记入表 4.5。

表 4.5　实验结果记录表 3

测 量 值			计 算 值
U_{o1}（V）	U_{o2}（V）	R_i（kΩ）	R_i（kΩ）

五、实验总结

（1）整理实验数据，将测得的 A_V、R_i、R_o 和理论计算值进行比较。

（2）把场效应管放大器与晶体管放大器进行比较，总结场效应管放大器的特点。

（3）分析测试中的问题，总结实验收获。

总结评价

【自我检测】

一、填空题

1. 采用具有谐振性质的元件（如 LC 谐振回路）作为_____的放大器称为谐振放大器。

2. 单调谐放大器只能用于对_____和_____要求不高的场合。

3. 场效应晶体管按导电方式分为_____与_____。

4. 由场效应管组成放大电路时，常用的直流偏置电路有两种形式，即_____和_____。

二、判断题

5. 双调谐放大器一般有互感耦合和电容耦合两种形式。（　　）

6. 集成中频放大器是由集成宽带放大器和集中滤波器组成的。（　　）

7. 场效应管有噪声低、温度稳定性好、抗辐射能力强等优于三极管的特点，而且便于集成。（　　）

8. 场效应管无法用测电阻法判别场效应管的好坏。（　　）

三、选择题

9. 下列哪一项不是宽带放大器的主要特点（　　）。

    A. 三极管应采用 f_T（特征频率）很高的高频管

    B. 放大器满足高增益要求

    C. 对电路的技术指标要求高

    D. 负载为非谐振的

10. 以下对场效应晶体管描述不正确的应为哪一项（　　）。

    A. 功耗低　　　　B. 动态范围小　　　　C. 易于集成　　　　D. 安全工作区域宽

11. 下列不属于单调谐放大器主要技术指标的是（　　）。

    A. 谐振电压增益　　B. 通频带　　　　C. 选择性　　　　D. 纹波系数

12. 场效应管的跨导与双极型晶体管相比，一般情况下（　　）。

    A. 更大　　　　　B. 更小　　　　　C. 差不多

13. 不能采用自给偏置方式的场效应管有（　　）。

    A. 结型场效应管　　B. 增强型 MOS 场效应管　　C. 耗尽型 MOS 场效应管

四、综合分析题

14. 试分析场效应管放大电路与晶体三极管放大电路相比在性能上的区别，以及有哪些突出的优点？

【自我总结】

请反思在本章学习进程中你的收获和疑惑，并写出你的体会和评价。

任务总结与评价表

内　　容		你 的 收 获	你 的 疑 惑
获得知识			
掌握方法			
习得技能			
学习体会			
学习评价	自我评价		
	同学互评		
	老师寄语		

*第5章　其他实用电路

【学习建议】

通过本章的学习，你将会知道振荡电路的组成、振荡条件和功能，会计算振荡频率，能判别电路是否振荡，能读识 RC、LC 和石英振荡电路，知道直流稳压电路的功能和分类，会读识稳压电路并分析它们的工件原理，能测试稳压电路的性能，可以安装和调试稳压电源，还会知道无线电通信的基本原理，能区别调幅与检波、调频与鉴频、混频与倍频，并读识它们的电路，会组装和调试超外差式收音机。

本章要学习的都是在实际生活中有广泛应用的实用电路，学习时一定要理论与实践相结合，同时抓住各电路的特点。学习正弦波振荡电路，学会使用化简交流通路的方法；学习直流稳压电路，要注意不同种类稳压电路的类比方法；学习高频信号处理电路应该运用实践法。

5.1　正弦波振荡电路

【问题呈现】

在唱卡拉 OK 时，如果话筒摆放的位置不对，音箱里就会发出刺耳的声音，这是什么原因呢？同学们知道，放大电路要在有输入信号的情况下才能输出被放大的信号，那么能不能在没有输入信号的情况下也能输出信号呢？

【知识探究】

一、正弦波振荡电路的基本概念

1. 产生正弦波振荡的条件

首先观察一个现象，在一个放大电路的输入端加一个正弦信号 x_i，在它的输出端可以得到正弦输出信号 x_o。如果通过反馈网络引入正反馈信号 x_f，使 x_f 的相位和幅度与 x_i 的相同，即 $x_i = x_f$，这时，即使去掉输入信号，则电路仍然能维持输出正弦信号 x_o。这种用 x_f 代替 x_i 构成振荡器的原理如图 5.1 所示。在图 5.1（a）所示的放大电路中引入正反馈后就变成了图 5.1（b）所示的振荡电路。

如果基本放大器 A 的放大倍数的大小为 $|A|$，产生的相移为 φ_a，反馈网络 F 的反馈系数的大小为 $|F|$，产生的相移为 φ_f，x_i、x_o、x_f 信号的大小为 X_i、X_o、X_f，则得到

$$X_o = X_i |A|$$
$$X_f = X_o |F| = X_i |AF|$$

x_i 与 x_f 的相位差为 $\varphi_a + \varphi_f$。

由此可得自激振荡的条件。

（1）幅度平衡条件

$$|AF| = 1$$

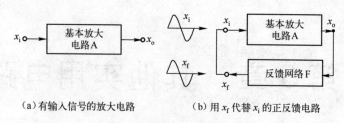

（a）有输入信号的放大电路　　　　（b）用 x_f 代替 x_i 的正反馈电路

图 5.1　正弦波振荡电路方框图

这个条件要求反馈信号幅度的大小与输入信号的幅度相同。

（2）相位平衡条件

$$\varphi_a + \varphi_f = 2n\pi\,(n = 0,\ \pm 1,\ \pm 2,\ \cdots)$$

这个条件要求反馈信号的相位与所需输入信号的相位相同，即电路必须满足正反馈。

2. 正弦波振荡电路的组成

要产生正弦波振荡，电路结构必须合理。一般振荡电路由以下 4 部分组成。

1）放大电路

这是为满足幅度平衡条件而必不可少的。因为在振荡过程中，必然会有能量损耗，导致振荡衰减。通过放大电路，可以控制电源不断地向振荡系统提供能量，以维持等幅振荡。所以放大电路实质上是一个换能器，它能起到补偿能量损耗的作用。

2）正反馈网络

这是为满足相位平衡条件而必不可少的，它将放大电路输出量的一部分或全部返送到输入端，完成自激任务，实质上，它起的是能量控制作用。

3）选频网络

选频网络的作用是，使通过正反馈网络的反馈信号中，只有所选定的信号才能使电路满足自激振荡的条件，对于其他频率的信号，由于不能满足自激振荡条件，从而受到抑制，其目的在于使电路产生单一频率的正弦波信号。选频网络若由 R、C 元件组成，则称为 RC 正弦波振荡电路；若由 L、C 元件组成，则称为 LC 正弦波振荡电路；若由石英晶体组成，则称为石英晶体振荡电路。

4）稳幅电路

它用于稳定振荡信号的振幅。它可以采用热敏元件或其他限幅电路，也可以利用放大电路自身元件的非线性来完成。为了更好地获得稳定的等幅振荡，有时还需引入负反馈网络。

3. 正弦波振荡电路的分析

通常可以采用下面的步骤来分析振荡电路的工作原理。

（1）检查电路是否具有放大电路、反馈网络、选频网络和稳幅环节。

（2）检查放大电路的静态工作点是否能保证放大电路正常工作。

（3）分析电路是否满足自激振荡条件。首先检查相位平衡条件，判断方法用瞬时极性法，具体步骤如下。

在反馈网络与放大电路输入回路的连接处断开反馈，假设在放大电路输入端加入信号电压 x_i，根据放大电路和反馈网络的相频特性确定反馈信号的相位。如果在某一频率时，相位相同，即满足正反馈，则满足相位平衡条件。而振幅平衡条件一般比较容易满足，若不满足，在测试调整时可以改变放大电路的放大倍数 $|A|$ 或反馈系数 $|F|$，使电路满足 $|AF| \geq 1$

的幅度条件，即振荡开始时 $|AF| > 1$，振荡稳定后满足 $|AF| = 1$。

实际上，只要振荡电路连接正确，接通电源后即可自行起振，并不需加激励信号。例如，电源接通的瞬间电流的突变、电路上某些电量的波动，以及噪声等，都会造成扰动电压输出。这些扰动信号是由极其丰富的谐波成分组成的，其中符合振荡相位条件的分量，就成为了振荡电路的初始信号。即使这个初始信号很微小，但只要振荡电路中存在着增幅振荡的条件，这一频率的正弦波电压经过放大与正反馈的作用，就可迅速地由小到大建立振荡。随着信号的产生、反馈、放大，信号逐渐增强，很快进入放大器件的非线性区，引起放大倍数下降，从而使输出信号的继续增大受到限制，当 $|A|$ 致使 $|AF|$ 由大于 1 变为等于 1 时，振幅就趋于稳定了。

二、LC 正弦波振荡电路

LC 正弦波振荡电路采用 LC 并联回路作为选频网络，它主要用来产生高频正弦信号，振荡频率通常在 1MHz 以上。

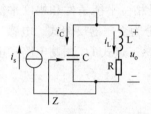

图 5.2　LC 并联选频网络

1. LC 选频放大电路

1）LC 并联网络的选频特性

LC 并联选频网络如图 5.2 所示。图中 R 表示回路的等效损耗电阻，通常较小。

我们知道，LC 并联回路的阻抗和外加电压的频率有关，当外加电压的频率正好为 LC 并联回路的谐振频率 f_0 时，阻抗最大，且为纯阻性。当外加电压的频率偏离 f_0 时，LC 并联回路的阻抗很快下降，且呈感性或容性。这个阻抗的频率特性如图 5.3 所示。

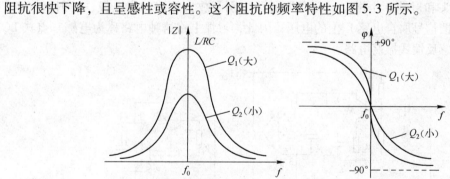

（a）幅频特性　　　　　（b）相频特性

图 5.3　LC 并联回路的频率特性（$Q_1 > Q_2$）

并联谐振回路具有如下的特点。

（1）回路的谐振频率为

$$f_0 = \frac{1}{2\pi\sqrt{LC}}$$

（2）谐振时，回路的等效阻抗为纯电阻性质，其值最大，即

$$Z_0 = \frac{L}{RC} = Q\omega_0 L = \frac{Q}{\omega_0 C}$$

式中，$Q = \dfrac{\omega_0 L}{R} = \dfrac{1}{\omega_0 RC} = \dfrac{1}{R}\sqrt{\dfrac{L}{C}}$，称为回路的品质因数，是评价回路损耗大小的指标。

Q 值越大，则幅频特性越尖锐，即选频特性越好。同时，谐振时的阻抗 Z_0 也越大。

（3）由相频特性曲线可知，当 $f > f_0$ 时，等效阻抗呈容性；当 $f < f_0$ 时，等效阻抗呈感性。

2）选频放大电路

选频放大电路的原理如图 5.4 所示。

由于 LC 并联电路具有选频能力，所以在如图 5.4 所示的电路中，对于频率 $f=f_0$ 的输入信号，并联电路呈现最大的阻抗，其两端有最大的输出电压。对于偏离 f_0 的信号，并联电路呈现小的阻抗，故电路两端输出电压很小。同时，只有在 $f=f_0$ 时，输出信号与输入信号的相移 φ_a 才为

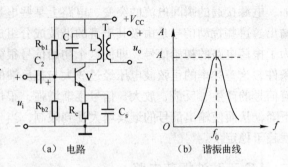

（a）电路　　　　（b）谐振曲线

图 5.4　选频放大电路原理

180°。由于这种放大电路只对谐振频率 f_0 的信号有放大作用，所以这种放大电路被称为选频放大电路。

LC 振荡电路就是在这种选频放大电路中引入正反馈，以满足相位平衡条件和幅度平衡条件而产生正弦波振荡的。由于引入正反馈的形式不同，一般可分为变压器反馈式、电感三点式和电容三点式 3 种基本形式的 LC 振荡电路。这里只介绍电感三点式 LC 振荡电路和电容三点式 LC 振荡电路。

2. 电感三点式振荡电路

1）电路组成

电感三点式振荡电路如图 5.5 所示。由图可见，这种电路的 LC 并联谐振电路中的电感有首端、中间抽头和尾端 3 个端点，其交流通路分别与放大电路的集电极、发射极（地）和基极相连，反馈信号取自电感 L_2 上的电压，因此，习惯上将这种电路称为电感三点式 LC 振荡电路，或电感反馈式振荡电路。

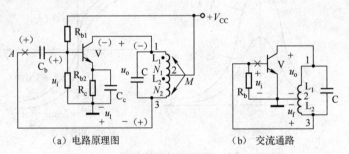

（a）电路原理图　　　　（b）交流通路

图 5.5　电感三点式振荡电路

2）电路分析

下面分析如图 5.5 所示的电路的相位平衡条件。设从反馈点 A 处断开，同时输入 u_i 为（＋）极性信号。由于在 LC 回路谐振时，LC 回路呈纯阻性，共射电路具有倒相作用，因而其集电极电位瞬时极性为（－）。又因 2 端交流接地，因此 3 端的瞬时极性为（＋），即反馈信号 u_f 与输入信号 u_i 同相，满足相位平衡条件。

至于振幅平衡条件，由于 A_u 较大，只要适当选取 L_2/L_1 的值，就可实现起振。当加大 L_2（或减小 L_1）时，有利于起振。考虑到 L_1、L_2 间的互感，电路的振荡频率近似表示为

$$f_0 \approx \frac{1}{2\pi \sqrt{(L_1 + L_2 + 2M)C}}$$

式中，M 为 L_1 和 L_2 的互感。

这种振荡器的工作频率范围可从数百千赫兹到数十兆赫兹。

电感三点式振荡电路的优点是，容易起振，输出电压幅度较大，改变电容可以使振荡频率在较大范围内连续可调。缺点是，反馈电压 u_f 取自电感 L_2 上，L_2 对高次谐波（相对 f_0 而言）阻抗大，因而引起振荡回路输出谐波分量增大，输出波形不理想。因此这种电路常用于对波形要求不高的场合。

3. 电容三点式振荡电路

1）电路的组成

电容三点式振荡电路如图 5.6（a）所示。图中，L 和 C_1、C_2 组成振荡回路，反馈电压取自电容 C_2 两端，C_b 和 C_e 为高频旁路电容。图 5.6（b）为该振荡电路的交流通路。由于三极管的 3 个电极分别与 C_1、C_2 的 3 个引出点相连，故称为电容三点式振荡器。

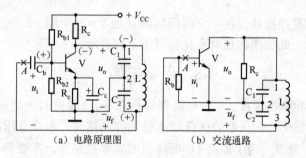

（a）电路原理图　　　　（b）交流通路

图 5.6　电容三点式振荡电路

2）电路分析

电容三点式振荡电路和电感三点式振荡电路一样，都具有 LC 并联回路，因此电容 C_1、C_2 中的 3 个端点的相位关系与电感三点式振荡电路也相似。设从反馈点 A 处断开，同时加入 u_i 为（+）极性信号，则得三极管集电极的 u_o 为（−）极性。因为 2 端接地处于零电位，所以 3 端与 1 端的电位极性相反。u_f 为（+）极性，与 u_i 同相位，即满足相位平衡条件。至于振荡平衡条件，只要将三极管的 β 值选大一些，并恰当选取 C_2/C_1 的比值，就利于起振。一般 C_2/C_1 为 $0.01 \sim 0.5$。

电容三点式振荡电路的振荡频率可近似表示如下：

$$f_0 \approx \frac{1}{2\pi \sqrt{L \dfrac{C_1 C_2}{C_1 + C_2}}}$$

电容三点式振荡器的优点是，由于反馈电压取自电容 C_2 的两端，它对高次谐波的阻抗小，从而可将高次谐波滤除掉，所以输出波形好。C_1 和 C_2 可以选择很小的值，因而振荡频率可以很高，一般可达 100MHz 以上。它的缺点是，电容量的大小既与振荡频率有关，又与反馈量有关，即与起振条件有关。为了保持反馈系数 F 不变，满足起振条件，在调节频率时必须同时改变 C_1 和 C_2，很不方便。

4. 用集成运算放大器组成的 LC 振荡器

如图 5.7 所示为由集成运算放大器组成的 LC 振荡器电路图。图中 LC 谐振回路是选频网络，R_1、R_2 是负反馈支路。

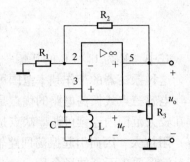

工作原理如下：当电源接通后，电路上某些电量的波动及噪声会使集成运放有信号输出，经过选频网络再从集成运放同相输入端输入，形成正反馈，迅速地建立振荡。R_1、R_2 组成负反馈支路，改变 R_2 与 R_1 的比值可改变放大器的放大倍数。调节 R_3 可使电路起振或停振，也可通过调节它改变输出信号的幅度。

图 5.7　集成运放 LC 正弦波振荡器

三、石英晶体振荡器

1. 正弦波振荡电路的频率稳定问题

在实验用的低频及高频信号产生电路中，往往要求正弦波振荡电路的振荡频率有一定的稳定度。

振荡频率稳定度是指振荡器在一定时间间隔（如 1 天、1 周、1 个月等）和温度下，振荡频率的相对变化量。此频率的相对变化量可用下式表示：

$$S_f = \frac{\Delta f}{f_0} = \frac{|f - f_0|}{f_0}$$

式中，S_f 为振荡频率稳定度，f_0 为振荡器标称频率，f 是经过一定时间间隔后振荡器的实际振荡频率。S_f 值越小，振荡器的振荡频率稳定度就越高。前面介绍的 LC 振荡器的频率稳定度一般小于 10^{-5} 量级。为了提高 LC 振荡器的频率稳定度，主要需要提高 LC 谐振回路的稳定性。LC 回路的 Q 值对频率稳定度有较大的影响，Q 值越大，频率稳定度越高。但一般的 LC 振荡电路，其 Q 值只可达数百，在要求频率稳定度很高的场合，往往采用石英晶体谐振器构成石英晶体振荡电路，它的频率稳定度可达 $10^{-9} \sim 10^{-11}$ 数量级。

2. 石英晶体的基本特性与等效电路

1）石英晶体的压电效应

石英晶体是一种各向异性的晶体。从一块晶体上按一定的方位角切下的薄片称为晶片。在晶片的两个对应表面上涂敷银层并装上一对金属板，就构成了石英晶体产品，结构与符号如图 5.8（a）所示。石英晶体产品一般用金属外壳密封，也有用塑料、玻璃壳等封装的，如图 5.8（b）所示。

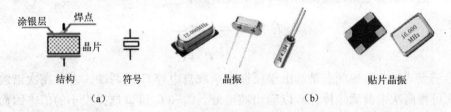

(a)　　　　　　　　　　　　　　　　(b)

图 5.8　石英晶体

石英晶体之所以能做振荡电路是基于它的压电效应。从物理学中可知，若在晶片的两个极板间加一电场，就会使晶体产生机械变形；反之，若在极板间施加机械力，又会在相应的方向上产生电场，这种现象称为压电效应。如果在极板间所加的是交变电压，就会产生机械变形振动，同时机械变形振动又会产生交变电场。一般来说，这种机械振动的振幅是比较小的，其振动频率则很稳定。但当外加交变电压的频率与晶片的固有频率（决定于晶片的尺寸）相等时，机械振动的幅度将急剧增加，这种现象称为压电谐振，因此石英晶体又称为石英晶体谐振器。

2）石英晶体的符号和等效电路

石英晶体的符号和等效电路如图 5.9 所示，其中 C_0 表示以石英为介质的两个电极板间的电容，称为静态电容；L、C、R 等效它的串联特性。石英晶体的一个重要特点，是它具有很高的品质因数 Q，高达 $10\,000 \sim 500\,000$。例如，一个 14MHz 的石英晶体的典型参数为 $L = 100\text{mH}$，$C = 0.015\text{pF}$，$C_0 = 5\text{pF}$，$R = 100\,\Omega$，$Q = 25\,000$。

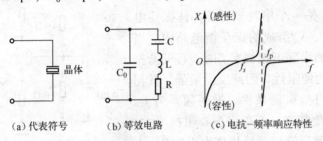

（a）代表符号　　（b）等效电路　　（c）电抗–频率响应特性

图 5.9　石英晶体的等效电路与电抗特性

由等效电路可知，石英晶体有两个谐振频率，即当 R、L、C 支路发生串联谐振时，其串联谐振频率为

$$f_{\text{s}} = \frac{1}{2\pi \sqrt{LC}}$$

由于 C_0 很小，它的容抗比 R 大得多，因此，串联谐振的等效阻抗近似为 R，呈纯阻性，且阻值很小。

当频率高于 f_{s} 时，R、L、C 支路呈感性，当与 C_0 发生并联谐振时，其振荡频率为

$$f_{\text{p}} = \frac{1}{2\pi \sqrt{LC}} \sqrt{1 + \frac{C}{C_0}} = f_{\text{s}} \sqrt{1 + \frac{C}{C_0}}$$

由于 $C \ll C_0$，因此 f_{s} 与 f_{p} 很接近。

图 5.9（c）为石英晶体谐振器的电抗–频率特性，在 f_{p} 与 f_{s} 之间呈感性，在其他区域呈容性。

3. 石英晶体振荡电路

石英晶体振荡电路可分为两类：一类称为并联式，当石英晶体工作在 f_{s} 和 f_{p} 之间时，利用晶体作为一个电感来组成振荡电路；另一类称为串联式，利用石英晶体工作在 f_{s} 处，阻抗最小的特性，把石英晶体作为反馈元件来组成振荡电路。

1）并联型晶体振荡电路

如图 5.10（a）所示为一个并联型晶体振荡电路。C_1、C_2 和石英谐振器构成谐振回路，谐振回路的振荡频率处于石英谐振器的 f_{s} 和 f_{p} 之间。石英晶体相当于一个电感，这样，C_1、C_2 和石英晶体构成了一个电容三点式振荡电路，它的交流通路如图 5.10（b）所示。

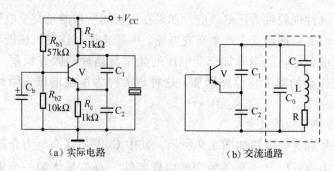

(a) 实际电路   (b) 交流通路

图 5.10　并联型晶体振荡电路

2）串联型晶体振荡电路

如图 5.11 所示是一个串联型石英晶体振荡电路。晶体接在由 V_1、V_2 组成的正反馈电路中。当振荡频率等于晶体的串联谐振频率 f_s 时，石英谐振器的阻抗最小，且为纯阻性，因此反馈最强，且相移为 0，电路满足自激振荡条件，振荡频率为 f_s。而对于 f_s 以外的其他频率，石英谐振器阻抗增大，且不为纯阻性，因此反馈减弱，相移也不为 0，不满足自激条件，不产生振荡。调节 R 的阻值可改变

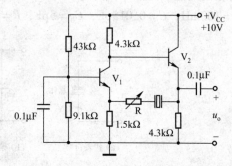

图 5.11　串联型石英晶体振荡电路

反馈的强弱，以便获得良好的振荡输出。若 R 的阻值过大，则反馈量太小，电路不满足振幅平衡条件，不易产生振荡；若 R 的阻值太小，则反馈量太大，输出波形产生失真；若 R 为热敏电阻，则具有自动稳幅性能。

【技能方法】振荡电路应用技能与方法

一、振荡电路的检测与判断

（1）振荡电路是否正常工作，常用以下两种方法来检测：一是用示波器观察输出波形是否正常；二是用万用表的直流电压挡测量振荡三极管的 U_{BE} 电压。如果 U_{BE} 出现反偏电压或小于正常放大时的数值，那么用电容将正反馈信号交流短路接地，若 U_{BE} 电压回升，则可验证电路已经起振。

（2）如果振荡电路不能正常振荡，首先应用万用表测量放大器的静态工作点，若工作点异常则应重点检查放大电路的元件有无损坏或连接线是否断开；若工作点正常，则要检查正反馈是否加上，反馈信号的极性是否正确，反馈深度是否合适。如果振荡电路的振荡频率出现偏差，应适当调整选频元件的参数。

二、如何提高振荡器的频率稳定度

提高振荡器的频率稳定度，除了在电路结构上采取措施（选用改进型电容三点式振荡电路或石英晶体振荡电路）外，还可以从以下几个方面采取措施。

（1）尽量减小温度的影响，将振荡放大电路与谐振元件置于恒温环境中，采用恒温装置使其工作温度基本保持不变。该方法一般用于要求较高的控制设备，谐振元件用温度系数很

112

小的元器件。

（2）提高选频回路的 Q 值，选用低损耗的元件，在安装工艺上，要注意消除分布电容和分布电感的影响。

（3）减小负载对振荡电路的影响，一般采用的方法是在振荡电路与负载之间加一个缓冲放大电路，这样负载的变化对振荡回路的影响便可大为降低。

（4）稳定电源电压，采用稳压电源供电。

（5）谐振元件应密封和屏蔽，使之不受外界电磁场和温度变化的影响。

【实践运用】 半导体接近开关

接近开关是一种当被测物（金属体）接近到它一定距离时，不需要接触，就能发出动作信号的电气设备。它具有反应速度快、定位精确、寿命长、没有机械碰撞等优点，已被广泛应用于定位控制、行程控制、自动计数和安全保护控制等方面。

如图 5.12 所示是某种接近开关的电路图，它由 LC 振荡电路、开关电路和输出电路 3 部分组成。

1. 电路组成

LC 振荡电路是接近开关的主要部分，其中 L_2 和 C 组成选频电路，L_1 是反馈绕组，L_3 是输出绕组。这 3 个绕组绕在同一铁芯上，构成感应头（如图 5.13 所示），它固定在某物体上。反馈绕组 L_1 绕 2 ～ 3 匝，放在上层；回路绕组 L_2 绕 60 ～ 100 匝，放在下层；输出绕组 L_3 绕在 L_2 的外层，约 20 匝。电路中的晶体管 V_2 工作于开关状态，即 V_2 不是工作于饱和状态，就是工作于截止状态，所以它组成的是一个开关电路。V_3 组成的射极输出器作为输出极，是为了提高接近开关的带负载能力。

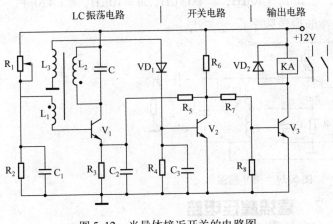

图 5.12 半导体接近开关的电路图

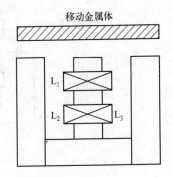

图 5.13 感应头

2. 工作原理

当无金属体靠近开关的感应头时，振荡电路维持振荡。L_3 上有交流输出电压，经二极管 VD1 整流和电容 C_3 滤波后加到晶体管 V_2 的基极，V_2 获得足够的偏流而工作于饱和导通状态。此时，$U_{CE} \approx 0$，V_3 截止，接在输出端的继电器 KA 的绕组不通电。

当有金属体靠近时，金属体内感应产生涡流，涡流的去磁作用减弱绕组 L_1、L_2、L_3 间的磁耦合，L_1 上的反馈电压显著降低，因而振荡停止。停振后，L_3 上无交流输出电压，V_2 截止。此时，$U_{CE2} \approx 12V$，V_3 导通，继电器 KA 通电。通过继电器绕组的通电与否，来开闭它的触点，用来控制某个电路的通断。

3. 反馈电阻 R_5 的作用

停振时，V_2 集电极电压的一部分通过 R_5 反馈到 V_1 的发射极电阻 R_3 上，使 V1 的发射极电位升高，以确保振荡电路迅速而可靠地停振。当电路起振时，$U_{CE2} \approx 0$，R_3 上无反馈电压，使电路迅速恢复振荡。这样，可以加快开关的反应速度。

【巩固训练】

一、填空题

1. 自激振荡器的起振条件是_____和_____。

2. 振荡电路由_____、_____、_____和_____四部分组成。

3. LC 振荡电路的选频电路由_____和_____构成，可以产生高频振荡。

4. 石英晶体之所以能做振荡电路是基于它的_____。

二、判断题

5. 电容三点式振荡器适用于工作频率高的电路，但输出谐波成分将比电感三点式振荡器大。（　　）

6. 对 LC 正弦振荡器，反馈系数越大，必然越易起振。（　　）

7. 对于正弦波振荡器，只要不满足相位平衡条件，即使放大电路的放大系数很大，也不可能产生正弦波振荡。（　　）

8. LC 晶体振荡器的频率稳定度很高，但振荡频率的可调范围很小。（　　）

三、综合分析题

9. 在如图 5.14 所示的电路中，已知 $L_1 = 40\mu H$，$L_2 = 15\mu H$，$M = 10\mu H$，$C = 470pF$。试指出电路类型，并计算振荡器的振荡频率 f_0。

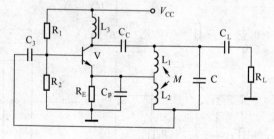

图 5.14　第 9 题图

5.2　直流稳压电路

【问题呈现】

你还记得第 1 章学习过的稳压管吗，现在还能不能画出稳压管的应用电路呢？当电网电压波动时，它是怎么稳定电压的呢？许多电子设备需要更稳定的直流电源，怎样才能获得呢？

【知识探究】

现实生活中，稳压电源使用的场合非常多。稳压电源的分类方法繁多，按输出电源的类型分有直流稳压电源和交流稳压电源；按稳压电路与负载的连接方式分有串联稳压电源和并联稳压电源；按调整管的工作状态分有线性稳压电源和开关稳压电源，等等。

一、稳压管稳压电路

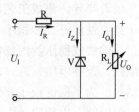

最简单的稳压电路是稳压管稳压电路，如图 5.15 所示。由稳压管特性可知，在电路中若能使稳压管始终工作在 $I_{Zmin} < I_Z < I_{Zmax}$ 的区域内，则稳压管上的电压 U_Z 基本上是稳定的，而且 $U_O = U_Z$。电路中 R 为限流电阻，$I_R = I_Z + I_O$，$U_R = I_R R$，它起到限流与调节输出电压的作用。

图 5.15　稳压管稳压电路

当负载电阻 R_L 不变而电网电压升高使 U_I 增大时，U_O 也会增大，于是 I_Z 增大，$I_R R$ 也增大，则 R 两端的电压 $I_R R$ 也增大，以此来抵消 U_I 的增大，使 $U_O = U_I - U_R R$ 基本不变。上述过程可表示为

$$U_I\uparrow \to U_O\uparrow \to I_Z\uparrow \to I_R\uparrow \to I_R R\uparrow \to U_O\downarrow$$

当电网电压不变（U_I 不变）而 R_L 减小使 U_O 减小时，下述过程使 U_O 基本不变

$$R_L\downarrow \to U_O\downarrow \to I_Z\downarrow \to I_R\downarrow \to I_R R\downarrow \to U_O\uparrow$$

为了使稳压电路稳定安全地工作，限流电阻 R 和稳压管的选择必须满足一定要求。

二、串联型稳压电路

稳压管稳压电路虽然简单，但输出的电压不能调节，输出电流的变化范围小，稳压精度不高，它只能用于电流较小和负载基本不变的场合。在要求较高时，可采用串联型稳压电路。

串联型稳压电路的框图如图 5.16 所示。其中取样电路的作用是将输出电压的变化取出，并反馈到比较放大器。比较放大器则将取样回来的电压与基准电压比较放大后，去控制调整管，由调整管调节输出电压，使其得到一个稳定的输出电压。

如图 5.17 所示是一种简单的串联型稳压电路。该电路的工作原理如下。

若由于电网电压上升或负载电流下降导致 U_O 增大，则 A 点电位升高，经 R_1、RP、R_2 分压后，B 点电位 U_B 随之升高，相应的 V_2 管基极的电位 U_{B2} 升高，而 U_{E2} 基本不变，则 U_{BE2} 增大，引起 $U_{C2} = U_{B1}$ 下降，从而引起 U_{CE1} 上升，使输出电压 U_O 基本不变，其自动调节过程可描述如下：

$$U_O\uparrow \to U_{B2}\uparrow \to U_{BE2}\uparrow \to U_{C2}\downarrow \to U_{B1}\downarrow \to U_{CE1}\uparrow \to U_O\downarrow$$

由于该电路中起电压调节作用的调整管与负载串联，故该电路称为串联型稳压电路。

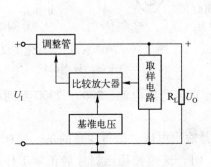

图 5.16　串联型稳压电路结构框图

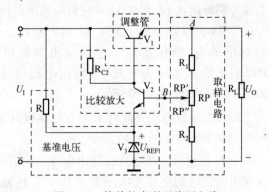

图 5.17　简单的串联型稳压电路

三、三端集成稳压电源

随着半导体集成工艺的提高，直流稳压电路也不断向集成化方式发展。三端集成稳压器由于具有性能好、体积小、可靠性高、使用方便、成本低等优点而被广泛应用。

三端集成稳压器内部框图如图 5.18 所示，它由启动电路、基准电压、调整管、比较放大电路、保护电路、取样电路六大部分组成。可以看出，它实际上是串联型稳压电路集成化的结果。为了保证稳压器输入端接入电压后，顺利地建立起稳定的输出电压，稳压器内部设有启动电路，以便启动内部电路迅速工作。为了使调整管处于安全工作状态，电路内部设有保护电路。

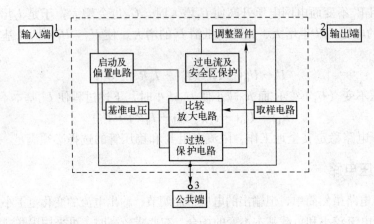

图 5.18　三端集成稳压器内部组成框图

1. 固定式三端集成稳压器

7800 和 7900 系列集成稳压器是目前使用最广泛的三端线性集成稳压电路，其特点是输出电压为固定值（如 7805 的输出电压是 5V）。7800 和 7900 系列稳压器只有输入、输出及公共地 3 个端子，使用时不需要外加任何控制电路和器件。该系列稳压器的内部有稳压输出、过流保护、芯片过热保护及调整管安全工作区保护等电路，因此使用起来可靠、方便，而且价格便宜。

7800 系列输出电压为正电压，输出电流可达 1.5A。除此之外，还有 78L00 和 78M00 等系列，其输出电流分别可达 0.1A 和 0.5A。它们的输出电压分别有 5V、6V、9V、12V、15V、18V 和 24V 七挡。和 7800 系列对应的有 7900 系列，它的输出为负电压，如 79M12 表示输出电压为 −12V，输出电流可达 0.5A。7800 系列的引脚如图 5.19 所示。

（a）金属外壳　　（b）塑料壳封装

图 5.19　7800 系列三端固定集成稳压器的外壳形状

三端线性集成稳压器件可十分方便地设计出线性直流稳压电源，7800、7900 系列稳压器的典型应用线路如图 5.20 所示。

图中 U_1 是整流滤波电路的输出电压，U_0 是稳压器输出电压。值得注意的是，只有当输入和输出端之间的电压差大于要求值（一般为 3V）时，这两种稳压器才能正常工作。例如，7815 的输入电压必须大于 18V，稳压器才能输出达 15V 的稳定电压。如果输入与输出端之间电压差低于要求值，输出电压将会随输入电压的波动而波动。电路中接入 C_1、C_2 来实现频率补偿，防止稳压器产生高频自激振荡和抑制电路引入的高频干扰。

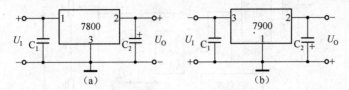

图 5.20　固定式三端稳压器的典型应用

2. 可调式三端集成稳压器

可调式三端稳压器，其外形和引脚的编号与固定式三端稳压器相同，但引脚功能有区别：LM317 为三端可调式正输出电压稳压器，其 1 脚为输入端，2 脚为调整端，3 脚为输出端；LM337 为三端可调式负输出电压稳压器，其 1 脚为调整端，2 脚为输入端，3 脚为输出端。

图 5.21（a）和（b）分别是用 LM317 三端可调式正输出电压稳压器和 LM337 三端可调式负输出电压稳压器设计的直流稳压电源应用线路。

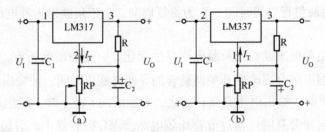

图 5.21　可调式三端集成稳压器典型应用

由于 LM317/337 的最小工作电流为 5mA，基准电源为 1.205V，因此 R 的取值不得大于 240Ω，否则当负载开路时将不能保证稳压器正常工作。

四、开关型稳压电路

脉宽调制式串联型开关稳压电路的基本电路如图 5.22 所示。图中，U_I 为开关稳压电路的输入电压，是电网电压经整流滤波后的输出电压；R_1、R_2 组成取样单元，取样电压即反馈电压 U_F；A_1 为比较放大器，同相输入端接基准电压 U_R，反相输入端接 U_F，它将两者差值进行放大；A_2 为脉宽调制式电压比较器，同相端接 A_1 的输出电压 u_{o1}，反相端与三角波发生器输出电压 u_T 相连，A_2 输出的矩形波电压 u_{o2} 就是驱动调整管通、断的开关信号；VT_1 是开关调整管；L、C 为 LC 滤波器，VD_2 为续流二极管；R_L 为负载，U_O 为稳压电路输出电压。

1. 工作过程

由电压比较器的特点可知，当 $u_{o1} > u_T$ 时，$u_+ > u_-$，u_{o2} 为高电平，反之，u_{o2} 为低电平。

当 u_{o2} 为高电平时，V_1 饱和导通，输入电压 U_I 经滤波电感 L 加在滤波电容 C 和负载 R_L 两端。在此期间，i_L 增长，L 和 C 储存能量，VD_2 因反偏而截止。当 u_{o2} 为低电平时，VT_1 由饱和导通转换为截止，由于电感电流 i_L 不能突变，i_L 经 R_L 和续流二极管衰减而释放能量，此时滤波电容 C 也向 R_L 放电，因此 R_L 两端仍能获得连续的输出电压。当开关调整管在 u_{o2} 的作用下又进入饱和导通时，L、C 再一次充电，然后 VT1 又截止，L、C 又放电，如此循环不已。

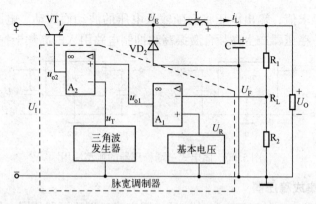

图 5.22　脉宽调制（PWM）型开关稳压电路原理图

输出电压 U_O 与输入电压 U_I 的关系为

$$U_O = \frac{t_o}{T_H} U_I$$

式中，t_o 为开关调整管导通时间；T_H 为重复周期，由三角波发生器电压 u_T 的周期决定。

2. 稳压原理

当输入的交流电源电压波动或负载电流发生变化，引起输出电压 U_O 变化时，通过取样比较电路组成的控制电路会去改变开关调整管的导通与截止时间，使输出电压得以稳定。开关管导通时间 t_o 增大时，输出电压升高；反之，导通时间 t_o 减小时，输出电压就降低。当由于某种原因使输出电压升高时，通过取样比较电路使 VT_1 提前截止，引起 $t_o{\downarrow} \rightarrow U_O{\downarrow}$，使输出电压保持稳定。

开关型稳压电源功耗低、重量轻，其功率从几十瓦到几千瓦，目前得到了广泛应用。

【技能方法】 稳压电源故障的检查

如果串联型稳压电源出现输出电压异常，且调节电位器 RP 时输出电压不产生变化，则表明稳压电路工作异常，检查步骤如下。

（1）检查整流、滤波电路。测量整流、滤波电路的输出电压，并与正常值比较，若相差较大，应先检查滤波电容，再检查整流二极管和变压器。在实际应用中，通常在稳压电源的输入端加有熔断器。若整流滤波输出为零，应首先检查电路是否安装了熔丝，熔丝是否烧断。

（2）检查调整管。整流电路的输出基本正常时，用万用表测调整管的集电极 – 发射极间的管压降 U_{CE}。如果 U_{CE} 很小，则说明调整管饱和导通或被击穿，造成输出电压 U_O 过高；若 U_{CE} 很大，则说明调整管截止或断路，造成 U_O 很低。检查时应重点检查调整管。

（3）检查取样电路和基准电压。当稳压管的稳定电压太高时，应更换稳压管；如果稳定电压偏低，一般是稳压管接反或损坏。

（4）检查比较放大器。在取样电压、基准电压正常时，测量比较放大器的集电极电流和集电极电位是否符合要求。调节 RP，观察集电极电位变化是否正常，如果不正常应对管子进行质量检查。

【实践运用】三端集成稳压器的扩展使用

一、三端集成稳压器扩流电路

78××（79××）系列和 LM317/337 系列最大输出电流为 1.5A，如果所用电子装置需要稳压电源提供更大的电流，就需要采用扩流措施了。

1. 外加功率管扩流

电路如图 5.23 所示（在后面的电路图中，为简单起见，均将电源变压器、整流二极管和输入滤波电容省略不画）。R_1 是过流保护取样电阻，当输出电流增大并超过一定值时，R_1 上压降增大，使 V_1 的 U_{be} 值减小，促使 V_1 向截止方向转化。因为集成稳压器本身有过热保护电路，如果我们将 V_1 和集成稳压器安装在同一个散热器板上，则 V_1 也同样受到过热保护。该电路可输出小于 7A 的电流。

2. 多块稳压器并联扩流

如图 5.24 所示的电路是一种线路简单、无须调整，有较高实用性的电路，其最大输出电流为 $N \times 1.5A$（N 为并联的稳压器的块数）。实际应用中，稳压器最好使用同一厂家、同一型号的产品，以保证其参数一致性。另外，最好在输出电流上留有 10% ~ 20% 的余量，以避免个别稳压器失效造成稳压器连锁烧毁。

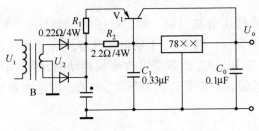

图 5.23　外加功率管扩流

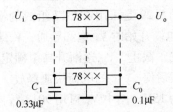

图 5.24　多块稳压器并联扩流

二、三端集成稳压器扩压电路

1. 固定抬高输出电压

电路如图 5.25 所示。如果需要输出电压 U_o 高于现有的稳压块的输出电压时，可使用一只稳压二极管 DW 将稳压块的公共端电位抬高到稳压管的击穿电压 V_z。此时，实际输出电压 U_o 等于稳压块原输出电压与 V_z 之和。将普通二极管正向运用来替代 DW，同样可起到抬高输出电压的作用。例如，想为自己的录音机装一个 6V、500mA 的稳压电源，而手头只有一个 7805 稳压器，则可按图 5.26 所示安装电路。DW 选用 2CP（IN4001）类硅二极管，其上压降约为 0.8V，这样输出就约为 5.8V，足以满足录音机的需要了。若将 DW 换成发光二极管 LED，不但能提高输出电压，而且 LED 发光还能起到电源指示作用。

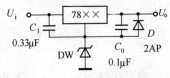

图 5.25　固定抬高输出电压

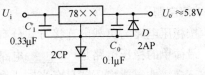

图 5.26　组装稳压电源

2. 输出电压可调电路

利用 78×× 系列固定输出稳压电路，也可以组成电压可调电路，如图 5.27 所示。输出电压 $U_o = U_{xx}(1R2/R1)$，其中 U_{xx} 为稳压块标称输出电压。显然，若将 R_1、R_2 的数值固定，该电路就可用于固定抬高输出电压。如果将 R_1 或 R_2 换成光敏电阻，便可构成光控输出电压关断电路。图 5.28 用运放作为电压跟随器，克服了稳压块静态电流 I_o 的影响，输出电压 $U_o = U_{xx}(1R2/R1)$，其中 R_1 为电位器中心抽头与 A 点之间的电阻值，R_2 为电位器中心抽头与 B 点之间的电阻值。电路中运放亦可用 741 运放，输出电压从 7～30V 连续可调。

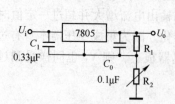

图 5.27　电压可调电路

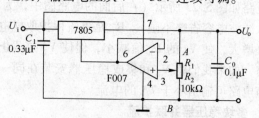

图 5.28　用运放作为电压跟随器

3. 慢启动稳压电源

若稳压电源的负载是灯丝，如电视机显像管的灯丝，冷态时，其电阻值较小。当过快地加上满载电压时，则会产生较大的冲击电流，有可能烧毁灯丝。对于此类负载，最好能提供一个输出电压缓慢上升的稳压电源。

图 5.29 是采用 LM317 组成的慢启动 15V 稳压电源电路，输出电压 V_{out} 通过 R_1、V_1 对 C_2 充电。开始时 V_1 饱和导通，V_{out} 最低（约 1.5V）。随着 C_2 上的电压升高，V_1 逐渐退出饱和并趋于截止，V_{out} 逐渐升高至额定电压。改变 R_1、C_2 的数值可改变软启动的时间。D_1 用于关机后使 C_2 上的电荷快速释放。改变 R_2 的值，可调整输出电压 V_{out} 的值，图示参数输出电压为 15V。图中 V_1 可用 9012 替换。

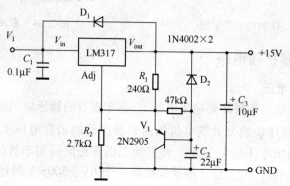

图 5.29　慢启动 15V 稳压电源电路

【巩固训练】

一、填空题

1. 按稳压电路与负载的连接方式分有＿＿＿＿＿电源和＿＿＿＿＿电源两种。

2. 最简单的稳压电路是＿＿＿＿＿电路。

3. 三端线性集成稳压器只有当输入和输出端之间的电压差大于＿＿＿＿＿V 时，稳压器才能正常工作。

4. 开关型稳压电路是通过由_____电路组成的控制电路去改变开关调整管的导通与截止时间，使输出电压得以稳定。

二、判断题

5. 固定式三端集成稳压器 7812 的输出电压是 +12V。（　　）

6. 稳压管稳压电路虽然简单，但输出电流的变化范围大，可以用于电流较大和负载基本不变的场合。（　　）

7. 78××（79××）系列和 LM317/337 系列的最大输出电流为 1.5A。（　　）

8. 采用 LM317 可以组成慢启动 15V 稳压电源电路。（　　）

三、问答题

9. 试说明串联型稳压电路的工作原理。

10. 试作图用三端集成稳压器 7805 组成一个 +5V 稳压电路。

四、实践操作题

11. 三端集成稳压电源的测试。

三端固定输出集成稳压器实验电路如图 5.30 所示。

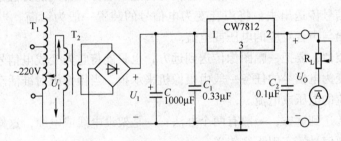

图 5.30　实验电路

（1）测试步骤。

① 按图所示连接线路，检查无误后，接通电源。

② 测量空载时的直流电压 U_I 和 U_O 的值，填入表 5.1 中。

③ 测量负载电流 I_L 变化时，输出电压 U_O 的稳定情况。调节调压变压器 T_1，使 T_2 变压器的输入电压 $U_I = 220V$，若线路正常，应输出电压 $U_O = 12V$。调节负载 R_L 的值，使负载电流 I_L 按照表 5.2 中给出的数据变化，每次将相应的 U_O 值记入表中。

表 5.1　实验记录表 1

电网交流电压	负载	CW7812 输入电压 U_I（V）	输出电压 U_O（V）
220V	开路		

表 5.2　实验记录表 2

I_L（A）	0	0.2	0.4	0.6	0.8	1.0	1.2
U_O（V）							

（2）分析和总结。

① 整理测试数据，根据测试结果与理论值相比较。

② 总结测试中出现的问题及解决办法。

③ 对于三端集成稳压器来说，一般要求输入、输出间的电压差最少为多少才能正常工作？

5.3 高频信号处理电路

【问题呈现】

收音机是怎么收到电台广播的声音的呢？电视机为什么能收看到美国 NBA 篮球联赛和世界杯足球比赛实况呢？手机又是怎样让我们与千里之外的亲朋好友通话的呢？

【知识探究】

一、无线电通信原理

1. 电信号的初步知识

我们知道，人耳能听到的声音信号的频率在 20Hz ～ 20kHz 之间，通常将其称为音频。这样的声音信号在空气中传播的速度约为 340m/s，而且衰减很快。一个人无论怎样用力叫喊，他的声音也不会传得很远。为了把声音信号传送到远方，常用的方法是将其转变为电信号，再设法把电信号传送出去。将声音变为电信号的装置一般为话筒。当人对着话筒讲话时，话筒就会输出与声音对应的电压或电流。

与上面讲的类似，要把一幅图像传送到远方，也只能将它先变成电信号，然后再设法传送出去，将图像变为电信号的任务一般由摄像机来承担。当摄像机对准活动的图像时，即可输出与图像相对应的电压或电流。

要将电信号传送到远方，一般有两个办法：一是架设电线或电缆，这样成本昂贵；二是利用电磁波来传送信号，实现无线传送。

2. 电磁波

麦克斯韦的电磁波理论证明，电磁波传播具有方向性，任何形式的电波在真空中的传播速度都为 $c = 3 \times 10^8$ m/s。

电磁波在一个振荡周期内传播的距离叫波长，用 λ 表示，波长与速度的关系为

$$\lambda = c \cdot T \quad 或 \quad \lambda = \frac{c}{f}$$

式中，T 为振荡周期，单位为 s；f 为振荡频率，单位为 Hz。

电磁波的另一个重要性质是它具有能量。电磁波所具有的能量在传播过程中会逐渐衰减，不过它在空气中衰减得很慢，因而能传播到很远的地方。

为了使电磁波能有效地向空间辐射，就必须使用天线。对电磁波发射的进一步研究表明，只有当天线尺寸和电磁波的波长同量级时，才能有效地将电磁波辐射出去。例如，20kHz 的声音信号，其波长为 $\lambda = \frac{c}{f} = \frac{3 \times 10^8}{20 \times 10^3} = 1.5 \times 10^4$ m，即 15km，要制造出与此尺寸相当的天线是不可能的，即使发射出去，各个电台发出的信号都在同一频率范围内，它们在空中混在一起，也会让接收者无法选择。为了传送电信号，就要采用一种新的方法，即"调制"。

3. 调制

要想让电磁波有效地传播，就必须利用频率更高（波长更短）的电磁振荡，并设法将需要传送的信号"装载"在这种高频信号上，然后由天线辐射出去。这样天线尺寸就可以比较小，不同的广播电台可以采用不同的高频振荡，彼此互不干扰。将传送信号"装载"在高频信号中的过程，或者说用传送信号去控制等幅高频信号的过程称为"调制"。

调制可以分为几类：当被调制的是高频信号的振幅时，这种调制称为幅度调制，简称调幅；当被调制的是高频信号的频率或相位时，则分别称为频率调制或相位调制，简称调频或调相。经过调制后的高频振荡被称为已调波，由于它的频率很高，可以用长度较短的天线发送到空间中去。由此可见，等幅高频振荡信号实际上起着运载被传送信号的作用，在无线电技术中常称之为载波。被传送的信号起着调制载波的作用，称为调制信号。

通过上面的讨论可知，要传送某一信号（以声音信号为例），就要先将此信号通过声－电转换设备转换成电信号，然后经过调制后由天线发送出去。图 5.31 和图 5.32 分别为广播发送系统和电视发送系统的组成框图。

4. 广播电视发送系统

图 5.31 为广播发送系统的组成框图。它包括 4 部分：一是声音的转换与放大部分，其工作频率较低，称为"低频部分"；二是高频振荡的产生、放大与调制部分，称为"高频部分"；三是传输线与天线；四是电源部分（图中未标出）。

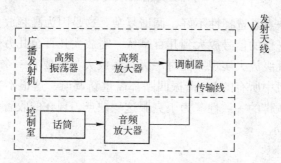

图 5.31　广播发送系统的组成框图

图 5.32 为电视发送系统的组成框图，它与广播发送系统基本相同，二者的差别在于，电视发射系统除了要发射已调的声音信号外，还要发射已调的图像信号。

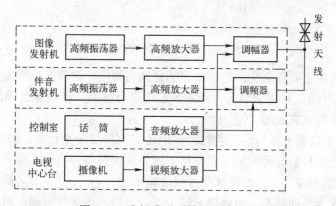

图 5.32　电视发送系统的组成框图

5. 接收无线电广播的主要过程

接收是发送的逆过程，它的基本任务是将空中传送的高频已调信号接收下来，并还原成调制信号。这种还原的过程称为解调，完成这一功能的相应部件称为解调器。

收集从空中传送来的电磁波的任务是由接收天线完成的。接收天线接收到的信号中包含了空中所有混合在一起的若干个不同的电磁波信号，而我们所需要的只是这若干个信号中的某一个。这就需要在接收天线之后接有一个选择性电路，把所要接收的无线电信号挑选出来，并把不要的信号"滤除"掉，以免产生干扰。选择性电路通常由 L 和 C 构成的具有选择性的谐振回路组成。但是，从天线接收到的无线电信号非常微弱，一般只有几十微伏到几毫伏。这样的信号直接送到解调器进行还原不太合适，因此通常会在选择性电路之后加高频放大器，把已调的高频信号加以放大，以达到解调器对信号强度的要求。信号被解调后输出的调制信号的功率通常较低，要让它能推动功率较大的扬声器工作，需要在解调器后加音频放大器。带有高频放大器的收音机简称高放式收音机，其框图如图 5.33 所示。

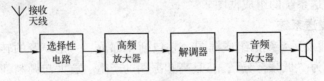

图 5.33　高放式收音机的组成方框图

高放式收音机的缺点是选择性不好，调谐复杂。这是因为高频放大器要把从天线接收来的只有几十微伏到几毫伏的信号放大到几百毫伏，需放大几百至几万倍，这不是一级放大所能达到的，需要通过几级放大实现。而每一级高频放大都需要有一个 LC 谐振回路。当改变被接收信号时，收音机中所有的 LC 谐振回路都需重新调谐，这很不方便，也很难保证每次调谐后的选择性和通频带的一致性。为了克服这一缺点，现在的收音机几乎都采用了超外差式线路，如图 5.34 所示。

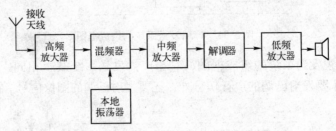

图 5.34　超外差式收音机的组成方框图

超外差式线路的主要特点是，把接收到的已调高频信号的载波频率先变为较低的固定的中间频率（简称中频），利用中频放大器放大后再进行解调。把高频已调信号的载频降为中频的任务是由混频器来完成的。

从图 5.34 中可以看出，为了产生混频作用还需要外加一个信号，这个信号通常叫做外差信号。产生外差信号的部件叫做外差振荡器或本地振荡器，简称本振。设本振信号频率为 f_1，高频调制的载波频率为 f_c，则中频信号载波频率为 $f_g = f_1 - f_c$。f_g 比 f_c 低，但比解调后的音频信号高，所以称为中间频率。中频信号经中频放大后，再进行解调。超外差式接收机的优点是，变频后的中频载波信号的频率是固定的，中频放大器的调谐回路在选台时不需调整，通频带容易做得好，中频增益可以相对做得较高，对提高整机增益有利。

广播和无线电通信是利用调制技术把低频声音信号加到高频信号上发射出去的。在接收机中还原的过程叫解调。其中低频信号叫做调制信号，高频信号则叫做载波。常见的连续波调制方法有调幅和调频两种，对应的解调方法就叫检波和鉴频。

二、调幅与检波电路

1. 调幅电路

调幅可使载波信号的幅度随着调制信号的幅度变化，载波的频率和相位不变。能够完成调幅功能的电路就叫调幅电路或调幅器。

调幅是一个非线性频率变换过程，所以它的关键点是必须使用二极管、三极管等非线性器件。根据调制过程在哪个回路里进行可以把三极管调幅电路分成集电极调幅、基极调幅和发射极调幅 3 种。下面以集电极调幅电路为例。

如图 5.35 所示是集电极调幅电路，由高频载波振荡器产生的等幅载波经 T_1 加到晶体管基极。低频调制信号则通过 T_3 耦合到集电极中。C_1、C_2、C_3 是高频旁路电容，R_1、R_2 是偏置电阻。集电极的 LC 并联回路谐振在载波频率上。如果把三极管的静态工作点选在特性曲线的弯曲部分，三极管就是一个非线性器件。因为晶体管的集电极电流是随着调制电压变化的，所以集电极中的两个信号就因非线性作用而实现了调幅。由于 LC 谐振回路是调谐在载波的基频上，因此在 T_2 的次级就可得到调幅波输出。

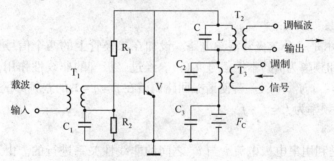

图 5.35 集电极调幅电路

2. 检波电路

检波电路或检波器的作用是从调幅波中取出低频信号。它的工作过程正好与调幅相反。检波过程也是一个频率变换过程，也要使用非线性元器件，常用的有二极管和三极管。另外为了取出低频有用信号，还必须使用滤波器滤除高频分量，所以检波电路通常包含非线性元器件和滤波器两部分。

如图 5.36 所示是一个二极管检波电路。VD 是检波元件，C 和 R 是低通滤波器。当输入的已调波信号较大时，二极管 VD 是断续工作的。正半周时，二极管导通，对 C 充电；负半周和输入电压较小时，二极管截止，C 对 R 放电。在 R 两端得到的电压包含的频率成分很多，经过电容 C 滤除了高频部分，再经过隔直流电容 C_0 的隔直流作用，在输出端就可得到还原的低频信号。

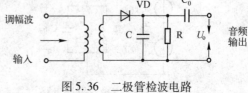

图 5.36 二极管检波电路

三、调频和鉴频电路

调频是指使载波频率随调制信号的幅度变化，而振幅则保持不变。鉴频则是指从调频波中解调出原来的低频信号，它的过程和调频正好相反。

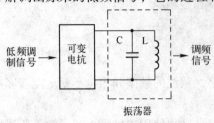

图 5.37　调频电路示意图

1. 调频电路

能够完成调频功能的电路就叫调频器或调频电路。常用的调频方法是直接调频法，也就是用调制信号直接改变载波振荡器频率的方法。图 5.37 画出了它的大意，图中用一个可变电抗元件并联在谐振回路上。用低频调制信号控制可变电抗元件参数的变化，使载波振荡器的频率发生变化。

2. 鉴频电路

能够完成鉴频功能的电路叫鉴频器或鉴频电路，有时也叫频率检波器。鉴频的方法通常分两步，第一步先将等幅的调频波变成幅度随频率变化的调频 – 调幅波，第二步再用一般的检波器检出幅度变化，还原成低频信号。常用的鉴频器有相位鉴频器、比例鉴频器等。

四、混频与倍频

1. 混频

1）二极管混频

如图 5.38 所示是一个二极管混频电路。设加在二极管上的两个信号分别是载波频率为 f_s 的调幅波 $u_s(t)$ 和频率为 f_1 的本振信号 $u_1(t)$。经过二极管的非线性作用，二极管中电流的频率成分包括 $f_k = |\pm pf_1 \pm qf_s|$。若使谐振回路调谐在 $p = q = 1$ 的差频分量上，则变频器输出电压 $u_o(t)$ 的载波频率为 $f_g = f_1 - f_s$。

2）三极管混频

三极管混频是利用集电极电流 i_c 与 u_{be} 之间的非线性关系进行的。由于三极管具有较高的变频增益，故在接收机中常采用这种电路。图 5.39 画出了三极管变频的原理图。显然，在电路形式上，它与小信号谐振放大器类似，只不过输入端增加了一个本机振荡电压 $u_1(t)$。它的变频作用是这样实现的，即输入信号、本振信号及基极偏压 V_{BB} 叠加后加在三极管发射结上，利用发射结的非线性产生许多频率分量。这些组合频率电流分量经过三极管放大，接在集电极回路中的 LC 谐振回路上。谐振回路谐振在中频 f_g 上，完成取出集电极电流中的有用中频分量的任务。概括起来说，就是三极管的 be 结实现混频，由三极管进行放大，再由集电极谐振回路完成选频任务。

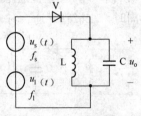

图 5.38　二极管混频电路

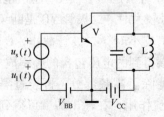

图 5.39　三极管混频电路

3）混频电路介绍

这里以晶体三极管混频电路为例进行介绍。

根据晶体管组态和本振电压注入点的不同，三极管混频器有如图 5.40 所示的 4 种基本形式。

图 5.40（a）和（b）为共射极混频器，不同之处是，图 5.40（a）中的 u_L 信号为基极注入，而在图 5.40（b）中的为射极注入。图 5.40（c）和（d）为共基极混频器，不同之处在于 u_L 信号在图 5.40（c）中为射极注入，在图 5.40（d）中为基极注入。图 5.40（a）与图 5.40（b）电路应用较为广泛，图 5.40（c）与图 5.40（d）电路一般用在频率较高的接收机中。

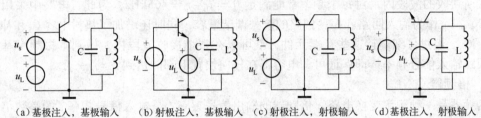

（a）基极注入，基极输入　（b）射极注入，基极输入　（c）射极注入，射极输入　（d）基极注入，射极输入

图 5.40　三极管混频器的基本形式

这 4 种电路尽管在形式上有所不同，但其工作原理是相同的，都是利用晶体管 i_C 与 u_{BE} 之间的非线性关系实现混频的。

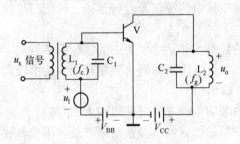

图 5.41　三极管混频原理图

三极管混频器的原理电路如图 5.41 所示。图中 L_1C_1 为输入信号回路，调谐在 f_c 上；L_2C_2 为输出中频回路，调谐在 f_g 上。因此其他频率分量得到抑制，故输出仅为中频电压。

如图 5.42 所示为广播收音机中中波常用的混频电路，此电路混频和本振都由三极管 V 完成，故又称变频电路，中频 $f_g = f_1 - f_c = 465\text{kHz}$。由 L_1、C_0、C_1 组成的输入回路从磁性天线接收到的无线电波中选出所需频率信号，再经 L_1 与 L_2 的互感耦合加到晶体管的基极。本地振荡部分由三极管、L_4、L_5、C_5、C_3、C_{1b} 组成的振荡回路和反馈线圈 L_3 等构成。由于输出中频回路 C_4、L_5

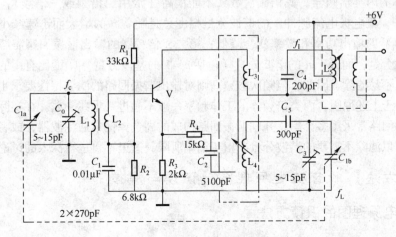

图 5.42　中波调幅收音机变频电路

对本振频率严重失谐，可认为呈短路；基极旁路电容 C_1 阻抗很小，加上 L_2 电感量甚小，对本振频率所呈现的感抗也可忽略，因此，对于本地振荡而言，电路构成了变压器反馈振荡器。本振电压通过 C_2 加到晶体管发射极，而信号由基极输入，所以称为发射极注入、基极输入式变频电路。反馈线圈 L_3 的电感量很小，对中频近于短路，因此，变频器的负载仍然可以看做是由中频回路所组成。对于信号频率来说，本地振荡回路的阻抗很小，而且发射极是部分地接在线圈 L_4 上，所以发射极对输入高频信号来说相当于接地。电阻 R_4 对信号具有负反馈作用，从而能提高输入回路的选择性，并有抑制交叉调制干扰的作用。在变频器中，希望在所接收的波段内，对每个频率都能满足 $f_g = f_1 - f_c = 465\,\text{kHz}$，为此，电路中采用双连电容 C_{1a}、C_{1b} 作为输入回路和振荡回路的统一调谐电容，同时还增加了垫衬电容 C_5 和补偿电容 C_3、C_0。经过仔细调整这些补偿元件，就可以在整个接收波段内，做到本振频率基本上能够跟踪输入信号频率，即保证可调电容器在任何位置上都能达到 $f_1 = f_g + f_c$。

2. 倍频器

倍频器是一种频率变换电路。倍频器的输出信号频率 f_o 是输入信号频率 f_i 的整数倍，即 $f_o = 2f_i$，$f_o = 3f_i$ 等。

倍频器的主要用途如下。

（1）将频率较低但稳定度较高的石英晶体振荡器所产生的稳定振荡信号进行倍频，以得到频率较高的稳定的振荡信号。

（2）扩展仪表设备的工作频段，如对扫频仪中的扫频振荡源信号进行倍频，可使扫频仪的工作频率范围扩大几倍。

（3）使用一个振荡器得到两个或多个成整数比的频率，如某些仪表中的频标振荡器。

（4）有时在超高频段难以获得足够功率的信号，就可以用倍频器将频率较低、功率较大的信号转变为频率较高、功率也能满足要求的超高频输出信号。

（5）对于调频发射机来说，还可以利用倍频器加深调制深度，以获得较大的频偏。

能实现倍频的电路有很多，主要有丙类倍频器和参量倍频器。参量倍频器是利用变容管的结电容与外加电压的非线性关系对输入信号进行非线性变换，再由谐振回路从中选取所需的 n 次谐波分量，从而实现 n 倍频的，其工作频率可达 $100\,\text{MHz}$ 以上。这里不对参量倍频器进行讨论，只介绍丙类倍频器。

一个实际的丙类倍频器，其倍频次数 n 不能很高（常用二倍频或三倍频），其主要原因有两个：第一，集电极电流脉冲中的谐波分量幅度总是随着 n 的增大而迅速减小，故倍频次数太高，倍频器的输出功率和效率就会降低；第二，倍频器的输出谐振回路需滤除高于 n 和低于 n 的各次分量，而低于 n 的谐波分量（包括 $n = 1$ 的基波分量）幅度比有用的 n 次谐波的分量幅度大，不易滤除。因此，倍频次数越高则对输出谐振回路的滤波特性要求也越高，因而不易实现。由于上述原因，丙类倍频器的工作频率一般不超过几十兆赫兹。在实际丙类倍频器电路中，输出回路常采用多个串、并联谐振回路构成的高选择性带通滤波器，或者采用推挽式倍频器电路，以滤除不需要的谐波分量。由于篇幅所限，这里不再进行深入的讨论了。

【技能方法】收音机电原理图的识读与焊接

一、收音机电原理图的识读方法

任何一个电子电路都是由若干个基本环节和典型电路组成的。为了快速而正确地阅读电原理图，应掌握基本的识读方法。

（1）对于一张电原理图，首先要找出电路的"头"和"尾"，在此基础上"割整为零"，弄清结构。

（2）瞄准核心元件，简化单元电路。

（3）运用等效电路法进行深入分析。

二、焊接

焊接的质量如何，直接影响到收音机的质量。若有假焊或接触不良，则会成为干扰源，检修中难以发现。为了保证焊接质量，必须遵循以下几点。

（1）金属表面必须清洁干净。

（2）当将焊锡加到导线和线路板表面时，该焊接点的热量必须足够熔化焊锡。

（3）烙铁头不能过热，选 25W 左右的电烙铁为宜。

（4）焊接某点时，时间勿要过长，否则将损坏铜箔；时间也不能过短，以免造成虚焊。操作速度要适当，焊得牢固。

（5）为确保连接的永久性，不能使用酸性的焊药和焊膏，应用松香或松脂焊剂。

焊接前，电烙铁的头部必须先上锡，新的或是用旧的铜制烙铁头必须用小刀、金刚砂布、钢丝刷或细纱纸刮削、打磨干净，凹陷的理当锉平；对于镀金的烙铁头，应该用湿的海绵试擦，含铁的烙铁头则可用钢丝刷清洁，不可锉平或打磨。

如果烙铁头温度太高上锡也是困难的。不仅烙铁头需要上锡，而且大部分元件引脚也要清洁后上锡（天线线圈等有漆的线头需去漆后再上锡）。若铜箔进脚孔处因处理不佳难以吃锡，可以用松香和酒精的混合液注滴上，如有必要对其孔周围也可先上点薄锡。

组装要按序进行，先装低放部分，检测、调试后装变频级电路，变频电路起振正常后再依次组装其他各级，组装中若发现变压器、中周等元件不易插入时切勿硬插，应把电路板上所涉及的孔处理后再装。

【实践运用】收音机的调试（以 741 收音机为例）

1. 调试前的检查

（1）检查三极管及其管脚是否装错，振荡变压器是否错装中频变压器，各中频变压器是否前后倒装，是否有漏装的元件。

（2）天线线圈初次级接入电路位置是否正确。

（3）电路中电解电容正负极性是否有误。

（4）印刷线路是否有断裂、搭线，各焊点是否确实焊牢，正面元件是否相互碰触。

2. 静态电流 I_C 测试

首先测量电源电流，检查、排除可能出现的严重短路故障，再进行各级静态测量。一方面检验数值是否与设计相符，另一方面检查电路板是否存在人为的问题。末级推挽管集电极电流可以在预先断开的检测点串入电流表测出，其他各级 I_C 可以通过测量各发射极电压算出。

末级 I_C 如果过大，应首先检查三极管管脚是否焊错，输入变压器次级是否开断，偏置电阻是否有误，有否虚焊。在一定大的 I_C 下，快速测量其中点电位，可帮助分析判断，提高排除故障的速度。

其他各级工作点若偏大，着眼点应放在查寻故障上，尤其是不合理的数据。在元件密集处，应着重查找短路或断路。中周变压器绕组与外壳短路故障也偶有发生。难于判断时，可逐次断开各级，缩小故障范围。因偏置不当、β 较小、I_{CEO} 太大所引起的偏差，可视具体情况分析解决，使静态工作点与所设计的基本相符。

3. 低放级测试

如图 5.43 所示，末级集电极静态电流 I_C 要小于 6mA，从电位器滑动头（旋到近一半位置）逐渐输入一定量的正弦电压信号（频率 1kHz 左右），声响以响而洪亮为佳，可以在音频范围内连续变动旋钮，随着频率改变，若音调变化明显、悦耳动听，则说明本级失真不大。若规定本级失真率不大于 5% 时，可逐渐调节音频电压信号，使音频的失真度达到 5% 时（可用失真度测量仪）测出该状态下输出电压，即可知不失真功率。若达不到所要求的功率，可考虑调整图中 VT$_5$ 的集电极电流，选一个最佳值，末级 OTL 电路的静态电流可进行适当的调整，因为它的大小除了与交越失真有关外，与输出功率、失真度和效率等也有关。可以在不同静态集电极电流下测失真度、效率、输出功率，绘成曲线，根据实际需要选择合理的工作点。工作者通常同时使用示波器观察波形。

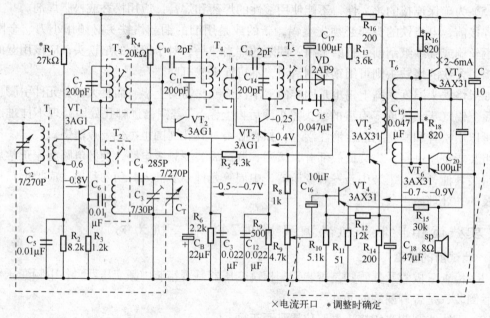

图 5.43　741 型超外差式收音机原理图

4. 变频级调试

要求振荡电压高低端尽可能平均，振荡管子不要工作在饱和区，LC 回路 Q 值要高。工作点确定以后，可根据需要再度进行调整。

首先检查变频管是否起振，由于高频振荡电压在发射结上产生自给偏压作用，所以起振时，三极管 U_{CE} 将小于原来的静态值（如锗 PNP 管为 0.1～0.3V），U_{BE} 越小，振荡越强，用万用表可方便地判断是否起振。然而，振荡频率（1～2MHz）的调节范围及波形的好坏需用示波器测量，或用频率计测出频率变化范围。调整 1MHz 频率时，应把可变电容器旋转到容量最大处，调节振荡线圈磁芯。

若振幅太小了，可考虑 β 是否太小、工作点是否太低、负载是否太大，也要考虑

图 5.43 中 R_{16} 的压降是否太大等故障。若发现寄生振荡，要检查 β 是否过大及安装、布线、去耦电路等存在的问题。诸如不起振、只有一端起振或间歇振荡等，要细心分析检查，对症下药予以解决。

变频级工作点的最佳确定主要围绕着信噪比 S/N 和变频增益 A 两个因素。令不同的静态电流 I_C，作出 $I_C \sim A$，$I_C \sim S/N$ 的关系曲线，可选择出适宜的工作点（S/N 指在电路某一特定点上的信号功率与噪声功率之比，A、S/N 通常用对数表示）。

5．中放级电路调试

此级关系到收音机的整机灵敏度、选择性，以及自动增益控制特性。

欲要求该级达到理想的功能需确定最佳工作点电流 I_C。第二级中放的 I_C 选在增益饱和点；第一级中放的 I_C 选在功率增益变化比较急剧处，但要顾及到功率增益不要过小。作出不同的 I_C 下的功率增益，描绘出曲线，以选择最佳工作点。在从中周初级输入大小适中的中频信号时，应调准中频变压器在 465kHz 的峰点。

有时也要对检波二极管及检波效率进行测试。中和电容一般需要根据实际调整确定。

6．统调

调整中频时用高频信号发生器作为信号源。收音机的频率指示放在最低端 535kHz 处，若收音机在该处受电台干扰，应调偏些或使本机振荡停振。从天线输入频率为 465kHz、调制度为 30% 的调幅信号，喇叭两端接音频毫伏表或示波器测量，或测量整机电流，观察动态电流大小变化（若变化微小不易觉察，可以将电流表串在第一中放集电极电路里。观察中频调到峰点时，集电极电流是增大还是减小），或直接用耳朵听声音判断。

操作时应用无感小旋凿嵌入中频变压器的磁帽缓缓旋转（或进或出），寻找输出增加的方向，直至输出为最大的峰点上。

调中周的次序为由后向前，逐一调整，慢慢地向 465kHz 逼近，一般需要反复多次"由后向前"调整，才能使输出为最大的峰点位置不再改变。

应注意以下几点。

（1）细调中周时，需将整机安装齐备。

（2）输入信号要尽量小，音量电位控制器输出不要太大（第一步先行粗调，往往需要信号输入、音量输出尽量大）。

（3）调整某一中频变压器，发现输出无明显变化，或磁帽过深或过浅，应考虑槽路电容过小或过大，磁芯长短不宜、中频变压器线圈短路等，还可考虑人为组装焊接等故障。

（4）无法调整到最佳点时，也应首先查找电路故障或低端跟踪粗调一下，再进行中频调整。

（5）若各中频变压器调乱，可将 456kHz 或 465kHz 处左右的调幅信号分别按序注入第二中放基极、第一中放基极、变频管基极，慢慢调节各磁帽，向 465kHz 逼近；或用手捏磁性天线增强感应信号，先调中周一遍。

若电路无故障，接收灵敏度不够理想，但在 465kHz 处反复调整的各中频变压器磁帽已太深或太浅，可以把本机振荡频率提高一点或降低一点，再按顺序重调 3 个中频变压器。

7．试听

如果噪声过大且确认元件、焊接都无问题时，应着重考虑变频级及中频级电路，变频管、中放管的 β 值是否过大。增益是否过高。振荡是否过强。如过高、过强，可以考虑在中频变压器的初级并联 120kΩ 的电阻，在振荡线圈次级并联一支二极管或几十千欧的电阻。

（1）试听响度：调准电台，试听喇叭声响，在30m²的房间放声响亮，表明达到功率输出要求。

（2）失真度试查：声音应柔和动听，音量小时或大时的发音都应很圆润。失真度大的收音机听上去有闷、嘶哑、不自然感觉。

（3）试听灵敏度：对准电台方向，从最低端到最高端试收多少个电台。电台多，噪声小为佳，收本省以外较远的或电波较弱的电台声音较响，说明灵敏度高，合格。

（4）试查选择性：调准一个电台，然后微微偏调频率10%左右，若声音减少许多，表明合乎要求。

【巩固训练】

一、填空题

1. 麦克斯韦的电磁波理论证明，电磁波传播具有方向性，任何形式的电波在真空中的传播速度 $c =$ _____ 。

2. 调频是使载波频率随调制信号的幅度变化，而_____则保持不变。

3. 接收是发送的逆过程，它的基本任务是将空中传送的_____接收下来，并还原成调制信号。

4. 广播和无线电通信是利用调制技术把低频声音信号加到_____上发射出去的。

二、判断题

5. 高放式收音机的优点是选择性好，调谐复杂。（　　　）

6. 能够完成鉴频功能的电路叫鉴频器或鉴频电路，有时也叫频率检波器。（　　　）

7. 倍频器不是一种频率变换电路。（　　　）

8. 检波电路或检波器的作用是从调幅波中取出低频信号。（　　　）

三、问答题

9. 检波电路的主要作用是什么？

10. 收音机在统调时，有什么样的注意事项？

实验实训　组装超外差式收音机

一、实训目的

（1）熟悉电子产品的安装工艺和生产流程。

（2）掌握手工电烙铁的焊接技术，能够独立完成简单电子产品的安装与焊接。

（3）了解超外差式收音机的组成与工作原理。

（4）学习识别电子元件与电子线路。

（5）掌握收音机装接与调试方法。

二、实训器材

（1）斜口钳、螺丝刀、镊子、电烙铁、焊锡丝、万用表等必备工具。

（2）超外差式收音机散装套件。

三、实训内容

（1）S66d 全硅管六管超外差式收音机，具有安装调试方便、工作稳定、声音宏亮、耗电低等优点。它由输入回路高放况频级、一级中放、工级中放、前置低放兼检波级、低放级和功放级等部分组成，接收频率范围为 535 ～ 1 605kHz 的中波段。

（2）元器件的选择。

本电路配有的元器件清单如表 5.3 所示。

表 5.3　元器件清单

序号	名称	型号规格	位号	数量	序号	名称	型号规格	位号	数量
1	三极管	3DG201（绿、黄）	VT_1	1	18	瓷片电容	682、103	C_2、C_1	各 1
2	三极管	3DG201（兰、紫）	VT_2、VT_3	2	19	瓷片电容	223	C_4、C_5、C_7	3
3	三极管	3DG201（紫、灰）	VT_4	1	20	双联电容	CB 如	CA	1
4	三极管	9013H	VT_5、VT_6	2	21	收音机前盖			1
5	发光二极管	φ3 红	LED	1	22	收音机后盖			1
6	磁棒线圈	5×13×55mm	T_1	1	23	刻度尺、音窗			各 1
7	中周	红、白、黑	T_2、T_3、T_4	3	24	双联拨盘			1
8	输入变压器	E 型 6 个引出脚	T_5	1	25	电位器拨盘			1
9	扬声器	φ58mm	BL	1	26	磁棒支架			1
10	电阻器	100Ω	R_6、R_8、R_{10}	3	27	印制电路板			1
11	电阻器	120Ω	R_7、R_9	2	28	电原理图及装配说明			1
12	电阻器	330Ω、1.8kΩ	R_{11}、R_2	各 1	29	电池正负极簧片			1
13	电阻器	30kΩ、100kΩ	R_4、R_5	各 1	30	连接导线			4
14	电阻器	120kΩ、200kΩ	R_3、R_1	各 1	31	耳机插座	φ2.5mm	J	1
15	电位器	5kΩ（带开关插脚式）	R_P	1	32	双联及拔提螺钉	φ2.5×5		3
16	电解电容	0.47μF、10μF	C_6、C_3	各 1	33	电位器拨盘螺钉	φ1.6×5		1
17	电解电容	100μF	C_8、C_9	2	34	自攻螺钉	φ2×5		1

（3）S66D 全硅管六管超外差式收音机电路原理图及印制电路板图如图 5.44 和图 5.45 所示。

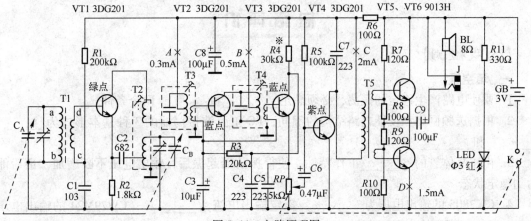

图 5.44　电路原理图

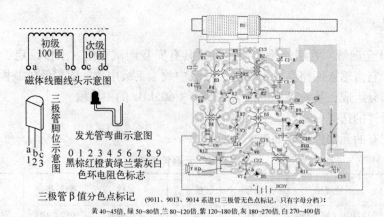

图 5.45　印制电路板图

四、实训步骤

1. 元器件的检测

装机之前，对所使用的每个元器件一一进行严格的检查，看看有没有遗漏或损坏的元器件。

2. 元器件的安装

先将四联、中周、滤波器按老师指点装在指定的位置，其次按照电路图将剩余的电阻、电容、电感等元器件焊到指定位置。插元件时，要注意电解电容的极性，以及三极管的引脚，防止插错。然后将电位器、耳机插孔安装在指定位置，并用烙铁焊好，要注意使电位器处于一个平面内。最后将扬声器和电源线焊好。

3. 统调（参考5.3节的【实践运用】部分）

五、操作要求

（1）文明规范操作，注意安全事项。

（2）按元件明细表将所需材料配齐，并进行检验。

（3）机壳及频率盘清洁完整，不得有划伤、烫伤及缺损。

（4）印制板安装整齐美观，焊接质量好、无损伤。

（5）整机安装合格，转动部分灵活，固定部分可靠，后盖松紧合适。

总结评价

【自我检测】

一、填空题

1. 要使电路产生稳定的振荡，必须满足_____和_____两个条件。

2. 根据选频网络和反馈电路结构的不同，LC 正弦波振荡器的 3 种基本形式为_____、_____和_____。

3. 由于晶体管的_____工作特性，使得振荡器起振后，输出电压不断增加，最后能达到稳定状态。

4. CW7805 的输出电压为_____，额定输出电流为_____；CW79M24 的输出电压为_____，额定输出电流为_____。

5. 开关稳压电源的调整管工作在＿＿＿＿＿＿＿＿＿状态，脉冲宽度调制型开关稳压电源依靠调节调整管的＿＿＿＿的比例来实现稳压。

6. 串联型稳压电路中比较放大电路的作用是将＿＿＿＿＿＿＿电压与＿＿＿＿电压的差值进行＿＿＿＿。

7. 无线通信中，信号的调制方式有＿＿＿＿、＿＿＿＿，相应的解调方式分别为＿＿＿＿＿、＿＿＿＿。

二、选择题

8. 电感三点式 LC 正弦波振荡器与电容三点式 LC 振荡器比较，其优点是（　　　）。

  A. 输出幅度较小　　　　　　　　B. 输出波形较好

  C. 易于起振，频率调节方便　　　D. 频率稳定度很高

9. 在正弦波振荡器中，放大器的主要作用是（　　　）。

  A. 保证振荡器满足振幅平衡条件能持续输出振荡信号

  B. 保证电路满足相位平衡条件

  C. 把外界的影响减弱

  D. 选频放大

10. 正弦波振荡器中正反馈网络的作用是（　　　）。

  A. 保证电路满足振幅平衡条件

  B. 提高放大器的放大倍数，使输出信号足够大

  C. 使某一频率的信号在放大器工作时满足相位平衡条件而产生自激振荡

  D. 减小失真

11. 正弦波振荡器中，选频网络的主要作用是（　　　）。

  A. 使振荡器产生一个单一频率的正弦波　　B. 使振荡器输出较大的信号

  C. 使振荡器有丰富的频率成分　　　　　　D. 使振荡器满足振幅平衡条件

12. 电容三点式 LC 正弦波振荡器与电感三点式 LC 正弦波振荡器比较，其优点是（　　　）。

  A. 电路组成简单　　　　　B. 输出波形较好

  C. 容易调节振荡频率　　　D. 容易起振

13. 调频收音机中频信号频率为（　　　）。

  A. 465kHz　　　B. 10.7MHz　　　C. 38MHz　　　D. 不能确定

三、计算分析题

14. 根据自激振荡条件判断如图 5.46 所示的电路能否产生自激振荡。

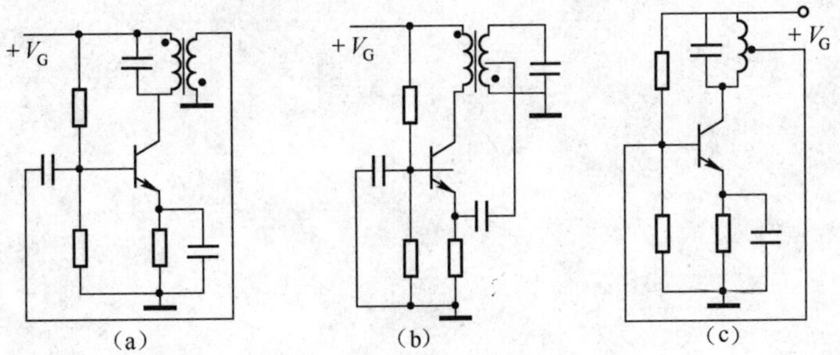

                             （a）　　　　　　　　　　　（b）　　　　　　　　　　　（c）

图 5.46　第 14 题图

15. 如图 5.47 所示，振荡电路中，$C_1 = C_2 = 500\text{pF}$，$L = 2\text{mH}$，试求：①该电路的振荡周期；②此振荡电路的名称。

16. 电路如图 5.48 所示，已知 $I_Q = 5\text{mA}$，试求输出电压 U_O。

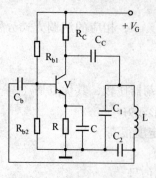

图 5.47 第 15 题图

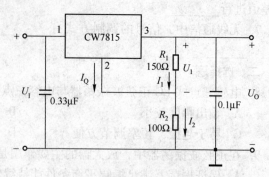

图 5.48 第 16 题图

【自我总结】

请反思在本章学习中你的收获和疑惑、写出你的体会和评价。

任务总结与评价表

内容		你的收获	你的疑惑
获得知识			
掌握方法			
习得技能			
学习体会			
学习评价	自我评价		
	同学互评		
	老师寄语		

第6章 数字电路基础

【学习建议】

通过本章的学习，你将获得数字信号和脉冲的基本知识，会用二进制、十六进制表示数，并能进行二进制、十进制、十六进制数之间的转换，能了解并使用 8421BCD 编码，能说出基本门电路（与门、或门、非门）和复合门电路（与非门、或非门、与或非门）的功能，会画它们的图形符号，会识别 TTL、CMOS 门电路的型号、引脚功能，并能测试其逻辑功能，还会运用逻辑代数的基本运算法则化简逻辑函数。

本章是数字电子技术的基础，有别于前面 5 章所学习的模拟电子技术。希望你能重视基础部分的学习，抓住数字电子技术的特点，联系实际，注重知识和技能的运用。

6.1 脉冲与数字信号

【问题呈现】

数字电视、数码相机、数码广场等，大家都耳熟能详了。但你知道"数码"、"数字"的含义吗？现代许多电子产品都采用了数字电子技术，由数字电路来处理数字信号。那么，什么是数字信号？数字电路又有什么特点呢？

【知识探究】 脉冲的基本概念

电子电路中有两种不同类型的信号，即模拟信号和数字信号，如图 6.1 所示。

模拟信号是指在时间和数值上都是连续变化的电信号。例如，模拟语言的音频信号、热电偶上得到的模拟温度的电压信号等，如图 6.1（a）所示。数字信号则是一种离散信号，它在时间上和幅值上都是离散的。也就是说，它们的变化在时间上是不连续的，只发生在一系列离散的时间上，如图 6.1（b）所示。

数字信号通常以脉冲的形式出现，"脉冲"是指脉动和短促的意思。我们所讨论的脉冲是指在短暂的时间内作用于电路的电压或电流，即电压脉冲或电流脉冲。实际上，一切具有突变部分的周期性或非周期性的电压或电流波形都称为脉冲。所以，从广义的角度来说，我们把各种非正弦电压或电流信号统称为脉冲信号。

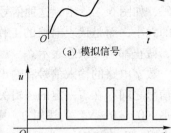

(a) 模拟信号

(b) 数字信号

图 6.1 模拟信号和数字信号

常见的脉冲信号波形如图 6.2 所示。

非理想的矩形脉冲波形是一种最常见的脉冲信号，如图 6.3 所示。下面以电压波形为例，介绍描述这种脉冲信号的主要参数。

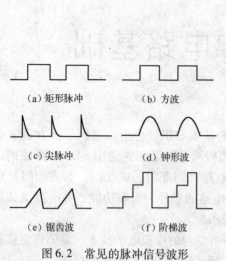

（a）矩形脉冲　　　（b）方波

（c）尖脉冲　　　　（d）钟形波

（e）锯齿波　　　　（f）阶梯波

图 6.2　常见的脉冲信号波形

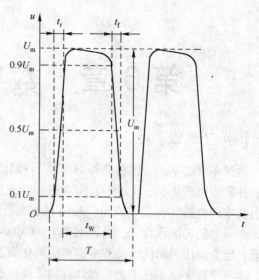

图 6.3　矩形脉冲电压波参数

（1）脉冲幅度 U_m：脉冲电压变化的最大值。

（2）脉冲上升沿时间 t_r：脉冲从 $0.1U_m$ 上升到 $0.9U_m$ 所经历的时间。

（3）脉冲下降沿时间 t_f：脉冲从 $0.9U_m$ 下降至 $0.1U_m$ 所经历的时间。

（4）脉冲宽度 t_w：脉冲的持续时间。通常取脉冲前、后沿上 $0.5U_m$ 处的时间间隔。

（5）脉冲周期 T：一个周期性的脉冲序列，两相邻脉冲重复出现的时间间隔叫脉冲周期，其倒数为脉冲重复频率 f，即 $f = 1/T$。

（6）占空比 D：脉冲宽度与脉冲周期之比称为占空比，即 $D = t_w/T$。占空比 $D = 1/2$ 的矩形波即为方波。

【技能方法】 数字信号的表示方法

通常把脉冲的出现或消失用 1 和 0 来表示，这样一串脉冲就变成了由一串 1 和 0 组成的代码，如图 6.4 所示，这种信号称为数字信号。需要注意的是数字信号的 0 和 1 并不表示数量的大小，而是代表电路的工作状态。例如，开关、二极管、三极管的导通都用 1 状态表示，截止都用 0 状态表示。

数字电路的输入信号和输出信号只有两种情况，不是高电平即为低电平，而且输出与输入信号之间存在着一定的逻辑关系。如图 6.5 所示，若规定高电平（3～5V）为逻辑 1，低电平（0～0.4V）为逻辑 0，则称为正逻辑；反之，若规定高电平（3～5V）为逻辑 0，低电平（0～0.4V）为逻辑 1，则称为负逻辑。

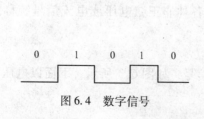

图 6.4　数字信号

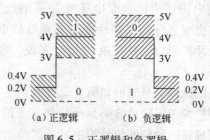

（a）正逻辑　　　（b）负逻辑

图 6.5　正逻辑和负逻辑

【实践运用】 数字电路的应用

数字电路有如下特点。

（1）数字电路中数字信号是用二值量来表示的，每一位数只有 0 和 1 两种状态。因此，凡是具有两个稳定状态的元件都可用做基本单元电路，故基本单元电路结构简单。

（2）由于数字电路采用二进制，所以能够应用逻辑代数这一工具进行研究。使数字电路除了能够对信号进行算术运算外，还具有一定的逻辑推演和逻辑判断等"逻辑思维"能力。

（3）由于数字电路结构简单，又允许元件参数有较大的离散性，因此便于集成化。而集成电路又具有使用方便、可靠性高、价格低等优点。因此，数字电路得到了越来越广泛的应用。

由于数字电路的一系列特点，使它在通信、自动控制、测量仪器等各个科学技术领域中都得到了广泛的应用。当代最杰出的科技成果——电子计算机，就是它最典型的应用例子。

【训练巩固】

一、填空题

1. 模拟信号是在时间上和数值上都_____的信号。

2. 脉冲信号是指极短时间内的_____电信号。

3. 凡是_____规律变化的，带有突变特点的电信号均称脉冲。

4. 数字信号是指在时间和数值上都是_____的信号，是脉冲信号的一种。

5. 常见的脉冲波形有，矩形波、_____、三角波、_____、阶梯波。

6. 一个脉冲的参数主要有_____、t_r、_____、_____、T、_____等。

7. 数字电路研究的对象是电路的_____之间的逻辑关系。

二、判断题

8. 数字电路与脉冲电路的研究对象是相同的。（   ）

9. 分析逻辑电路时，可采用正逻辑或者负逻辑，这不会改变电路的逻辑关系。（   ）

10. 逻辑电路中的"1"比"0"大。（   ）

11. 在数字电路中，高电平和低电平指的是一定的电压范围，并不是一个固定不变的数值。（   ）

6.2 数制与编码

【问题呈现】

知道烽火台吗？烽火也叫烽燧，是古代军情报警的一种表示方法，即敌人白天侵犯时就燃烟（烽），夜间来犯就点火（燧），以可见的烟气和光亮向各方报警。烽火台燃烟点火就表明敌人来犯，否则就表示平安无事，这是古人的智慧，也是一种表示事物非此即彼的两种状态的方法。

【知识探究】 数制

表示数值大小的各种计数方法称为计数体制，简称数制。

"逢十进一"的十进制是我们在日常生活中常用的一种计数体制，而数字电路中常采用二进制、十六进制。

1. 十进制

在日常生活中，我们通常用十进制数来记录事件的多少。在十进制数中，每一位可有 0 ~ 9 十个数码，所以计数的基数是 10。超过 9 的数必须用多位数表示，其中低位和相邻高位之间的关系是"逢十进一"，故称为十进制数。例如：

$$505.64 = 5 \times 10^2 + 0 \times 10^1 + 5 \times 10^0 + 6 \times 10^{-1} + 4 \times 10^{-2}$$

式中，每一个数码分别有一个系数 10^2、10^1、10^0、10^{-1}、10^{-2}，这个系数叫做权或位权。

任意一个十进制数可表示为

$$(N)_{10} = a_{n-1} \times 10^{n-1} + a_{n-2} \times 10^{n-2} + \cdots + a_1 \times 10^1 + a_0 \times 10^0 +$$
$$a_{-1} \times 10^{-1} + a_{-2} \times 10^{-2} + \cdots + a_{-m} \times 10^{-m}$$

式中，a_{n-1}，a_{n-2}，$\cdots$，a_1，a_0，a_{-1}，$\cdots$，a_{-m} 是十进制数 N 中各位的数码。10^{n-1}，10^{n-2}，$\cdots$，10^1，10^0，10^{-1}，$\cdots$，10^{-m} 是各位的权，10 是十进制的基数。

2. 二进制

二进制是在数字电路中应用最广泛的计数体制。它只有 0 和 1 两个符号。在数字电路中实现起来比较容易，只要使用能区分两种状态的元件即可实现，如三极管的饱和和截止，灯泡的亮与暗，开关的接通与断开等。

二进制数采用两个数字符号，所以计数的基数为 2。各位数的权是 2 的幂，它的计数规律是"逢二进一"。

任何一个二进制数均可展开为

$$(N)_2 = a_{n-1} \times 2^{n-1} + a_{n-2} \times 2^{n-2} + \cdots + a_1 \times 2^1 + a_0 \times 2^0 +$$
$$a_{-1} \times 2^{-1} + a_{-2} \times 2^{-2} + \cdots + a_{-m} \times 2^{-m}$$

式中，a_{n-1}，a_{n-2}，$\cdots$，a_1，a_0，a_{-1}，$\cdots$，a_{-m} 是二进制数 N 中各位的数码。2^{n-1}，2^{n-2}，$\cdots$，2^1，2^0，2^{-1}，$\cdots$，2^{-m} 是各位的权，2 是二进制的基数。

例 6.1 一个二进制数 $(N)_2 = (10101000)_2$，试求对应的十进制数。

解： $(N)_2 = (10101000)_2 = (1 \times 2^7 + 1 \times 2^5 + 1 \times 2^3)_{10} = (128 + 32 + 8)_{10} = (168)_{10}$

即 $(10101000)_2 = (168)_{10}$

上式中分别使用下脚注 2 和 10 表示括号里的数是二进制数还是十进制数。

由上例可见，十进制数 $(168)_{10}$，用了 8 位二进制数 $(10101000)_2$ 表示。如果十进制数数值再大些，位数就更多了，这样既不便于书写，也易于出错。因此，在数字电路中，也经常采用十六进制。

3. 十六进制

在十六进制数中，计数基数为 16，有 16 个数字符号 0、1、2、3、4、5、6、7、8、9、A、B、C、D、E、F。计数规律是"逢十六进一"。各位数的权是 16 的幂，任意一个十六进制数均可展开为

$$(N)_{16} = a_{n-1} \times 16^{n-1} + a_{n-2} \times 16^{n-2} + \cdots + a_1 \times 16^1 + a_0 \times 16^0 +$$
$$a_{-1} \times 16^{-1} + a_{-2} \times 16^{-2} + \cdots + a_{-m} \times 16^{-m}$$

例 6.2 求十六进制数 $(N)_{16} = (A8)_{16}$ 所对应的十进制数。

解： $(N)_{16} = (A8)_{16} = (10 \times 16^1 + 8 \times 16^0)_{10} = (160 + 8)_{10} = (168)_{10}$

即 $(A8)_{16} = (168)_{10}$

从例6.1和例6.2可以看出，用十六进制表示数要比二进制简单得多。因此，书写计算机程序时，广泛使用十六进制。

【技能方法】 不同数制间的相互转换

1. 二进制、十六进制数转换成十进制数

由例6.1和例6.2可知，只要将二进制、十六进制数按各位权展开，并把各位的加权系数相加，即可得相应的十进制数。

2. 十进制数转换成二进制数

（1）整数部分：可采用除2取余法，即用2不断地去除十进制数，直到最后的商等于0为止。将所得到的余数以最后一个余数为最高位，依次排列便得到相应的二进制数。

（2）小数部分：可以用乘2取整法，即用2去乘所要转换的十进制小数，并得到一个新的小数，然后再用2去乘这个小数，如此一直进行到小数为0或达到转换所要求的精度为止。首次乘2所得的积的整数位为二进制小数的最高位，最末次乘2所得积的整数位为二进制小数的最低位。

例6.3 将 $(23.125)_{10}$ 转换成二进制数。

解：

```
整数部分：           余数
  2 | 23 ……………… 1      ↑
  2 | 11 ……………… 1
  2 | 5  ……………… 1     （自上而下读取）
  2 | 2  ……………… 0
  2 | 1  ……………… 1
      0

小数部分：
    0.125
   × 2
   ─────────
    0.25 …………… 0
   × 2
   ─────────
    0.5 …………… 0      （自上而下读取）
   × 2
   ─────────
    1.0 …………… 1      ↓
```

所以，$(23.125)_{10} = (10\,111.001)_2$。

3. 二进制数与十六进制数之间的相互转换

因为4位二进制数正好可以表示 0～F 这16个数字，所以转换时可以从最低位开始，每4位二进制数分为一组，每组对应转换为一位十六进制数。最后不足4位时可在前面加0，然后按原来顺序排列就可得到十六进制数。

例6.4 试将二进制数 $(10101000)_2$ 转换成十六进制数。

解：
$$1010 \quad 1000$$
$$\downarrow \qquad \downarrow$$
$$A \qquad 8$$

即 $(10101000)_2 = (A8)_{16}$

反之，十六进制数转换成二进制数时，可将十六进制数的每一位，用对应的 4 位二进制数来表示。

例 6.5 试将十六进制数 $(A8)_{16}$ 转换成二进制数。

解：
$$A \qquad 8$$
$$\downarrow \qquad \downarrow$$
$$1010 \quad 1000$$

即 $(A8)_{16} = (10101000)_2$

【实践运用】 编码

用文字、符号、数码表示特定对象的过程叫做编码。用二进制代码表示有关对象的过程叫做二进制编码。在数字系统中，各种数据均要转换为二进制代码才能进行处理，然而数字系统的输入、输出仍采用十进制数，这样就产生了用 4 位二进制数表示一位十进制数的计数方法。这种用于表示十进制数的二进制代码称为二－十进制代码，简称 BCD 码（Binary Coded Decimal）。它具有二进制数的形式（可满足数字系统的要求），又具有十进制数的特点（只有 10 种数码状态有效）。

常见的 BCD 码表示方法有 8421BCD 码，这是一种最自然、最简单、使用最多的二－十进制码。8，4，2，1 表示二进制码从左到右各位的权。8421 码的权和普通二进制码的权是一样的。在 8421 码中，不允许出现 1010 ～ 1111 六种组合的二进制码，如表 6.1 所示为十进制数和 8421BCD 编码的对应关系表。8421 码与十进制数间的对应关系是直接按码组对应，即一个 n 位的十进制数，需用 n 个 BCD 码来表示，反之 n 个四位二进制码则表示 n 位十进制数。

8421BCD 码与十进制数的转换关系直观，相互转换也很简单。

将十进制数 75.4 转换为 8421BCD 码：

$(75.4)_{10} = (0111\ 0101.0100)_{8421\ BCD}$

将 8421BCD 码 1000 0101.0101 转换为十进制数：

$(1000\ 0101.0101)_{8421\ BCD} = (85.5)_{10}$

例 6.6 将十进制数 563.97 转换为 8421BCD 码，将 8421BCD 码 01101001、01011000 转换为十进制数。

解：$(563.97)_{10} = (0101\ 0110\ 0011.1001\ 0111)_{8421BCD}$

$(0110\ 1001.0101\ 1000)_{8421BCD} = (69.58)_{10}$

注意，同一个 8 位二进制代码表示的数，当认为它表示的是二进制数和认为它表示的是二进制编码的十进制数时，它的数值是不相同的。

例如，0001 1000，当把它视为二进制数时，其值为 24，但作为 2 位 8421BCD 码时，其值为 18。

表 6.1 十进制数和 8421BCD 编码的对应关系表

十 进 制 数	8421BCD 编码
0	0000
1	0001
2	0010
3	0011
4	0100
5	0101
6	0110
7	0111
8	1000
9	1001

又例如，0001 1100，如将其视为二进制数时，其值为 28，但不能当成 8421BCD 码，因为在 8421BCD 码中，它是个非法编码。

【训练巩固】

1. 将下列二进制数转换成十进制数。

（1）$(101011)_2$　　　　　　　　　　（2）$(11000)_2$

（3）$(1011.1011)_2$　　　　　　　　（4）$(011011)_2$

2. 将下列十进制数转换成二进制数。

（1）$(86)_{10}$　　　　　（2）$(138)_{10}$　　　　　（3）$(276)_{10}$

3. 将下列二进制数转换成十六进制数。

（1）$(101011)_2$　　　　　　　　　　（2）$(10110011)_2$

4. 将下列十六进制数转换成二进制数。

（1）$(1C)_{16}$　　　　　（2）$(B7)_{16}$　　　　　（3）$(D3)_{16}$

5. 将下列十进制数用 8421BCD 码表示。

（1）$(49)_{10}$　　　　　（2）$(362)_{10}$　　　　　（3）$(859)_{10}$

6. 将下列 8421BCD 码表示为十进制数。

（1）$(01101000)_{8421BCD}$　　　　　（2）$(100100010101)_{8421BCD}$

（3）$(001001111000)_{8421BCD}$　　　　（4）$(0101.0100)_{8421BCD}$

6.3　逻辑门电路

【问题呈现】

如图 6.6 所示的两种电路有什么不同？小灯泡各在什么情况下会亮？小灯泡的亮与暗和开关的状态有什么关系？

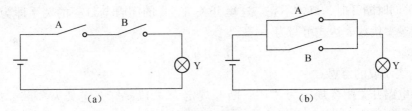

图 6.6　两种电路

【知识探究】基本逻辑门

数字电路的基本单元是逻辑门电路。所谓"逻辑"是指事件的前因后果所遵循的规律，如果把数字电路的输入信号看做"条件"，把输出信号看做"结果"，那么数字电路的输入与输出信号之间存在着一定的因果关系，即存在逻辑关系，能实现一定逻辑功能的电路称为逻辑门电路。

逻辑门电路由半导体开关元器件等组成，其电路的种类很多，基本逻辑门电路有与门、或门、非门，复合逻辑门电路有与非门、或非门、与或非门、异或门、同或门等。

一、与逻辑门

与运算又叫逻辑乘，可以通过如图 6.6（a）所示的电路来说明，开关 A 与 B 是串联的关系。从电路图上很容易看出，若要灯亮，条件是开关 A、B 全都接通。只要有一个开关不接通，灯就不会亮。这里开关 A、B 的闭合与灯亮的关系即为逻辑"与"的关系，其逻辑代数表达式可写为

$$Y = A \cdot B$$

其中"·"表示与的意思，一般情况下可以简写为 $Y = AB$。

假设将电路开关闭合规定为"1"，断开规定为"0"，灯亮定义为"1"，灯灭定义为"0"，那么电路中因变量 Y 与自变量 A、B 的逻辑关系有以下 4 种情况：

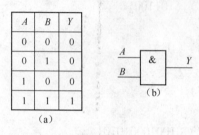

图 6.7　与运算真值表和
与门逻辑符号

$$Y = A \cdot B = AB \rightarrow \begin{cases} 0 = 0 \cdot 0 \\ 0 = 0 \cdot 1 \\ 0 = 1 \cdot 0 \\ 1 = 1 \cdot 1 \end{cases}$$

上式描述了"与"运算的运算规则，即"有 0 出 0，全 1 出 1"。可以将上式中的 4 种情况用表格的形式表示出来，如图 6.7（a）所示，这种表通常称为真值表。

实现与运算的电路称为与门，与门逻辑符号如图 6.7（b）所示。

二、或逻辑门

或运算又叫逻辑加，同样可以通过如图 6.6（b）所示的电路加以说明，开关 A 和 B 是并联关系。从电路图上很容易看出，若要灯亮，条件是开关 A、B 至少有一个接通。只有当 A、B 两开关同时断开时，灯才不亮。这里开关 A、B 的闭合与灯亮的关系即为逻辑"或"的关系。其逻辑代数表达式可写为

$$Y = A + B$$

其中" + "表示或的意思。

假设将电路开关闭合规定为"1"，断开规定为"0"，灯亮定义为"1"，灯灭定义为"0"，那么电路中因变量 Y 与自变量 A、B 的逻辑关系有以下 4 种情况：

$$Y = A + B \rightarrow \begin{cases} 0 = 0 + 0 \\ 1 = 0 + 1 \\ 1 = 1 + 0 \\ 1 = 1 + 1 \end{cases}$$

上式描述了"或"运算规则，即"有 1 出 1，全 0 出 0"。如图 6.8（a）所示为或运算的真值表。

实现或逻辑运算的电路叫或门，或门的逻辑符号如图 6.8（b）所示。

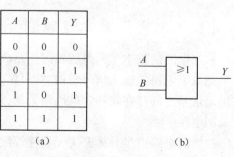

A	B	Y
0	0	0
0	1	1
1	0	1
1	1	1

（a）　　　　　　（b）

图 6.8　或运算真值表和或门逻辑符号

三、非逻辑门

非运算即反相运算，如图 6.9（a）所示的电路可以说明非逻辑关系。电路中开关 A 合上，灯就不亮；A 打开，灯反而亮。这里开关的闭合与灯亮的关系为非逻辑关系。非运算用表达式表示为

$$Y = \overline{A}$$

非逻辑运算规则：$A = 0$ 时，$Y = 1$；$A = 1$ 时，$Y = 0$。实现非逻辑的电路叫做非门。图 6.9（b）和（c）分别为非运算的真值表及非门的逻辑符号。

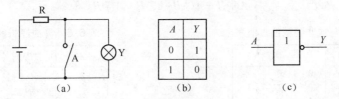

图 6.9　非运算逻辑关系的表示

四、复合逻辑门

实际的逻辑问题往往比与、或、非复杂得多，不过它们都可以用与、或、非的组合来实现。最常见的复合逻辑运算有与非、或非、与或非、异或、同或等。表 6.2 到表 6.6 给出了这些复合逻辑运算的真值表。图 6.10 是它们的图形逻辑符号和逻辑表达式。

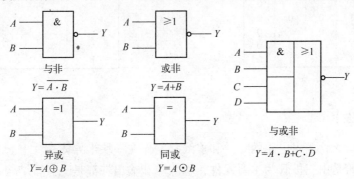

图 6.10　复合逻辑的图形符号和运算符号

由表 6.2 可见，与非运算可以看做是与运算和非运算的组合。

由表 6.3 可见，或非运算可以看做是或运算和非运算的组合。

表 6.2　与非逻辑的真值表

A	B	Y
0	0	1
0	1	1
1	0	1
1	1	0

表 6.3　或非逻辑的真值表

A	B	Y
0	0	1
0	1	0
1	0	0
1	1	0

在与或非逻辑中，A、B 之间及 C、D 之间都是与的关系，只要 A、B 或 C、D 任何一组同时为 1，输出 Y 就是 0。只有当每一组输入都不全是 1 时，输出 Y 才是 1。

在异或逻辑中，当 A、B 不同时，输出 Y 为1；当 A、B 相同时，输出 Y 为0。异或也可以用与、或、非的组合表示为

$$A \oplus B = A \cdot \bar{B} + \bar{A} \cdot B$$

同或和异或相反，当 A、B 相同时，Y 等于1；当 A、B 不同时，Y 等于0。同或也可以写成与、或、非的组合形式为

$$A \odot B = A \cdot B + \bar{A} \cdot \bar{B}$$

而且，由表6.5和表6.6可见，异或和同或互为反运算，即

$$A \oplus B = \overline{A \odot B}; A \odot B = \overline{A \oplus B}$$

表6.4　与或非逻辑的真值表

A	B	C	D	Y
0	0	0	0	1
0	0	0	1	1
0	0	1	0	1
0	0	1	1	0
0	1	0	0	1
0	1	0	1	1
0	1	1	0	1
0	1	1	1	0
1	0	0	0	1
1	0	0	1	1
1	0	1	0	1
1	0	1	1	0
1	1	0	0	0
1	1	0	1	0
1	1	1	0	0
1	1	1	1	0

表6.5　异或逻辑的真值表

A	B	Y
0	0	0
0	1	1
1	0	1
1	1	0

表6.6　同或逻辑的真值表

A	B	Y
0	0	1
0	1	0
1	0	0
1	1	1

【技能方法】

集成逻辑门电路将逻辑电路的元件和连线都制作在一块半导体基片上。

集成门电路若是由三极管为主要元件，输入端和输出端都是三极管结构，则这种电路称为三极管－三极管逻辑电路，简称 TTL 电路。TTL 电路具有运行速度较高、负载能力较强、工作电压较低、工作电流较大等特点。

由 P 型和 N 型绝缘栅场效晶体管组成的互补型集成电路，简称为 CMOS 电路。CMOS 电路具有集成度高、功耗低和工作电压范围较宽等特点。

一、TTL 门电路

74 系列集成电路是应用较广的通用数字逻辑门电路，它包含各种 TTL 门电路和其他逻辑功能的电路。

1. 型号的规定

按现行国家标准规定，TTL 集成电路的型号由五部分构成，现以 CT74LS00CP 为例说明型号意义。

第一部分是字母 C，表示符合中国国家标准。

第二部分表示器件的类型，T 代表 TTL 电路。

第三部分是器件系列和品种代号。74 表示国家通用 74 系列，54 表示军用产品系列；L 表示低功耗，S 表示肖特基，即采用了所谓抗饱和技术，LS 表示低功耗肖特基系列；00 表示品种代号。

第四部分用字母表示器件的工作温度，C 为 0°C ～ 70°C，G 为 –25°C ～ 70°C，L 为 –25°C ～ 85°C，E 为 –40°C ～ 85°C，R 为 –55°C ～ 85°C。

第五部分用字母表示器件封装，P 表示塑封双列直插式，J 表示黑瓷封装。

CT74LS××有时简称或简写为 74LS××或 LS××。

2. 引脚读识

TTL 集成电路通常是双列直插式外形，如图 6.11 所示。根据功能不同，一般有 8 ～ 24 个引脚，引脚编号判读方法是把凹槽标志置于左方，引脚向下，逆时针自下而上顺序排列。

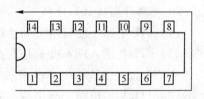

图 6.11　TTL 引脚编号排列

例如，74LS00 为 2 输入四与非门，内含有 4 个与非门，每个与非门有 2 个输入端，1 个输出端，其引脚排列如图 6.12（a）所示。又如 74LS10 为 3 输入三与非门集成电路，内含有 3 个与非门，其引脚排列如图 6.12（b）所示。

3. 常用 TTL 门电路

应用较多的 74LS 系列集成门电路的型号及功能如表 6.7 所示。

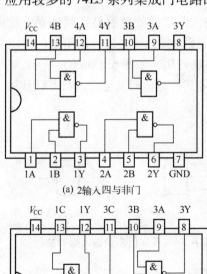

(a) 2输入四与非门

(b) 3输入 三与非门

图 6.12　TTL 与非门引脚排列图

表 6.7　常用的 74LS 系列 TTL 集成电路

型 号 规 格	性 能 说 明
74LS00	2 输入四与非门
74LS02	2 输入四或非门
74LS04	六反相器
74LS08	2 输入四与门
74LS10	3 输入三与非门
74LS11	3 输入三与门
74LS14	六反相器（施密特触发）
74LS20	4 输入双与非门
74LS21	4 输入双与门
74LS27	3 输入三或非门
74LS30	8 输入与非门
74LS32	2 输入四或门

4. TTL 门电路的使用规则

1）对电源的要求

（1）TTL 集成电路对电源要求比较严格，当电源电压超过 5.5V 时，器件将损坏；若电源电压低于 4.5V，器件的逻辑功能将不正常。因此 TTL 集成电路的电源电压应满足 5V ±0.5V。

（2）考虑到电源接通瞬间及电路工作状态高速转换时都会使电源电流出现瞬态尖峰值，该电流在电源线与地线上产生的压降将引起噪声干扰，为此在 TTL 集成电路电源和地之间接 0.01μF 的高频滤波电容，在电源输入端接 20 ～ 50μF 的低频滤波电容，以有效地消除电源线上的噪声干扰。

（3）为了保证系统的正常工作，必须保证 TTL 电路具有良好的接地。

2）电路外引线端的连接

（1）TTL 电路不能将电源和地接错，否则将烧毁集成电路。

（2）TTL 各输入端不能直接与高于 +5.5V 或低于 -0.5V 的低内阻电源连接，因为低阻电源会产生较大电流而烧坏电路。

（3）TTL 集成电路的输出端不能直接接地或直接接 +5V 电源，否则将导致器件损坏。

（4）TTL 集成电路的输出端不允许并联使用（集电极开路门和三态门除外），否则将损坏集成电路。

（5）当输出端接容性负载时，电路从断开到接通瞬间会有很大的冲击电流流过输出管，导致输出管损坏。为此，应在输出端串接一个限流电阻。

3）多余输入端的处理

（1）与门、与非门 TTL 电路多余输入端可以悬空，但这样处理容易受到外界干扰而使电路产生错误动作，为此可以将其多余输入端直接接电源 V_{CC}，或通过一定阻值的电阻接电源 V_{CC}，如图 6.13（a）所示。也可以将多余输入端并联使用，如图 6.13（b）所示。

（2）或门、或非门的多余输入端不能悬空，可以将其接地或与其他输入端并联使用，如图 6.14 所示。

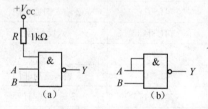

图 6.13　与非门多余输入端的处理

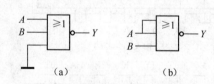

图 6.14　或非门多余输入端的处理

二、CMOS 门电路

1. 种类

40 系列的 CMOS 电路主要有以下 3 个子系列的产品。

1）4000 系列

该类数字集成电路为国际通用标准系列，是 20 世纪 80 年代 CMOS 代表产品之一，其特点是电路功耗很小，价格低，但工作速度较低。4000 系列数字集成电路品种繁多，功能齐全，现仍被广泛使用。

2）40H××系列

该系列数字集成电路为国际 CC40H×× 系列，其特点是工作速度较快，但品种较少，引脚功能与同序号的 74 系列 TTL 集成电路相同。

3）74HC××系列

该系列数字集成电路是目前 CMOS 产品中应用最广泛的品种之一，性能比较优越，功耗低，工作速度快，引脚功能与同序号的 74 系列 TTL 集成电路相同。

2. 型号的规定

CMOS 集成电路的型号由五部分构成，现以 CC4066EJ 为例说明型号意义。

第一部分是字母 C，表示符合中国国家标准。

第二部分表示器件的类型，C 代表 CMOS 电路。

第三部分是器件系列和品种代号，4066 表示该集成电路为 4000 系列四双向开关电路。

第四部分用字母表示器件的工作温度，C 为 $0°C \sim 70°C$，G 为 $-25°C \sim 70°C$，L 为 $-25°C \sim 85°C$，E 为 $-40°C \sim 85°C$，R 为 $-55°C \sim 85°C$。

第五部分用字母表示器件封装，P 表示塑封双列直插式，J 表示黑瓷封装。

3. 引脚读识

CMOS 集成电路通常是双列直插式外形，引脚编号判读方法与 TTL 电路相同。例如，CC4001 是一种常用的 2 输入四或非门，内含有 4 个或非门，采用 14 脚双列直插塑料封装，其引脚功能如图 6.15 所示。

4. 常用 CMOS 门电路

应用较多的 4000 系列集成门电路的型号及功能如表 6.8 所示。

表 6.8 常用的 4000 系列 CMOS 集成电路

型号规格	性能说明
CC4082	4 输入双与门
CC4075	3 输入三或门
CC4011	2 输入四与非门
CC4002	4 输入双或非门
CC4069	六反相器
CC4085	2－2 输入双与或非门
CC4012	4 输入双与非门
CC4071	2 输入四或门
CC4072	4 输入双或门

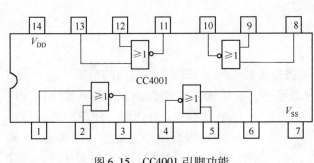

图 6.15 CC4001 引脚功能

5. CMOS 门电路的使用规则

1）对电源的要求

（1）CMOS 电路可以在很宽的电源电压范围内正常工作，但电源电压不能超过最大极限电压。

（2）CMOS 门电路的电源极性不能接反，否则会造成器件损坏。

2）对输入端的要求

（1）输入信号的电压必须在 $V_{SS} \sim V_{DD}$ 之间。

（2）每个输入端的电流应不超过 1mA，必要时应在输入端串接限流电阻。

（3）多余的输入端不允许悬空，与门及与非门的多余端应接至 V_{DD} 或与其他输入端并联使用，如图 6.16 所示。或门和或非门的多余端应将其接地或与其他输入端并联使用，如图 6.17 所示。

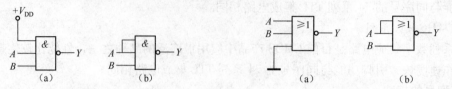

图 6.16　CMOS 与非门多余输入端处理　　　图 6.17　CMOS 或非门多余输入端处理

3）对输出端的要求

（1）CMOS 集成电路的输出端不允许直接接 V_{DD} 或 V_{SS}，否则将导致器件损坏。

（2）CMOS 集成电路的输出端接容量较大的容性负载时，必须在输出端与负载电容间串接一个限流电阻，将瞬态冲击电流限制在 10mA 以下。

（3）为增加 CMOS 门电路的驱动能力，同一芯体上的几个电路可以并联使用，不在同一芯体上的不可以这样使用。

4）操作规则

静电击穿是 CMOS 电路失效的主要原因，在实际使用时应遵守以下保护原则。

（1）在防静电材料中储存或运输。

（2）组装、调试时，应使电烙铁和其他工具、仪表、工作台台面等良好接地。操作人员的服装和手套等应选用无静电的原料制作。

（3）电源接通期间不应在测试座上插入或拔出器件。

（4）调试电路时，应先接通线路板电源，后接通信号源；断电时应先断开信号源，后断开线路板电源。

【实践运用】门电路应用实例

1．用与门控制的报警器

如图 6.18 所示是用与门控制的住宅防盗报警器电路示意图。当与门的报警控制开关 A 为低电平时（处于 OFF 状态），输出 L 为低电平，不受输入 B 的控制，报警器输出固定电平，喇叭不响。外出时，使与门的报警控制开关 A 为高电平（处于 ON 状态），输出 L 受输入 B 的控制；房门关闭时，使输入 B 为低电平，输出 L 仍为低电平，报警器输出仍为固定电平，喇叭不响；外人开门闯入时，使输入 B 为高电平，输出 L 变成高电平，VT 导通，报警器输出为振荡信号，喇叭发出报警声。

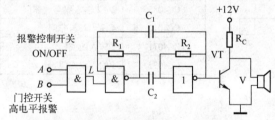

图 6.18　与门控制的报警器示意图

2．用门电路直接驱动显示器

在数字电路中，往往需要用发光二极管显示信息的传输，如简单的逻辑器件的状态、七段数码等。

如图 6.19 所示表示 CMOS 反相器 74HC04 驱动一个发光二极管 LED，电路中串接了一个限流电阻 R 以保护 LED。

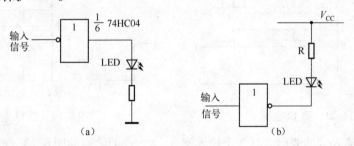

图 6.19　CMOS 反相器 74HC04 驱动 LED 的电路

【训练巩固】

一、填空题

1. 门电路中最基本的逻辑门是_____、_____和_____。

2. 数字集成电路按制造工艺不同，可分为_____和_____两大类。

3. CMOS 管的_____极阻值高，CMOS 管的多余脚不允许悬空，否则易产生干扰信号，或因静电损坏集成块。

4. TTL 集成电路的电源电压一般为_____ V，TTL 集成电路的输出_____直接接地或电源正极。

5. 如图 6.20（a）所示逻辑门电路的输出是_____电平。

6. 如图 6.20（b）所示逻辑门电路对应的函数式是_____。

7. 如图 6.20（c）所示逻辑门电路对应的函数式是_____。

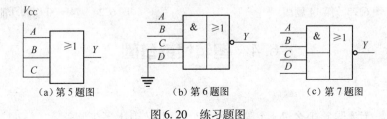

(a) 第 5 题图　　　(b) 第 6 题图　　　(c) 第 7 题图

图 6.20　练习题图

二、判断题

8. 逻辑是指事物的"因"、"果"规律，逻辑电路所反映的是输入状态（因）和输出状态（果）之间逻辑关系的电路。（　　　）

9. 用 4 位二进制数码来表示 1 位十进制数的编码称为 BCD 码。（　　　）

10. 在非门电路中，输入为高电平时，输出则为低电平。（　　　）

11. 与门的逻辑功能可以理解为输入端有"0"，则输出端必为"0"，只有当输入端全为"1"时，输出端才为 1。（　　　）

三、综合分析题

12. 与门 2 个输入端 A、B 的波形如图 6.21（b）所示，试画出输出端 Y 的波形。

13. 有一个 3 输入端的与非门，其 3 个输入端 A、B、C 的波形如图 6.22（b）所示，试画出输出端 Y 的波形。

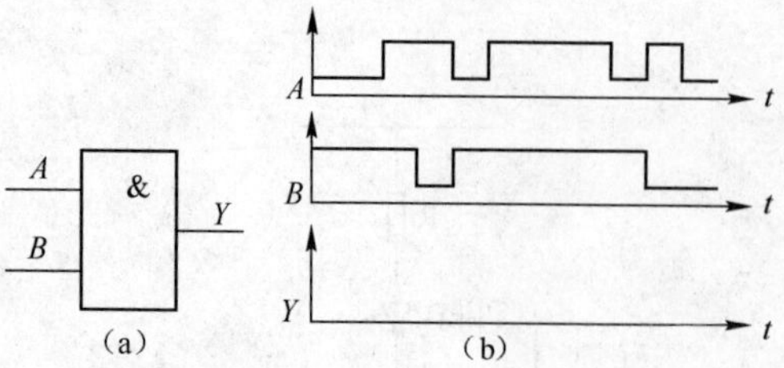

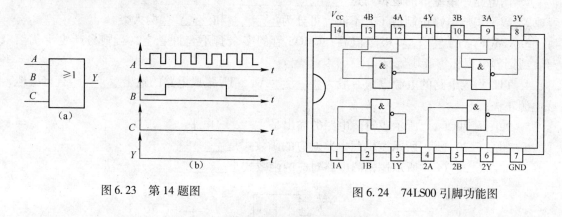

图 6.21　第 12 题图

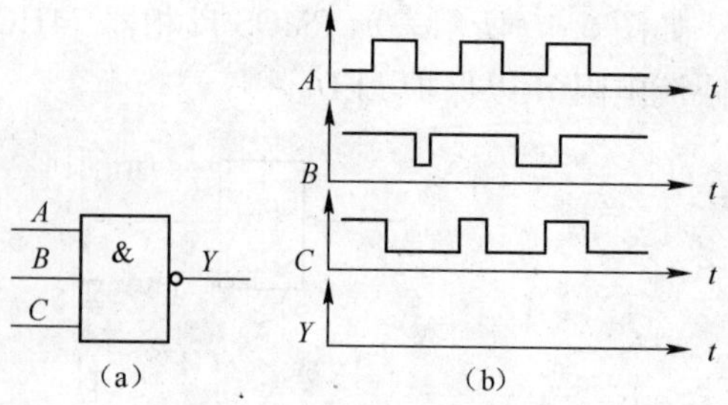

图 6.22　第 13 题图

14. 一个 3 输入端的或门，其 3 个输入端 A、B、C 的波形如图 6.23（b）所示，试画出输出端 Y 的波形。

四、作图题

15. 采用与非门集成电路 74LS00（见图 6.24）实现 $Y = \overline{AB} \cdot \overline{CD}$，使用 5V 的稳压电源，试画出集成电路引脚的接线图。

图 6.23　第 14 题图

图 6.24　74LS00 引脚功能图

*6.4　逻辑代数基础

【问题呈现】

$1+1$ 一定等于 2 吗？那么 $A+A$ 等于多少？$A+1$ 又等于多少呢？

【知识探究】逻辑代数中的基本运算法则

逻辑代数有自己的运算规则，下面介绍逻辑代数的基本定律和公式。

1. 逻辑代数的基本公式

$$A + 0 = A \qquad A \cdot 1 = A$$
$$A + 1 = 1 \qquad A \cdot 0 = 0$$
$$A + A = A \qquad A \cdot A = A$$
$$A + \overline{A} = 1 \qquad A \cdot \overline{A} = 0$$
$$\overline{\overline{A}} = A$$

2. 逻辑代数的基本定律

交换律　　$A + B = B + A$　　　　　　　$A \cdot B = B \cdot A$

结合律　　　$(A+B)+C=A+(B+C)$　　$(A \cdot B) \cdot C=A \cdot (B \cdot C)$

分配律　　　$A+BC=(A+B)(A+C)$　　$A \cdot (B+C)=A \cdot B+A \cdot C$

反演律(又称摩根定律)　$\overline{A+B}=\overline{A} \cdot \overline{B}$　　　$\overline{A \cdot B}=\overline{A}+\overline{B}$

吸收律　　　$A+A \cdot B=A$

$$A+\overline{A}B=A+B$$

$$AB+\overline{A}C+BC=AB+\overline{A}C$$

要证明上述公式,只需列出公式两边表达式的真值表即可。

【技能方法】逻辑函数的公式化简方法

逻辑函数式越简单,实现这个逻辑函数所需要的逻辑电路就越少。为此,经常需要通过化简的手段找出逻辑函数的最简形式。我们规定,若函数中包含的乘积项已经最少,而且每个乘积项里的因子也不能再减少时,则称此函数式为最简函数式。常见的化简法有公式化简法。

公式法化简的原理是,反复使用逻辑代数的基本公式和基本定律消去函数式中多余的乘积项和多余的因子,以求得函数式的最简形式。公式化简法常用的方法有以下几种。

1. 并项法

根据公式 $AB+A\overline{B}=A$ 可以将两项合并为一项,并消去 B 和 $\overline{B}$ 这一对因子。

例 6.7　试用并项法化简下列函数式。

$$Y_1=A\overline{B}CD+A\overline{\overline{B}CD}$$

$$Y_2=A\overline{B}+ACD+\overline{A}\,\overline{B}+\overline{A}CD$$

解:

$$Y_1=A(\overline{B}CD+\overline{\overline{B}CD})=A$$

$$Y_2=A(\overline{B}+CD)+\overline{A}(\overline{B}+CD)=\overline{B}+CD$$

2. 吸收法

利用公式 $A+AB=A$ 可将 AB 项消去。

例 6.8　试用吸收法化简下列函数。

$$Y_1=AB+ABC+ABD$$

$$Y_2=AB+AB\overline{C}+ABD+AB(\overline{C}+\overline{D})$$

解:

$$Y_1=AB$$

$$Y_2=AB+AB[\overline{C}+D(\overline{C}+\overline{D})]=AB$$

3. 消项法

根据公式 $AB+\overline{A}C+BC=AB+\overline{A}C$ 可将 BC 项消去。A 和 B 可以代表任何复杂的逻辑式。

例 6.9　用消项法化简下列逻辑函数。

$$Y_1=AC+A\overline{B}+\overline{B}+C$$

$$Y_2=\overline{A}\,\overline{B}C+ABC+\overline{A}B\overline{D}+A\overline{B}\,\overline{D}+A\,\overline{B}C\overline{D}+BC\overline{D}E$$

解:

$$Y_1=AC+A\overline{B}+\overline{B}\,\overline{C}=AC+\overline{B}\,\overline{C}$$

$$Y_2 = (\overline{A}\,\overline{B} + AB)C + (\overline{A}B + A\overline{B})\overline{D} + BC\overline{D}(\overline{A} + \overline{E})$$

$$= (\overline{A \oplus B})C + (A \oplus B)\overline{D} + C\overline{D}[B(\overline{A} + \overline{E})]$$

$$= (\overline{A \oplus B})C + (A \oplus B)\overline{D}$$

4. 消因子法

利用公式 $A + \overline{A}B = A + B$ 可将 $\overline{A}B$ 中的 $\overline{A}$ 消去。A、B 均可以是任意复杂的逻辑式。

例 6.10 试利用消因子法化简下列逻辑函数。

$$Y_1 = \overline{B} + ABC$$

$$Y_2 = A\overline{B} + B + A\overline{B}$$

$$Y_3 = AC + \overline{A}D + \overline{C}D$$

解：

$$Y_1 = \overline{B} + ABC = \overline{B} + AC$$

$$Y_2 = A\overline{B} + B + A\overline{B} = A + B + \overline{A}B = A + B$$

$$Y_3 = AC + \overline{A}D + \overline{C}D = AC + (\overline{A} + \overline{C})D = AC + \overline{AC}D = AC + D$$

5. 配项法

根据 $A + A = A$ 可以在逻辑函数式中重复写入某一项，以获得更加简单的化简结果。

例 6.11 试化简逻辑函数 $Y = \overline{A}B\,\overline{C} + \overline{A}BC + ABC$。

解： 若在式中重复写入 $\overline{A}BC$，则可得到

$$Y = (\overline{A}B\,\overline{C} + \overline{A}BC) + (\overline{A}BC + ABC)$$

$$= \overline{A}B(\overline{C} + C) + BC(\overline{A} + A)$$

$$= \overline{A}B + BC$$

此外，还可以根据 $A + \overline{A} = 1$ 将式中的某一项乘以 $(A + \overline{A})$，然后拆成两项分别与其他项合并，以求得更简化的结果。

从上面的例子中可以发现，用公式化简法需要记住许多公式，且要有一定的技巧。

【实践运用】逻辑函数的表示方法

常用的逻辑函数表示方法有逻辑真值表（简称真值表）、逻辑函数式、逻辑图、卡诺图 4 种。它们各有特点，而且可以相互转换。

1. 逻辑真值表

将输入变量的所有取值组合起来把对应的输出值找出来，列成表格，即可得到真值表。前面介绍的复合逻辑函数就是根据其逻辑关系写出真值表的具体例子。

2. 逻辑函数式

把输出与输入之间的逻辑关系写成与、或、非等运算的组合形式，即逻辑代数式，就得到了所需的逻辑函数式。

逻辑函数式可根据已知的真值表，把 $Y = 1$ 的项挑出来，其对应的变量取值为 0 的用反变量，变量取值为 1 的用原变量，组成与项，最后将各组的与项相加，从而写出逻辑表达式。

如图 6.25 所示是一个举重裁判电路。比赛规则规定，在一名主裁判和两名副裁判中，

必须有两人以上（而且必须包括主裁判）认定运动员的动作合格，试举才算成功。比赛时主裁判掌握着开关 A，两名副裁判分别掌握着开关 B 和开关 C。当运动员举起杠铃时，裁判认为动作合格了就合上开关，否则不合。若以 1 表示开关闭合，0 表示开关断开；以 1 表示灯亮，以 0 表示灯暗，则指示灯 Y 与开关 A、B、C 之间的函数关系可用真值表表示，如表6.9 所示。

根据真值表得到的输出函数表达式为

$$Y = A\overline{B}C + AB\overline{C} + ABC$$

3. 逻辑图

将逻辑函数中各变量之间的逻辑关系用与、或、非等逻辑符号表示出来，就可以画出表示函数关系的逻辑图。

例6.12　试画出函数 $Y = \overline{A}B + A\overline{B}$ 的逻辑图。

解： A 与 B 之间都是与运算，可以用与门实现，其中反变量 $\overline{A}$，$\overline{B}$ 可通过非门求反后取得。$\overline{A}B$、$A\overline{B}$ 之间是或运算，可以用或门实现。因此，可画出如图6.26 所示的逻辑图。

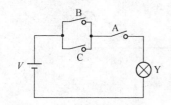

图 6.25　举重裁判电路图

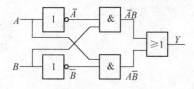

图 6.26　$Y = \overline{A}B + A\overline{B}$ 的逻辑图

表6.9　电路的真值表

输　　入			输　　出
A	B	C	Y
0	0	0	0
0	0	1	0
0	1	0	0
0	1	1	0
1	0	0	0
1	0	1	1
1	1	0	1
1	1	1	1

4. 卡诺图

卡诺图实际上是真值表的一种特定的图形，在这里不做介绍。

【训练巩固】

一、证明题

1. 用公式法证明下列等式：

（1）$A\overline{B}\,\overline{C} + A\overline{B}C + AB\overline{C} + ABC + \overline{A}\overline{B}C + A\,\overline{C} = A + C$；

（2）$(A + B)(\overline{A} + B) = B$；

（3）$AB + \overline{A}C + BCD + A = A + C$；

（4）$(\overline{A} + \overline{B} + \overline{C})(B + \overline{B}C + \overline{C})(\overline{D} + DE + \overline{E}) + ABC = 1$。

二、化简题

2. 用公式法化简下列逻辑函数式：

（1）$Y_1 = A\overline{B} + B + BCD$；

（2）$Y_2 = \overline{AB}\,\overline{C} + A + \overline{B} + C$；

（3）$Y_3 = AB + \overline{A}\,\overline{C} + B\overline{C}$；

（4）$Y_4 = A(\overline{A} + B)(\overline{A} + \overline{B}) + (\overline{A} + \overline{B})\overline{C} + \overline{AB}$；

（5）$Y_5 = A\overline{B}(A + B)(\overline{AD + \overline{B}\,\overline{C} + \overline{A}CD})$。

三、综合分析题

3. 电路如图 6.27 所示，假设开关闭合用 1 表示，开关断开用 0 表示；电灯点亮用 1 表示，电灯熄灭用 0 表示。试列出电灯 Y 与开关 A、B、C 状态关系的真值表，并写出电灯 Y 点亮的逻辑表达式。

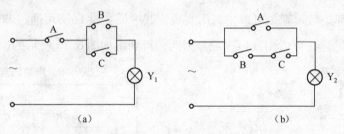

图 6.27　第 3 题图

实验实训　基本逻辑电路的功能检测

一、训练目标

（1）会测试 TTL 集成电路 74LS00 的逻辑功能。

（2）会测试 CMOS 集成电路 CC4001 的逻辑功能。

（3）掌握逻辑集成电路多余输入端的处理方法。

二、训练器材

（1）直流稳压电源。

（2）万用表。

（3）集成电路 74LS00 和 CC4001 各一块，引脚功能如图 6.28 和图 6.29 所示。

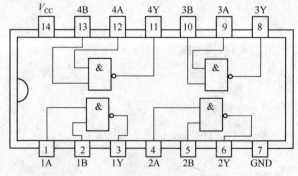

图 6.28　74LS00 引脚

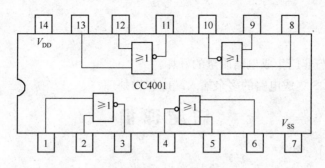

图 6.29　CC4001 引脚

三、训练内容与步骤

1. TTL 与非门功能的简单测试方法

（1）74LS00 接通 +5V 电源（14 引脚接电源正极，7 引脚接电源负极）。

（2）用万用表直流电压挡测量与非门输出端电压（3、6、8、11 引脚对地的电压）。输出低电平为 0 状态，输出高电平为 1 状态。

（3）74LS00 的输入端通过 $1k\Omega$ 电阻接正电源 $+V_{CC}$ 为逻辑高电平输入，即 1 状态；输入端用导线短路至地为逻辑低电平，即 0 状态。按表 6.10 的要求输入信号，用万用表直流电压挡测出相应的输出逻辑电平，并将结果记录于表中。

表 6.10　74LS00 与非门逻辑功能测试

G_1 门			G_2 门			G_3 门			G_4 门		
A_1	B_1	Y_1	A_2	B_2	Y_2	A_3	B_3	Y_3	A_4	B_4	Y_4
1			0	1		0	1		0	1	
0			1	0		1	0		1	0	
1			1	1		1	1		1	1	
0			0	0		0	0		0	0	

2. CMOS 或非门功能测试

（1）CC4001 接通 +10V 电源（14 引脚接电源正极，7 引脚接电源负极）。

（2）用万用表直流电压挡测量或非门输出端电压（3、4、10、11 引脚对地的电压）。

（3）输入端通过 $1k\Omega$ 电阻接正电源 $+V_{DD}$ 为 1 状态，输入端接地为 0 状态。按表 6.11 的要求输入信号，测出相应的输出逻辑电平，并将结果记录于表中。

为了防止损坏元器件，注意 CMOS 集成电路或非门多余输入端不可悬空，应接地。

表 6.11　CC4001 或非门逻辑功能测试

G_1 门			G_2 门			G_3 门			G_4 门		
A_1	B_1	Y_1	A_2	B_2	Y_2	A_3	B_3	Y_3	A_4	B_4	Y_4
1			0	1		0	1		0	1	
0			1	0		1	0		1	0	
1			1	1		1	1		1	1	
0			0	0		0	0		0	0	

四、思考与讨论

（1）如何检测与非门集成电路质量的好坏？

（2）TTL、CMOS 集成电路的多余输入端应怎样处理？

总 结 评 价

【自我检测】

一、填空题

1. 模拟信号是在时间上和数值上都是_____的信号。

2. 脉冲信号是指极短时间内的_____电信号。

3. 凡是_____规律变化的，带有突变特点的电信号均称脉冲。

4. 数字信号是指在时间和数值上都是_____的信号，是脉冲信号的一种。

5. 常见的脉冲波形有，矩形波、_____、三角波、_____和阶梯波。

6. 数字电路研究的对象是电路的_____之间的逻辑关系。

7. 二进制数只有两个数码 0 和 1，其进位规律为_____。

8. 将十进制数转换为二进制数，整数部分采用_____法。

9. 将二进制数转换为十六进制数的方法是每_____位二进制数分别转换为 1 位十六进制数。

10. "与" 运算中，所有输入与输出的关系是有 0 出 0，全 1 出_____。

11. "或" 运算中，所有输入与输出的关系是有 1 出 1，全 0 出_____。

12. 正逻辑规定，逻辑 "1" 代表_____。

13. 狄·摩根定律表示式为 $\overline{A + B} =$ _____。

14. 取消法公式 $AB + \overline{A}\,C + BC =$ _____。

15. 逻辑函数的表示方法有真值表、逻辑函数表达式、逻辑图和_____ 4 种。

16. 逻辑函数的化简方法有公式化简法和_____化简法。

二、选择题

17. 已知一实际矩形脉冲，则其脉冲上升时间为（　　）。

    A. 从 0 到 V_m 所需时间　　　　　　B. 从 0 到 $\frac{\sqrt{2}}{2}V_m$ 所需时间

    C. 从 $0.1V_m$ 到 $0.9V_m$ 所需时间　　D. 从 $0.1V_m$ 到 $\frac{\sqrt{2}}{2}V_m$ 所需时间

18. 下列逻辑代数定律中，和普通代数相似的是（　　）。

    A. 否定律　　　　B. 反定律　　　　C. 重叠律　　　　D. 分配律

19. 对逻辑函数的化简，通常是指将逻辑函数式化简成最简（　　）。

    A. 或与式　　　B. 与非 – 与非式　C. 与或式　　　　D. 与或非式

20. 若逻辑函数 $Y = A + ABC + BC + \overline{BC}$ 则 Y 可简化为（　　）。

    A. $Y = A + BC$　　B. $Y = A + C$　　C. $Y = AB + \overline{BC}$　　D. $Y = A$

21. 若逻辑函数 $Y = AD + A\overline{C} + \overline{A}\,\overline{D} + \overline{A}\,\overline{B}C + \overline{D}(B+C)$ 则 Y 化成最简式为（ ）。

    A. $Y = A + D + BC$ B. $Y = \overline{D} + ABC$ C. $Y = A + \overline{D} + \overline{B}C$ D. $Y = AD + \overline{D} + \overline{A}\,\overline{B}C$

22. 下列错误的写法是（ ）

    A. $(10.01)_2 = 2.05$ B. $(11.1)_2 = (1 \times 2^1 + 1 \times 2^0 + 1 \times 2^{-1})_2$

    C. $(1011)_2 = (B)_{16}$ D. $(17F)_{16} = (000101111111)_2$

23. 在逻辑运算中，没有的运算是（ ）。

    A. 逻辑加   B. 逻辑减   C. 逻辑与或   D. 逻辑乘

24. 某逻辑电路的输入变量为 A、B，输出变量为 F，其真值表如下，则其逻辑表达式为（ ）。

    A. $F = \overline{A}B + A\overline{B}$

    B. $F = \overline{A}\,\overline{B} + AB$

    C. $F = \overline{AB} + AB$

    D. $F = \overline{A + B}$

A	B	F
0	0	0
0	1	1
1	0	1
1	1	0

25. 逻辑代数中 $A + A = $（ ）。

    A. $2A$ B. A C. 1   D. 0

三、判断题

26. 逻辑运算 $L = A + B$ 的含义是，L 等于 A 与 B 的和，而当 $A = 1$，$B = 1$ 时，$L = A + B = 1 + 1 = 2$。（ ）

27. 逻辑代数式 $L_1 = (A + B) \cdot C$，$L_2 = A \cdot (B + C)$，则 $L_1 = L_2$。（ ）

28. 若 $A \cdot B \cdot C = A \cdot D \cdot C$ 则 $B = D$。（ ）

29. 逻辑运算是 0 和 1 逻辑代码的运算，二进制运算也是 0、1 数码的运算。这两种运算实际是一样的。（ ）

30. 数字电路与脉冲电路的研究对象是相同的。（ ）

31. 逻辑电路分析时，可采用正逻辑或者负逻辑，不会改变电路的逻辑关系。（ ）

32. 真值表能完全反映输入与输出之间的逻辑关系。（ ）

四、综合分析题

33. 将下列十进制数分别写成二进制数和十六进制数。

5，17，56，87，178

34. 写出下列 8421BCD 码所代表的十进制数。

（1）$(001101111001)_{8421BCD}$ （2）$(0101.0100)_{8421BCD}$

35. 试证明下列等式成立。

（1）$AB + A\overline{B} + \overline{A}B + \overline{A}\,\overline{B} = 1$ （2）$\overline{AB + \overline{A}C} = A\overline{B} + \overline{A}\,\overline{C}$

36. 用公式法化简下列逻辑函数式。

（1）$Y = (A + B)C + \overline{A}C + AB + ABC + \overline{B}C$　　　　（2）$Y = \overline{ABC} + (B + \overline{C})$

37. 用真值表的方法证明下列逻辑函数式。

（1）$AB + A\overline{B} = A$　　　　（2）$(A + B)(\overline{A} + C) = \overline{A}B + AC$

【自我总结】

请反思在本章学习中你的收获和疑惑，并写出你的体会和评价。

自我总结与评价表

内　　容		你 的 收 获	你 的 疑 惑
获得知识			
掌握方法			
习得技能			
学习体会			
学习评价	自我评价		
	同学互评		
	老师寄语		

第7章 组合逻辑电路

【学习建议】

通过本章的学习，你将能识读组合逻辑电路，并学会简单组合逻辑电路的设计，知道编码器、译码器的基本功能和常见类型，会分析一般的编码器、译码器电路，能识别典型的编码器、译码器集成电路的引脚，会根据电路图安装简单组合逻辑电路，知道半导体数码管的基本结构和工作原理，会检测半导体数码管。

组合逻辑电路是由与门、或门、与非门、或非门等几种逻辑电路组合而成的，为了更好地获得上述知识和技能，建议你重温第6章学习过的逻辑门电路的功能和图形符号，掌握科学的方法，多动手、多动脑，注重知识、技能的运用。

7.1 组合逻辑电路基本知识

【问题呈现】

学校服装专业的同学要组织一场业余模特晋级赛，请了三位老师担任评委，规定只要两位及两位以上评委老师认可就可以晋级。为此，比赛组委会专门指定了一位同学收集和统计评委老师的评判情况。由于是现场评判，当场公布结果，这位同学和评委老师都显得有些忙。你能不能帮帮他们的忙，设计一种电路，让评委老师按一下按钮就能表达自己的意见，让那位同学看一下指示灯就知道评委的评判结果。

【知识探究】 组合逻辑电路的读图方法

组合逻辑电路是数字电路中最简单的一类逻辑电路，其特点是功能上无记忆，结构上无反馈，即电路任意时刻的输出状态只取决于该时刻各输入状态的组合，而与电路的原状态无关。

组合逻辑电路的读图是学好数字电路的重要环节，只有看懂理解电路图，才能明确电路的基本功能，进而才能对电路进行应用、测试和维修。组合逻辑电路的读图一般按图7.1所示的方法进行。

图7.1 组合逻辑电路的读图步骤

（1）根据已知的逻辑图写出逻辑函数表达式，方法是逐级写出逻辑函数表达式，最后写出该电路输出和输入的逻辑表达式。

（2）对写出的逻辑函数表达式进行化简。

（3）列出真值表进行逻辑功能分析。

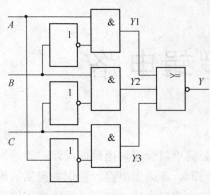

图 7.2　例 7.1 的电路

例 7.1　分析如图 7.2 所示电路的逻辑功能。

解：

（1）逐级写出逻辑表达式

$$Y_1 = A\overline{B}$$

$$Y_2 = B\overline{C}$$

$$Y_3 = C\overline{A}$$

$$Y = \overline{Y_1 + Y_2 + Y_3} = \overline{A\overline{B} + B\overline{C} + C\overline{A}}$$

（2）化成最简与或表达式

$$Y = \overline{A}\,\overline{B}\,\overline{C} + ABC$$

（3）列真值表

输　　入			输出
A	B	C	Y
0	0	0	1
0	0	1	0
0	1	0	0
0	1	1	0
1	0	0	0
1	0	1	0
1	1	0	0
1	1	1	1

（4）分析逻辑功能

由真值表可知，当输入 A、B、C 全为 0 或全为 1 时，输出 Y 为 1，否则 Y 为 0。因此，它是一种能够判断输入端状态是否一致的电路，称为"一致判别电路"。

【技能方法】组合逻辑电路的设计步骤

组合逻辑电路的设计，就是根据给定的实际逻辑问题，求出能够实现这一逻辑功能的最简逻辑电路。

组合逻辑电路设计的一般步骤如图 7.3 所示。

图 7.3　组合逻辑电路设计的一般步骤

（1）根据实际问题的逻辑关系，列出相应的真值表。

（2）由真值表写出逻辑函数表达式。

（3）化简逻辑函数表达式。

（4）根据化简得到的最简表达式，画出逻辑电路图。

【实践运用】设计"三人表决器"

例 7.2　设计一个三人表决电路，每人有一个按键，按下按键表示赞成，否则表示不赞成。表决结果用指示灯来表示，如果多数人赞成，则指示灯亮，反之则不亮。

解：

（1）进行逻辑抽象，列真值表

输入变量：用 A、B、C 分别表示 3 个按键，并规定逻辑 1 表示按下按键，逻辑 0 表示未按按键。

输出变量：用 Y 表示表决结果，并规定逻辑 1 表示灯亮，逻辑 0 表示灯不亮。

据题意，列真值表。

输　入			输　出
A	B	C	Y
0	0	0	0
0	0	1	0
0	1	0	0
0	1	1	1
1	0	0	0
1	0	1	1
1	1	0	1
1	1	1	1

（2）由真值表写出逻辑表达式

$$Y = \overline{A}BC + A\,\overline{B}C + AB\,\overline{C} + ABC$$

（3）用公式法化简逻辑表达式

函数 Y 的最简与或表达式为 $Y = AB + BC + AC$

（4）用与非门画逻辑图

将最简与或表达式变换为最简与非表达式：

$$Y = \overline{\overline{AB + BC + AC}} = \overline{\overline{AB} \cdot \overline{BC} \cdot \overline{AC}}$$

用与非门实现的逻辑电路如图 7.4 所示。

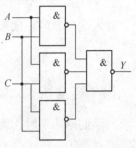

图 7.4　用与非门实现的逻辑电路

【训练巩固】

一、填空题

1. 数字电路中的逻辑电路按功能可分为_____电路和_____电路两种类型。

2. 组合电路的特点是，输出状态仅仅取决于_____输入值的组合，而与_____无关。

3. 从电路结构看，组合电路具有两个特点：（1）电路由_____电路组成，不包含任何_____元件；（2）电路中不存在任何_____回路。

4. 电路的分析，是根据给定的_____电路，写出_____表达式，并以此来描述它的_____，确定_____对于_____的关系。

5. 组合逻辑电路的分析，一般按以下步骤进行。

第一步：根据给定的逻辑电路，写出_____。

第二步：化简逻辑电路的_____。

第三步：根据化简后的逻辑函数表达式列_____。

第四步：描述_____。

二、判断题

6. 组合逻辑电路任何时刻的输出状态，直接由当时的输入状态和输入信号作用前的状态决定。（　　）

7. 组合逻辑电路具有记忆功能。（　　）

8. 组合逻辑电路的分析是指给定功能画出逻辑图。（　　）

9. 组合逻辑电路的设计是指给定逻辑功能画出逻辑图。（　　）

三、综合分析题

10. 试分析如图 7.5 所示电路的逻辑功能。

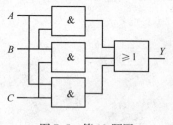

图 7.5　第 10 题图

四、设计题

11. 设计一个电话机信号控制电路。电路有 I_0（火警）、I_1（盗警）和 I_2（日常业务）3 种输入信号，通过排队电路分别从 L_0、L_1、L_2 输出，在同一时间只能有一个信号通过。如果同时有两个以上信号出现时，应首先接通火警信号，其次为盗警信号，最后是日常业务信号。试按照上述轻重缓急设计该信号控制电路。要求用集成门电路 7400（每片含 4 个 2 输入端与非门）实现。

7.2　编 码 器

【问题呈现】

同学们刚入学时，管理学籍的老师要给每位同学分派一个号码，这就是你的学号。学校要开运动会了，组委会要给每个运动员一块号码布，上面是每位运动员的参赛号码。要寄信，你必须填写规定的邮政编码。要打电话，你必须拨相应的电话号码，等等。日常生活中要用到许多号码，这些号码都是按一定的规则编制的，这就是编码。在电子技术中，编码器是怎样实现编码的呢？

【知识探究】

1. 二进制编码器

用文字、符号或者数码表示特定对象的过程称为编码。例如，上面提到的开运动会给运动员编号，电信局为用户分配电话号码等都是编码。在数字电路中广泛采用的是二进制编码。

用 n 位二进制代码对 2^n 个信号进行编码的电路称为二进制编码器。

3 位二进制编码器有 8 个输入端 3 个输出端，所以常称为 8 线 – 3 线编码器，其功能真值表如表 7.1 所示，输入为高电平有效。

表 7.1　编码器真值表

输　　入								输　　出		
I_0	I_1	I_2	I_3	I_4	I_5	I_6	I_7	A_2	A_1	A_0
1	0	0	0	0	0	0	0	0	0	0
0	1	0	0	0	0	0	0	0	0	1

输　入								输　出		
I_0	I_1	I_2	I_3	I_4	I_5	I_6	I_7	A_2	A_1	A_0
0	0	1	0	0	0	0	0	0	1	0
0	0	0	1	0	0	0	0	0	1	1
0	0	0	0	1	0	0	0	1	0	0
0	0	0	0	0	1	0	0	1	0	1
0	0	0	0	0	0	1	0	1	1	0
0	0	0	0	0	0	0	1	1	1	1

由真值表写出各输出的逻辑表达式为

$$A_2 = \overline{\overline{I_4}\ \overline{I_5}\ \overline{I_6}\ \overline{I_7}}$$

$$A_1 = \overline{\overline{I_2}\ \overline{I_3}\ \overline{I_6}\ \overline{I_7}}$$

$$A_0 = \overline{\overline{I_1}\ \overline{I_3}\ \overline{I_5}\ \overline{I_7}}$$

用门电路实现的逻辑电路如图 7.6 所示。

2. 二 – 十进制编码器

将十进制数字 0，1，2，3，4，5，6，7，8，9 编为二进制代码的电路，称为二 – 十进制编码器，常用的是 8421BCD 编码器。

8421BCD 编码器有 10 个输入端，4 个输出端，它能把十进制数转换成 8421BCD 代码，该电路框图如图 7.7 所示。

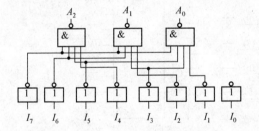

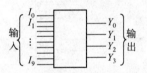

图 7.6　3 位二进制编码器　　　　　图 7.7　8421BCD 编码器框图

现分别用 I_0，I_1，I_2，I_3，I_4，I_5，I_6，I_7，I_8，I_9 表示 0 ～ 9 的 10 个十进制数，该电路任何时刻都只允许对 1 个十进制数进行编码，用 Y_0，Y_1，Y_2，Y_3 表示 4 个二进制数。8421BCD 编码器的真值表如表 7.2 所示。

表 7.2　8421BCD 编码器的真值表

十进制数	输　入										输　出			
	I_9	I_8	I_7	I_6	I_5	I_4	I_3	I_2	I_1	I_0	Y_3	Y_2	Y_1	Y_0
0	0	0	0	0	0	0	0	0	0	1	0	0	0	0
1	0	0	0	0	0	0	0	0	1	0	0	0	0	1
2	0	0	0	0	0	0	0	1	0	0	0	0	1	0
3	0	0	0	0	0	0	1	0	0	0	0	0	1	1
4	0	0	0	0	0	1	0	0	0	0	0	1	0	0

十进制数	输　入										输　出			
	I_9	I_8	I_7	I_6	I_5	I_4	I_3	I_2	I_1	I_0	Y_3	Y_2	Y_1	Y_0
5	0	0	0	0	1	0	0	0	0	0	0	1	0	1
6	0	0	0	1	0	0	0	0	0	0	0	1	1	0
7	0	0	1	0	0	0	0	0	0	0	0	1	1	1
8	0	1	0	0	0	0	0	0	0	0	1	0	0	0
9	1	0	0	0	0	0	0	0	0	0	1	0	0	1

上述的编码器在工作时仅允许一个输入端输入有效信号，否则编码器电路将不能正常工作，使输出发生错误。而优先编码器则不同，它允许几个信号同时加至编码器的输入端，但是由于各个输入端的优先级别不同，编码器只接受优先级别最高的一个输入信号，而对其他输入信号不予考虑。

【技能方法】 典型集成编码电路的引脚识别及功能

74LS147 是一种 8421BCD 优先编码器。其逻辑符号及外引线功能如图 7.8 所示。该电路的特点是将九路数据输入编码为四位 BCD 码输出，输入、输出均为低电平有效。当输入端的数据为十进制 0 时，只需要将全部数据输入端接高电平即可。该优先编码器具有带负载能力强、工作速度快、适用电压范围宽等特点，其功能如表 7.3 所示。

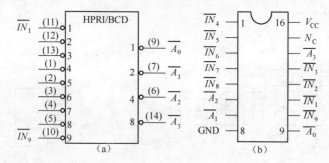

图 7.8　二 – 十进制优先编码器 74LS147

表 7.3　二 – 十进制优先编码器 74LS147 的功能表

输　入									输　出			
$\overline{IN_9}$	$\overline{IN_8}$	$\overline{IN_7}$	$\overline{IN_6}$	$\overline{IN_5}$	$\overline{IN_4}$	$\overline{IN_3}$	$\overline{IN_2}$	$\overline{IN_1}$	$\overline{A_3}$	$\overline{A_2}$	$\overline{A_1}$	$\overline{A_0}$
1	1	1	1	1	1	1	1	1	1	1	1	1
1	1	1	1	1	1	1	1	0	1	1	1	0
1	1	1	1	1	1	1	0	×	1	1	0	1
1	1	1	1	1	1	0	×	×	1	1	0	0
1	1	1	1	1	0	×	×	×	1	0	1	1
1	1	1	1	0	×	×	×	×	1	0	1	0
1	1	1	0	×	×	×	×	×	1	0	0	1

输　　入									输　　出			
$\overline{IN_9}$	$\overline{IN_8}$	$\overline{IN_7}$	$\overline{IN_6}$	$\overline{IN_5}$	$\overline{IN_4}$	$\overline{IN_3}$	$\overline{IN_2}$	$\overline{IN_1}$	$\overline{A_3}$	$\overline{A_2}$	$\overline{A_1}$	$\overline{A_0}$
1	1	0	×	×	×	×	×	×	1	0	0	0
1	0	×	×	×	×	×	×	×	0	1	1	1
0	×	×	×	×	×	×	×	×	0	1	1	0

【实践运用】典型集成编码电路的实际应用

用74LS147构成二进制编码器，以实现将十进制数转换成二进制数的键盘编码应用电路。

10线－4线优先编码器74LS147通常用来作为键盘编码器，只要将按键分别与编码器相应的输入端相连，即可构成二进制编码器，实现将十进制数转换成相应的二进制数的功能。

74LS147与按键连接的电路如图7.9所示。由于编码器的输入信号是低电平有效，所以将按键的一端接地，另一端通过上拉电阻接至编码的输入端。

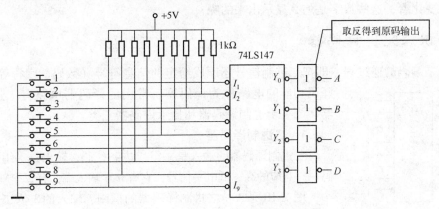

图7.9　74LS147与按键连接的电路图

该编码器以反码形式输出，将 $\overline{Y_0} \sim \overline{Y_3}$ 分别经反相器输出，以完成将十进制数转换成相应的二进制数的功能。

例如，将键7按下，编码器输入 $\overline{I_7} = 0$，此时输出为1000，经反相器输出 DCBA = 0111，即将十进制数的7转换成相应的二进制数0111。该电路可以实现将十进制数的每一个状态表示为二进制代码。

【训练巩固】

一、填空题

1. 一个输出 N 位代码的二进制编码器，可以表示＿＿＿＿＿种输入信号。

2. 二进制编码器是将输入信号编成＿＿＿＿＿的电路。

3. 二－十进制编码器是将＿＿＿＿＿，分别编成对应的＿＿＿＿＿的电路。

4. 实现编码的电路称为＿＿＿＿＿，用二进制代码表示有关信号的过程叫＿＿＿＿＿。

5. 8421BCD 编码器有＿＿＿＿＿个输入端和＿＿＿＿＿个信号端，一般编码器只允许

_____个输入端有信号。

二、判断题

6. 在8线–3线编码器中，输入信号为8位二进制代码，输出为3个特定对象。（　　）

7. 在8421BCD编码器中，其输出端为BCD码。（　　）

8. 在二–十进制编码器中，8421BCD编码器是唯一的。（　　）

9. 用N位二进制代码对N个信号进行编码的电路叫二进制编码器。（　　）

10. 8421BCD编码器，可以任意选择4位二进制代码中的10种组合。（．　　）

三、设计题

11. 设计一个2位二进制编码器，用或门实现。

7.3 译 码 器

【问题呈现】

邮政局的自动分信机能自动区分信件的投递地址，其实是对信封上的邮政编码进行识别，即对邮政编码进行翻译，翻译成不同的地址。十字路口的交通红绿灯闪烁着，显示的数字不停地变化着，这些数字是怎么显示出来的呢？

【知识探究】 译码器

译码是编码的逆过程，即把二进制信号还原成给定的信息符号（数码、字符等），完成

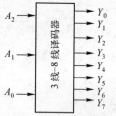

图7.10 3位二进制（3线–8线）译码器的框图

译码功能的电路称为译码器。常用的译码器电路有二进制译码器、二–十进制译码器和显示译码器三类。

1. 二进制译码器

二进制译码器的输入是一组二进制代码，输出是一组与输入代码一一对应的高、低电平信号，它有n个输入端，有2^n个输出端。

图7.10是3位二进制译码器的框图，输入的3位二进制代码共有8种状态，译码器将每个输入代码译成对应的一根输出线上的高、低电平信号。因此，也把这个译码器叫做3线–8线译码器。

图7.11所示为3线–8线译码器74HC138的逻辑符号及外引线功能图。该电路除了具有$A_0 \sim A_2$ 3路输入，$\overline{Y_0} \sim \overline{Y_7}$ 8路输出外，还具有3个使能端。当$G_1 = 1$，$G_{2A} = G_{2B} = 0$时，译码器处于正常的工作状态，其功能如表7.4所示。

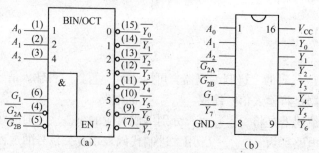

图7.11 3线–8线译码器74HC138

表7.4　3线－8线译码器74HC138的功能表

输　　入						输　　出							
G_1	$\overline{G_{2A}}$	$\overline{G_{2B}}$	A_2	A_1	A_0	$\overline{Y_7}$	$\overline{Y_6}$	$\overline{Y_5}$	$\overline{Y_4}$	$\overline{Y_3}$	$\overline{Y_2}$	$\overline{Y_1}$	$\overline{Y_0}$
0	×	×	×	×	×	1	1	1	1	1	1	1	1
×	1	×	×	×	×	1	1	1	1	1	1	1	1
×	×	1	×	×	×	1	1	1	1	1	1	1	1
1	0	0	0	0	0	1	1	1	1	1	1	1	0
1	0	0	0	0	1	1	1	1	1	1	1	0	1
1	0	0	0	1	0	1	1	1	1	1	0	1	1
1	0	0	0	1	1	1	1	1	1	0	1	1	1
1	0	0	1	0	0	1	1	1	0	1	1	1	1
1	0	0	1	0	1	1	1	0	1	1	1	1	1
1	0	0	1	1	0	1	0	1	1	1	1	1	1
1	0	0	1	1	1	0	1	1	1	1	1	1	1

2. 二－十进制译码器

二－十进制译码器的逻辑功能是将输入 BCD 码的 10 个代码译成 10 个高、低电平输出信号，有时也称为 4 线－10 线译码器。

如图 7.12 所示为 BCD 码输入的二－十进制译码器 74HC42 的逻辑符号及外引线功能图，其功能如表 7.5 所示。

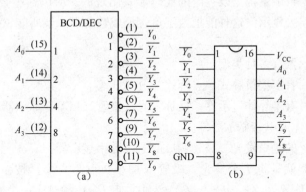

图 7.12　二－十进制译码器 74HC42

表7.5　二－十进制译码器74HC42的真值表

序　号	输　入				输　　出									
	A_3	A_2	A_1	A_0	$\overline{Y_0}$	$\overline{Y_1}$	$\overline{Y_2}$	$\overline{Y_3}$	$\overline{Y_4}$	$\overline{Y_5}$	$\overline{Y_6}$	$\overline{Y_7}$	$\overline{Y_8}$	$\overline{Y_9}$
0	0	0	0	0	0	1	1	1	1	1	1	1	1	1
1	0	0	0	1	1	0	1	1	1	1	1	1	1	1
2	0	0	1	0	1	1	0	1	1	1	1	1	1	1
3	0	0	1	1	1	1	1	0	1	1	1	1	1	1
4	0	1	0	0	1	1	1	1	0	1	1	1	1	1

续表

序号	输入				输出									
	A_3	A_2	A_1	A_0	$\overline{Y}_0$	$\overline{Y}_1$	$\overline{Y}_2$	$\overline{Y}_3$	$\overline{Y}_4$	$\overline{Y}_5$	$\overline{Y}_6$	$\overline{Y}_7$	$\overline{Y}_8$	$\overline{Y}_9$
5	0	1	0	1	1	1	1	1	1	0	1	1	1	1
6	0	1	1	0	1	1	1	1	1	1	0	1	1	1
7	0	1	1	1	1	1	1	1	1	1	1	0	1	1
8	1	0	0	0	1	1	1	1	1	1	1	1	0	1
9	1	0	0	1	1	1	1	1	1	1	1	1	1	0
伪 码	1	0	1	0	1	1	1	1	1	1	1	1	1	1
	1	0	1	1	1	1	1	1	1	1	1	1	1	1
	1	1	0	0	1	1	1	1	1	1	1	1	1	1
	1	1	0	1	1	1	1	1	1	1	1	1	1	1
	1	1	1	0	1	1	1	1	1	1	1	1	1	1
	1	1	1	1	1	1	1	1	1	1	1	1	1	1

由表可知，当输入端出现 1010 ～ 1111 六组无效数码（伪数码）时，输出端全部为高电平1，所以该电路具有拒绝无效数码输入的功能。

若将最高位 A_3 看做使能端，则该电路可当做 3 线 – 8 线译码器使用。

3. 显示译码器

在数字系统中，常常需要将数字、字母、符号等直观地显示出来，供人们读取或监视系统的工作情况。能够显示数字、字母或符号的器件称为数字显示器。

在数字电路中，数字量都是以一定的代码形式出现的，所以这些数字量要先经过译码，才能送到数字显示器去显示。这种能把数字量翻译成数字显示器所能识别的信号的译码器称为数字显示译码器。

常用的数字显示器有多种类型：

按显示方式分，有字型重叠式、点阵式、分段式等。

按发光物质分，有半导体显示器，又称发光二极管（LED）显示器、荧光显示器、液晶显示器（LCD）、气体放电管显示器等。

目前应用最广泛的是由发光二极管构成的七段数字显示器。

七段数字显示器就是将 7 个发光二极管（加小数点为 8 个）按一定的方式排列起来，如图 7.13 所示，七段 a、b、c、d、e、f、g（小数点 DP）各对应一个发光二极管，利用不

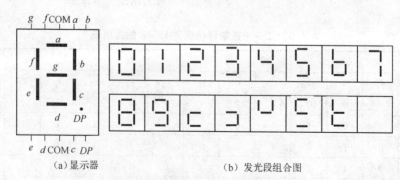

（a）显示器　　　　　　　　（b）发光段组合图

图 7.13　七段数字显示器及发光段组合图

同发光段的组合，显示不同的阿拉伯数字。

按内部连接方式不同，七段数字显示器分为共阴极和共阳极两种，如图 7.14 所示。

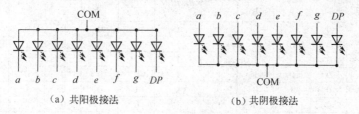

（a）共阳极接法　　　　　　　（b）共阴极接法

图 7.14　半导体数字显示器的内部接法

半导体显示器的优点是工作电压较低（1.5～3V）、体积小、寿命长、亮度高、响应速度快、工作可靠性高。缺点是工作电流大，每个字段的工作电流约为 10mA 左右。为了防止电路中电流过大而烧坏发光二极管，电路中需串联限流电阻。

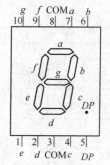

【技能方法】半导体数码管的检测

LED 数码管有共阴和共阳两种结构。LED 数码管的外形结构如图 7.15 所示。

图 7.15　数码管的外形结构

LED 数码管内部是由发光二极管组成的，所以检测的方法也与发光二极管类似。如测共阴数码管时，利用 R×10k 挡的指针式万用表，红表笔接 COM 端，黑表笔依次接 a～DP 端，正常情况下七段和点的位置依次会发微光，否则数码管已坏。如测共阳数码管，只要红黑表笔调换即可。还可外接 3V 稳压源或两节串联的干电池（串联一个适当的电阻）来检测。

【实践运用】译码显示器的典型电路

数字显示译码器的主要作用是将输入的代码通过译码器译成相应的高、低电平信号，并驱动显示器件发光显示。

74LS47 是一种 BCD 输入、开路输出的七段译码器/驱动器。它的逻辑符号和外引线图如图 7.16 所示。图中 A_3、A_2、A_1、A_0 为输入的 BCD 代码，$\overline{a}$～$\overline{g}$ 为七段译码输出。其功能如表 7.6 所示。

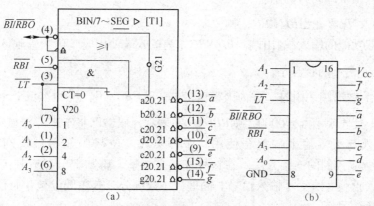

图 7.16　BCD 七段译码器/驱动器 74LS47

表 7.6　BCD 七段译码器/驱动器 74LS47 的功能表

十进制数	输入						$\overline{BI/RBO}$	输出						
	$\overline{LT}$	$\overline{RBI}$	A_3	A_2	A_1	A_0		$\overline{a}$	$\overline{b}$	$\overline{c}$	$\overline{d}$	$\overline{e}$	$\overline{f}$	$\overline{g}$
0	1	1	0	0	0	0	1	0	0	0	0	0	0	1
1	1	×	0	0	0	1	1	1	0	0	1	1	1	1
2	1	×	0	0	1	0	1	0	0	1	0	0	1	0
3	1	×	0	0	1	1	1	0	0	0	0	1	1	0
4	1	×	0	1	0	0	1	1	0	0	1	1	0	0
5	1	×	0	1	0	1	1	0	1	0	0	1	0	0
6	1	×	0	1	1	0	1	1	1	0	0	0	0	0
7	1	×	0	1	1	1	1	0	0	0	1	1	1	1
8	1	×	1	0	0	0	1	0	0	0	0	0	0	0
9	1	×	1	0	0	1	1	0	0	0	1	1	0	0
10	1	×	1	0	1	0	1	1	1	1	0	0	1	0
11	1	×	1	0	1	1	1	1	1	0	0	1	1	0
12	1	×	1	1	0	0	1	1	0	1	1	1	0	0
13	1	×	1	1	0	1	1	0	1	1	0	1	0	0
14	1	×	1	1	1	0	1	1	1	1	0	0	0	0
15	1	×	1	1	1	1	1	1	1	1	1	1	1	1

由表可知，输出低电平有效。例如，当输入 $A_3A_2A_1A_0 = 0101$ 时，$\overline{a}$、$\overline{c}$、$\overline{d}$、$\overline{f}$、$\overline{g}$ 为低电平，$\overline{b}$、$\overline{e}$ 为高电平，输出显示十进制数 "5"。

电路中 $\overline{LT}$、$\overline{RBI}$、$\overline{BI/RBO}$ 等为附加控制端，下面介绍它们的功能和用法。

1. 测试输入端 $\overline{LT}$

$\overline{LT}$ 的作用是检查数码管七段显示部件是否能够正常发光。当 $\overline{LT}=0$ 时，七段显示部件全部点亮，正常工作时应置 $\overline{LT}=1$。

2. 灭零输入端 $\overline{RBI}$

设置灭零输入信号 $\overline{RBI}$ 的目的是为了能把不希望显示的零熄灭。例如，有一个 8 位的数码显示电路，整数部分为 5 位，小数部分为 3 位，在显示 13.7 这个数时将显示 00013.700。如果将前、后多余的零熄灭，则显示的结果将更加醒目。当 $\overline{LT}=1$，$\overline{RBI}=0$，$A_3A_2A_1A_0 = 0000$ 时，$\overline{a} \sim \overline{g}$ 均为 1，数码管不显示，且 $\overline{RBO}=0$。当 $\overline{LT}=1$，$\overline{RBI}=0$，$A_3A_2A_1A_0 \neq 0$ 时，数码管会根据输入正常译码后显示。

3. 灭灯输入/灭零输出 $\overline{BI/RBO}$

这是一个双功能的输入/输出端。$\overline{BI/RBO}$ 作为输入端使用时，为灭灯输入控制端。只要 $\overline{BI}=0$，无论 $A_3A_2A_1A_0$ 的状态是什么，$\overline{a} \sim \overline{g}$ 均为 1，数码管不显示。

$\overline{BI/RBO}$ 作为输出端使用时，称为灭零输出端。若 $\overline{RBO} \neq 0$，说明本位处于显示状态。若 $\overline{RBI}=0$，$\overline{LT}=1$ 且 $A_3A_2A_1A_0 = 0000$，则 $\overline{RBO}=0$，表示译码器已将本来应该显示的零熄灭了。

将灭零输入与灭零输出端配合使用，即可实现多位数码显示系统的灭零控制。如图 7.17 所示为灭零控制的连接方法。在这种连接方式下，整数部分只有在高位是 0 而且被熄灭的情况下，低位才有灭零输入信号。同理，小数部分只有在低位是 0 而且被熄灭时，高位才有灭零输入信号。

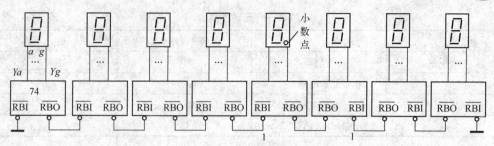

图 7.17 有灭零控制的 8 位数码显示系统

【训练巩固】

一、填空题

1. 二进制译码器是将_____翻译成相对应的_____的电路。

2. 二 – 十进制译码器是将_____翻译成相对应的_____。

3. 在二进制译码器中，对应输入信号的任意状态，一般仅有_____个输出状态有效，其他输出状态_____。

4. 在二进制译码器中，如果输入端有三位二进制代码，则输出端有_____根线；如果输入端有 n 根线，则输出端有_____根线。

5. 二进制译码器的输入是_____，输出是_____。

二、判断题

6. 译码器是一种多个输入端和单个输出端电路。（   ）

7. 译码是编码的逆过程。（   ）

8. 译码器实质上是由门电路组成的条件开关。（   ）

9. 七段数码显示器一般由七段数字译码器和七段数码显示器组成。（   ）

10. 二进制译码器的特点之一是输入一个状态有多个输出有效。（   ）

三、设计题

11. 设计一个 2 位二进制译码器，用与门实现。

实验实训 制作数码管显示电路

一、训练目标

（1）能用指定芯片组装数码管显示电路。

（2）用实验验证电路的逻辑功能。

（3）进一步提高归纳逻辑问题的能力。

二、训练器材

（1）仪表：万用表。

（2）工具：工具包、电烙铁等。

（3）元器件清单如表 7.7 所示。

表 7.7　元器件清单

代　号	名　称	元器件规格型号	数　量
$R_1 \sim R_7$	电阻器	510	7
G_1	集成电路	CC40147	1
G_2	集成电路	CC4511	1
G_3	LED 数码管	BS205	1

三、训练内容与步骤

1. 电路的组成

如图 7.18 所示是 BCD 码编码器和七段译码显示电路的框图。如图 7.19 所示，用 8421BCD

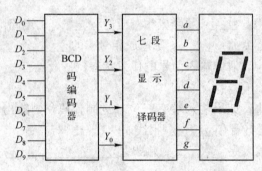

图 7.18　BCD 码编码器和七段译码显示电路框图

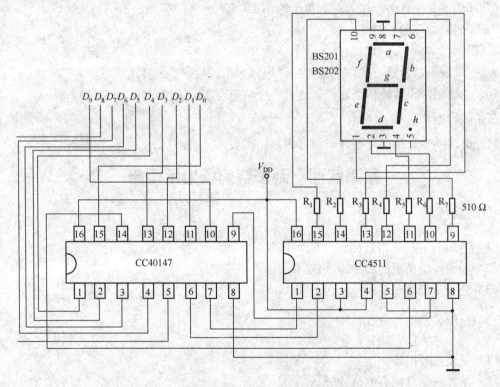

图 7.19　BCD 码编码器和七段译码显示电路的接线图

编码器（CC40147）和七段译码器（CC4511）及 LED 数码管（BS205）组成一个 1 位十进制 0 ～ 9 数码显示电路。

2. 组装电路

（1）对照原理图清点，并检测元器件。

（2）对照原理图严格按工艺要求进行装配。

（3）检查电路中各元件安装无误后，接通电源。

注意事项：注意安全操作，正确装接，切勿出现电源短路现象。

调试中出现的故障及排除方法＿＿＿＿＿＿＿＿＿＿＿＿＿＿。

3. 测量电路

（1）在 D_0～ D_9 端逐个输入高电平（＋5V）信号，观察数码管数字显示的变化情况，记录测试结果，并填入表7.8中。

（2）在 D_0～ D_9 中任选几个输入端，同时加5V电压，观察数码管的显示情况，并做好记录，了解 D_0～ D_9 的优先权级别高低的顺序。

表7.8　数码管显示字型记录

输　　入										数码管显示字型
D_9	D_8	D_7	D_6	D_5	D_4	D_3	D_2	D_1	D_0	
L	L	L	L	L	L	L	L	L	H	
L	L	L	L	L	L	L	L	H	×	
L	L	L	L	L	L	L	H	×	×	
L	L	L	L	L	L	H	×	×	×	
L	L	L	L	L	H	×	×	×	×	
L	L	L	L	H	×	×	×	×	×	
L	L	L	H	×	×	×	×	×	×	
L	L	H	×	×	×	×	×	×	×	
L	H	×	×	×	×	×	×	×	×	
H	×	×	×	×	×	×	×	×	×	

总 结 评 价

【自我检测】

一、填空题

1. 数字电路中的逻辑电路按功能可分为＿＿＿＿电路和＿＿＿＿电路两种类型。

2. 组合电路的特点是，输出状态仅仅取决于＿＿＿＿输入值的组合，而与＿＿＿＿无关。

3. 组合逻辑电路的分析，一般按以下步骤进行。

第一步：根据给定的逻辑电路，写出＿＿＿＿＿＿＿＿。

第二步：化简逻辑电路的＿＿＿＿＿＿＿＿＿＿＿＿。

第三步：根据化简后的逻辑函数表达式列＿＿＿＿＿＿＿＿。

第四步：描述＿＿＿＿＿＿＿＿＿。

4. 二进制编码器是将输入信号编成_____的电路。

5. 二进制译码器是将_____翻译成相对应的_____的电路。

6. 二 – 十进制编码器是将_____分别编成对应的_____的电路。

7. 二 – 十进制译码器是将_____翻译成相对应的_____。

8. 所谓 8421 码，即二进制代码自左至右各位的权分别为_____、_____、_____和_____。

9. 在如图 7.20 所示的 2 位二进制译码器逻辑电路中：

若输出端 $Y_3 = 1$，对应的输入端代码 $BA = $_____；

若输出端 $Y_1 = 1$，对应的输入端代码 $BA = $_____。

10. 在如图 7.21 所示的编码器逻辑电路中，输出函数表达式 $A = $_____，$B = $_____，$C = $_____，$D = $_____；

当按钮 7 按下时，则输出端 $ABCD = $_____；

当按钮 8 按下时，则输出端 $ABCD = $_____；

当按钮 0 按下时，则输出端 $ABCD = $_____；

若输出端 $ABCD = 0111$，对应的输入端 10 个按钮中_____按钮被按下。

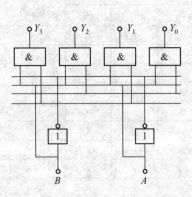

图 7.20　第 9 题图

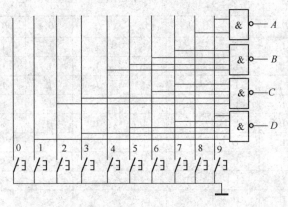

图 7.21　第 10 题图

二、综合分析题

11. 分析如图 7.22 所示的组合逻辑电路功能（写出逻辑函数 Y 的表达式并化简，列出真值表，说明逻辑功能）。

12. 分析如图 7.23 所示的组合逻辑电路功能（写出逻辑函数 Y 的表达式并化简，列出真值表，说明逻辑功能）。

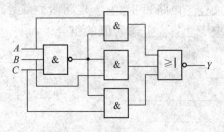

图 7.22　第 11 题图

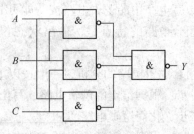

图 7.23　第 12 题图

13. 写出如图 7.24 所示的组合逻辑电路输出函数 Y 的逻辑表达式，确定其逻辑功能。

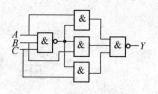

图 7.24　第 13 题图

三、设计题

14. 用与非门设计一个三变量多数表决电路（多数变量为 1 时，输出为 1）。

15. 用与非门设计一个三变量一致电路（变量取值相同，输出为 1，否则为 0）。

16. 用与非门设计一个三变量判奇电路（变量为奇数时，输出为 1）。

17. A、B 两台电话机公用一条电话线，因此，对外通话时，两台电话机不能同时使用。试设计这个逻辑电路（提示：电话机使用状态为 1，不使用状态为 0，通话状态为 1，不通话状态为 0）。

【自我总结】

请反思在本章学习中你的收获和疑惑，并写出你的体会和评价。

自我总结与评价表

内　容		你的收获	你的疑惑
获得知识			
掌握方法			
习得技能			
学习体会			
学习评价	自我评价		
	同学互评		
	老师寄语		

第8章　触　发　器

【学习建议】

触发器同门电路一样是数字电路的最基本的逻辑单元电路。通过本章学习你会知道各类触发器的逻辑功能和工作特性，会识别触发器的引脚，测试触发器的逻辑功能，能查阅手册合理选用触发器，还能使用集成触发器组装一定功能的电路。

在学习过程中要注意触发器与门电路之间的联系与区别，理解触发器的触发方式，掌握集成触发器的使用常识及测试方法，注重实验掌握集成触发器的外特性。为了能更好地理解触发器的特点，建议重温常用门电路的逻辑功能和特点。

8.1　RS 触发器

【问题呈现】

在各种复杂的数字电路和计算机系统中，可以使用门电路对数字信号进行逻辑运算，但还经常需要将这些数字信号和运算结果保存起来，而组合逻辑电路并没有记忆与存储功能。为此，需要具有记忆和存储功能的逻辑部件，什么样的逻辑部件具有记忆和存储功能呢？它们又会有怎样的电路结构和特点呢？

【知识探究】

一、基本 RS 触发器

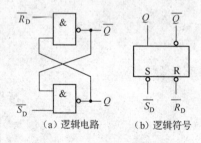

（a）逻辑电路　　（b）逻辑符号

图 8.1　基本 RS 触发器

1. 电路的组成

将两个与非门通过反馈线交叉耦合就组成了一个基本 RS 触发器，如图 8.1（a）所示，$\overline{R}_D$、$\overline{S}_D$ 是它的两个输入端，Q、$\overline{Q}$ 是两个输出端，其逻辑符号如图 8.1（b）所示。

触发器输出端的状态总是互补的，通常规定触发器 Q 端的状态为触发器的状态，即 $Q=0$ 与 $\overline{Q}=1$ 时，称为触发器处于"0"态；$Q=1$ 与 $\overline{Q}=0$ 时，称触发器处于"1"态。

2. 逻辑功能分析

基本 RS 触发器逻辑功能测试电路如图 8.2 所示。

（1）观察在 $Q_n=0$，$\overline{Q}_n=1$ 时，在不同的输入状态下，输出端 Q_{n+1} 和 $\overline{Q}_{n+1}$ 的状态，结果如表 8.1 所示（说明：Q_n 表示原态，Q_{n+1} 表示现态）。

（2）观察在 $Q_n=1$，$\overline{Q}_n=0$ 时，在不同的输入状态下，输出端 Q_{n+1} 和 $\overline{Q}_{n+1}$ 的状态，结果

如表 8.2 所示。

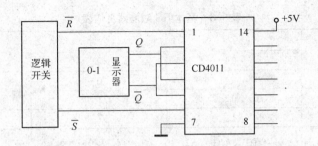

图 8.2 基本 RS 触发器逻辑功能测试电路图

表 8.1 输出端状态 1			
$\overline{R}_D$	$\overline{S}_D$	Q_{n+1}	$\overline{Q}_{n+1}$
0	0	1	1
0	1	0	1
1	0	1	0
1	1	0	1

表 8.2 输出端状态 2			
$\overline{R}_D$	$\overline{S}_D$	Q_{n+1}	$\overline{Q}_{n+1}$
0	0	1	1
0	1	0	1
1	0	1	0
1	1	1	0

通过以上实验,综合归纳如下。

(1) $\overline{R}_D = 0$,$\overline{S}_D = 0$。此时不管电路原来状态如何,$Q_{n+1} = \overline{Q}_{n+1} = 1$,这种情况对于触发器是不允许出现的。因为当 $\overline{R}_D$、$\overline{S}_D$ 撤除后,两个与非门的输出状态不能肯定,即不定状态。这种情况应当避免,否则会出现逻辑混乱或错误。

(2) $\overline{R}_D = 0$,$\overline{S}_D = 1$。由于此时 $\overline{R}_D = 0$,不管原态如何,$\overline{Q}_{n+1} = 1$,所以 $Q_{n+1} = 0$,触发器置 0,故称 $\overline{R}_D$ 端叫置 0 端。

(3) $\overline{R}_D = 1$,$\overline{S}_D = 0$。由于此时 $\overline{S}_D = 0$,不管原态如何,$Q_{n+1} = 1$,所以 $\overline{Q}_{n+1} = 0$,触发器置 1,故称 $\overline{S}_D$ 端叫置 1 端。

(4) $\overline{R}_D = 1$,$\overline{S}_D = 1$。此时 $Q_{n+1} = Q_n$,$\overline{Q}_{n+1} = \overline{Q}_n$,即 Q 原来为 0 仍然为 0,Q 原来为 1 仍然为 1。可见,触发器未输入低电平信号时,总是保持原来状态不变,这就是触发器的记忆功能。

例如,基本 RS 触发器在给定输入信号 R_D、和 S_D 的作用下,Q 端和 $\overline{Q}$ 端的波形如图 8.3 所示。

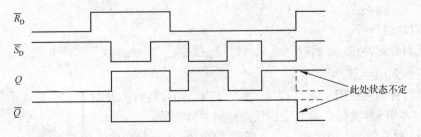

图 8.3 RS 触发器波形

上述逻辑关系可用如表8.3所示的真值表表示。

表8.3 基本 RS 触发器真值表

$\overline{R}_D$	$\overline{S}_D$	Q_{n+1}	功 能 说 明
0	0	不定	不允许
0	1	0	置0
1	0	1	置1
1	1	Q_n	保持不变

触发器状态在外加信号作用下转换的过程，称为触发器的翻转，这个外加信号叫触发信号。要使触发器翻转，可以用正脉冲触发，也可以用负脉冲触发，为了能清楚地表明是用正脉冲触发还是用负脉冲触发，在符号上应有所区别。在置0、置1的符号 R_D、S_D 上加非和在逻辑符号的输入端加小圆圈都表示触发器是负脉冲触发的。如果用正脉冲触发则不加这些符号。

上述最简单的 RS 触发器是各种多功能触发器的基本组成部分，所以称为基本 RS 触发器。

二、同步 RS 触发器

在数字系统中，为协调各部分的动作，常常要求某些触发器在同一时刻动作。为此，必须引入同步信号，使这些触发信号只有在同步信号到达时才按输入信号改变状态。通常把这个同步信号叫做时钟脉冲，或称为时钟信号，简称时钟，用 CP 表示。这种受时钟信号控制的触发器称为同步触发器，也称钟控触发器。

1. 电路结构及逻辑符号

同步 RS 触发器如图8.4所示，图中的 G_1、G_2 构成基本 RS 触发器，门 G_3、G_4 构成触发器的控制电路，R、S 为电路的输入端，CP 为时钟信号，这种触发器采用正脉冲触发。

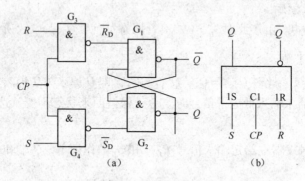

图8.4 同步 RS 触发器

2. 逻辑功能分析

（1）无时钟脉冲作用，即当 $CP=0$ 时，门 G_3、G_4 均被封锁，不论 R 和 S 端状态如何，触发器维持原来的状态。

（2）有时钟脉冲作用，即当 $CP=1$ 时，门 G_3、G_4 打开，此时 R、S 输入信号通过 G_3、G_4 门加在基本 RS 触发器的输入端，从而使触发器翻转。

同步 RS 触发器的真值表如表8.4所示。表中 × 表示触发器的状态不定。

表8.4 同步RS触发器真值表

时钟脉冲 CP	R	S	Q_{n+1}	逻辑功能
0	×	×	Q_n	保持
1	0	0	Q_n	保持
1	0	1	1	置1
1	1	0	0	置0
1	1	1	×	不允许

三、触发器的常见触发方式

根据时钟脉冲触发方式的不同，触发器可分为同步式触发、主从触发和边沿触发3种。边沿触发又分上升沿触发和下降沿触发。

1. 同步式触发

同步式触发采用电平触发方式，一般为高电平触发，即在 CP 高电平期间，输入信号起作用。若有干扰脉冲窜入则易使触发器产生翻转，导致错误输出。同步式 RS 触发器波形如图8.5所示，在 CP 高电平期间，输出会随输入信号变化，因此无法保证一个 CP 周期内触发器只动作一次。

2. 主从触发

现以图8.6所示的主从 RS 触发器为例，说明其工作过程。从图8.6（a）所示电路可知，主从 RS 触发器是由两个同步 RS 触发器（主触发器、从触发器）和非门3个部分组成的一个组合触发器。

图8.5 同步RS触发器波形

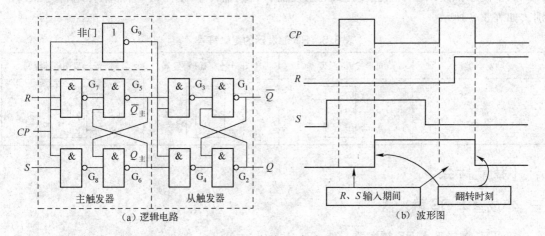

（a）逻辑电路　　　　（b）波形图

图8.6 主从 RS 触发器

时钟脉冲 CP 高电平期间，主触发器接收 R、S 输入信号，并使 $\overline{Q}_\text{主}$、$Q_\text{主}$ 相应变化。同时，CP 经非门处理后变为低电平（CP = 0）加在从触发器上，故从触发器封闭。时钟脉冲

CP 低电平期间，主触发器被封锁，R、S 输入信号不起作用。此时 CP 经非门后变换为高电平（$CP=1$）加至从触发器上，从触发器被打开，使其输出与主触发器一致。这种触发器具有 CP 时钟脉冲高电平期间接收输入信号、CP 下降沿时刻翻转的特点。主从 RS 触发器波形如图 8.6（b）所示。

3. 上升沿触发

上升沿触发器只在时钟脉冲 CP 上升沿时刻根据输入信号翻转，它可以保证一个 CP 周期内触发器只动作一次，使触发器的翻转次数与时钟脉冲数相等，并可克服输入干扰信号引起的误翻转。上升沿 RS 触发器波形如图 8.7 所示。

4. 下降沿触发

下降沿触发器只在 CP 时钟脉冲下降沿时刻根据输入信号翻转，可保证一个 CP 周期内触发器只动作一次。下降沿 RS 触发器波形如图 8.8 所示。

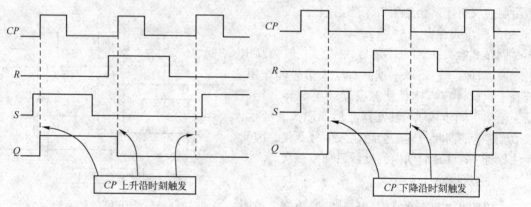

图 8.7　上升沿触发 RS 触发器波形图　　图 8.8　下降沿触发 RS 触发器波形图

为了便于识读以上不同触发方式的触发器，目前器件手册中 CP 端都用特定符号加以区别，如表 8.5 所示。

表 8.5　RS 触发器的逻辑符号

触发器类型	同步式 RS 触发器	上升沿触发 RS 触发器	下降沿触发 RS 触发器
符号	S—1S　Q CP—C1 R—1R　$\overline{Q}$	S—1S　Q CP—▷C1 R—1R　$\overline{Q}$	S—1S　Q CP—▷C1 R—1R　$\overline{Q}$

【技能方法】

一、集成基本 RS 触发器

1. TTL 集成基本 RS 触发器

如图 8.9 所示为 TTL 集成基本 RS 触发器 74279、74LS279 的逻辑电路和引出端功能图。在一个芯片上，集成了两个如图 8.9（a）所示的电路和两个如图 8.9（b）所示的电路，共 4 个触发器。

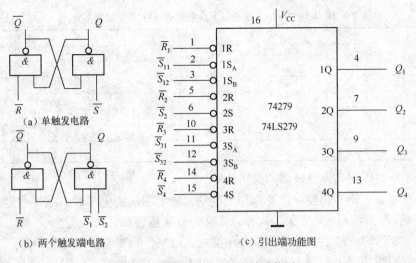

(a) 单触发电路

(b) 两个触发端电路

(c) 引出端功能图

图 8.9 逻辑电路和引出端功能图

2. CMOS 集成基本 RS 触发器

CC4043 中集成了 4 个基本 RS 触发器，逻辑符号如图 8.10 所示。$EN = 1$ 时禁止，$EN = 0$ 时工作。

二、集成主从 RS 触发器 74LS71 简介

TTL 集成主从 RS 触发器 74LS71 的逻辑符号和引脚分布如图 8.11 所示。触发器分别有 3 个 S 端和 3 个 R 端，均为与逻辑关系，即 $1R = R_1 \cdot R_2 \cdot R_3$、$1S = S_1 \cdot S_2 \cdot S_3$。使用中如有多余的输入端，要将它们接至高电平。触发器带有清零端（置 0）R_D 和预置端（置 1）S_D，它们的有效电平为低电平，其功能如表 8.6 所示。

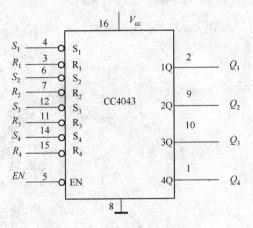

图 8.10 CC4043 引出端功能图

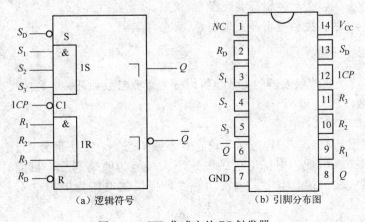

(a) 逻辑符号

(b) 引脚分布图

图 8.11 TTL 集成主从 RS 触发器

表 8.6   TTL 集成主从 RS 触发器 74LS71 功能表

输　　入					输　出	
预置 S_D	清零 R_D	时钟 CP	$1S$	$1R$	Q	$\overline{Q}$
0	1	×	×	×	1	0
1	0	×	×	×	0	1
1	1	↓	0	0	Q_n	$\overline{Q_n}$
1	1	↓	1	0	1	0
1	1	↓	0	1	0	1
1	1	↓	1	1	不定	

通过表 8.6 可以得到该触发器的逻辑功能。

（1）具有预置，清零功能。预置端加低电平，清零端加高电平时，触发器置 1，反之触发器置 0。预置和清零与 CP 无关，这种方式称为直接预置和直接清零。

（2）正常工作时，预置端和清零端必须都加高电平，且要输入时钟脉冲。

（3）触发器的功能表和同步 RS 触发器的功能一致。

三、基本 RS 触发器功能测试

按图 8.12 所示连接电路，输出端接 0 - 1 显示器。

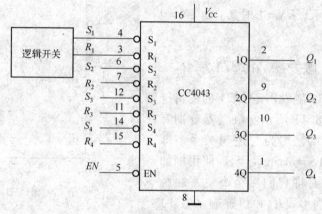

图 8.12   功能测试图

（1）当 $EN=1$ 时，拨动逻辑开关观察 Q_1 状态。

（2）当 $EN=0$ 时，拨动逻辑开关观察 Q_1 状态。

*四、集成触发器参数

与门电路一样，集成触发器的参数也可以分为直流参数和开关参数两大类。

1. 直流参数

1）电源电流 I_{cc}

由于一个触发器由许多门构成，无论在 0 态或 1 态，总是一部分处于饱和状态，另一部分处于截止状态。因此，电源电流的差别不大。但为明确起见，目前有些制造厂家规定，所有输入端和输出端悬空时，电源向触发器提供的电流为电源电流 I_{cc}，它表明该电路的空载功耗。

2）低电平输入电流（即输入短路电流）I_{IL}

某输入端接地，其他各输入、输出端悬空时，从该输入端流向地的电流为低电平输入电

流 I_{IL}，它表明对驱动电路输出为低电平时的加载情况。

3）高电平输入电流 I_{IH}

将各输入端（R_D、S_D、CP 等）分别接 V_{CC} 时，测得的电流就是其高电平输入电流 I_{IH}，它表明对驱动电路输出为高电平时的加载情况。

4）输出高电平 V_{OH} 和输出低电平 V_{OL}

Q 或 $\overline{Q}$ 端输出高电平时的对地电压值为 V_{OH}，输出低电平时的对地电压值为 V_{OL}。

2. 开关参数

1）最高时钟频率 f_{max}

f_{max} 就是触发器在计数状态下能正常工作的最高工作频率，是表明触发器工作速度的一个指标。在测试 f_{max} 时，Q 和 $\overline{Q}$ 端应带上额定的电流负载和电容负载，这在制造厂家的产品手册中均有明确的规定。

2）对时钟信号的延迟时间（t_{CPLH} 和 t_{CPHL}）

从时钟脉冲的触发沿到触发器输出端由 0 态变到 1 态的延迟时间为 t_{CPLH}；从时钟脉冲的触发沿到触发器输出端由 1 态变到 0 态的延迟时间为 t_{CPHL}。一般 t_{CPHL} 比 t_{CPLH} 约大一级门的延迟时间。它表明对时钟 CP 的要求。

3）对直接置 0（R_D）或置 1 端（S_D）的延迟时间（t_{RLH}、t_{RHL} 和 t_{SLH}、t_{SHL}）

从置 0 脉冲触发沿到输出端由 0 变 1 为 t_{RLH}，到输出端由 1 变 0 为 t_{RHL}；从置 1 脉冲触发沿到输出端由 0 变 1 为 t_{SLH}，到输出端由 1 变 0 为 t_{SHL}。

【实践运用】消除机械开关抖动电路

机械开关接通时，由于振动会使电压或电流波形产生"毛刺"，如图 8.13（b）所示。在电子电路中，一般不允许出现这种现象，因为这种干扰信号会导致电路工作出错。

利用基本 RS 触发器的记忆作用可以消除上述开关振动所产生的影响，开关与触发器的连接方法如图 8.14（a）所示。设单刀双掷开关原来与 B 点接通，这时触发器的状态为 0。当开关由 B 拨向 A 时，其中有一段短暂的浮空时间，

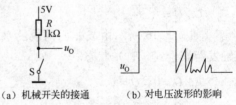

图 8.13 机械开关的工作情况

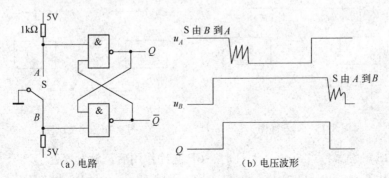

图 8.14 利用基本 RS 触发器消除机械开关振动的影响

这时触发器的 R、S 均为 1，Q 仍为 0。中间触点与 A 接触时，A 点的电位由于振动而产生"毛刺"。但是，首先是 B 点已经为高电平，A 点一旦出现低电平，触发器的状态翻转为 1，即使 A 点再出现高电平，也不会再改变触发器的状态，所以 Q 端的电压波形不会出现"毛刺"现象，如图 8.14（b）所示。

【巩固训练】

一、填空题

1. 触发器是具有_____功能的逻辑部件，触发器有两个基本特性，即_____和_____。

2. 基本 RS 触发器，输入 $\bar{R} = 1$、$\bar{S} = 1$ 后，触发器_____；输入 $\bar{R} = 1$、$\bar{S} = 0$ 后，触发器处于_____；输入 $\bar{R} = 0$、$\bar{S} = 1$ 后，触发器处于_____。

3. 由与非门组成的基本 RS 触发器输入信号不允许 $\bar{R} = $_____、$\bar{S} = $_____。由或非门组成的基本 RS 触发器输入信号不允许 $\bar{R} = $_____、$\bar{S} = $_____。

4. 根据时钟脉冲触发方式的不同，触发器可分为_____、_____和_____三种类型。

5. 下降沿触发器在_____时刻根据输入信号翻转。在一个时钟脉冲周期内，下降沿触发器能触发_____次。

二、选择题

6. 如图 8.15 所示由与非门构成的基本 RS 触发器，当 $\bar{S}$ 为高电平输入，$\bar{R}$ 也为高电平输入叶，Q、$\bar{Q}$ 状态是（　　）。

    A. $Q = 0$，$\bar{Q} = 1$　　　　　　　　B. Q 不变，$\bar{Q}$ 不变

    C. $Q = I$，$\bar{Q} = 0$　　　　　　　　D. Q 不定，$\bar{Q}$ 不定

7. 如图 8.16 所示由或非门构成的基本 RS 触发器，当 S 维持低电平，R 加正脉冲后，该触发器处于（　　）状态。

    A. $Q = 0$，$\bar{Q} = 1$　　　　　　　　B. Q 不变，$\bar{Q}$ 不变

    C. $Q = I$，$\bar{Q} = 0$　　　　　　　　D. Q 不定，$\bar{Q}$ 不定

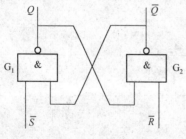

图 8.15　第 6 题图　　　　　　图 8.16　第 7 题图

8. 同步 RS 触发器，当 $S = 0$、$R = 1$ 时，CP 脉冲作用后，触发器处于（　　）。

    A. 原状态　　　　　B. 0 状态　　　　　C. 1 状态　　　　　D. 状态不确定

9. 触发器与组合逻辑电路比较（　　）。

A. 两者都有记忆能力 　　　　B. 只有组合逻辑电路有记忆能力

C. 只有触发器有记忆能力 　　　D. 两者都没有记忆能力

10. 同步触发器在时钟脉冲 *CP* 的（　　）根据输入信号翻转。

　　A. 低电平期间 　　　　　　　B. 高电平期间

　　C. 上升沿时刻 　　　　　　　D. 下降沿时刻

11. 抗干扰能力较差的触发方式是（　　）。

　　A. 同步触发 　　D. 上升沿触发 　　C. 下降沿触发 　　D. 主从触发

12. 如图 8.17 所示的逻辑符号代表（　　）RS 触发器。

　　A. 基本 　　　　　B. 同步 　　　　　C. 上升沿 　　　　D. 下降沿

13. 如图 8.18 所示的逻辑符号代表_____ RS 触发器。

　　A. 上升沿 　　　　B. 下降沿 　　　　C. 同步 　　　　　D. 基本

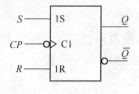 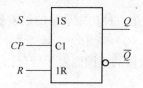

图 8.17 　第 12 题图 　　　　　　　　　　图 8.18 　第 13 题图

三、实践题

14. 由与非门构成的基本 RS 触发器初始状态 Q 为 0，已知 $\overline{S}_D$ 和 $\overline{R}_D$ 的电压波形如图 8.19 所示，试画出 Q 和 $\overline{Q}$ 端对应的电压波形。

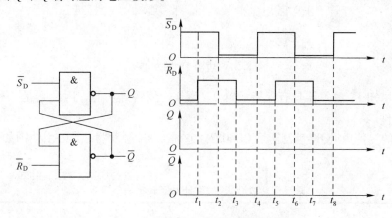

图 8.19 　第 14 题图

15. 同步 RS 触发器初始时处于 0 态，根据图 8.20 所示的时钟脉冲 *CP* 和输入信号 *S*、*R* 的波形，画出输出 Q 的波形。

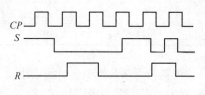

图 8.20 　第 15 题图

8.2 JK 触发器

【问题呈现】

在 RS 触发器的逻辑功能分析中，我们知道 RS 触发器存在不确定状态且输出状态随着输入状态的变化随时（基本 RS 触发器）有可能或在一定时间内（同步 RS 触发器）有可能发生变化，抗干扰能力比较差。为了避免不确定的状态，提高触发器的可靠性，增强抗干扰能力，希望触发器的次态仅仅取决于 CP 信号的下降沿（或上升沿）到达的时刻输入信号的状态，而在此之前和之后输入状态的变化对触发器的次态没有影响，怎样才能达到这些目的呢？

【知识探究】

JK 触发器是一种功能最强的触发器。它有两个输入端，一个为 J，另一个为 K，其逻辑符号如图 8.21（a）所示。它是一个上升沿触发器，即触发器在 CP 上升沿到来时，次态输出值随 J、K 取值的不同而发生变化。其状态转换真值表如表 8.7 所示。

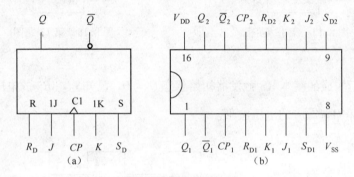

图 8.21 边沿 JK 触发器

由表 8.7 可知 JK 触发器具有保持、置 0、置 1、翻转等功能，因此它是一种功能强大、使用灵活的器件。

比较常用的一种边沿 JK 触发器是 CD4027。它是双 JK 触发器，其外引线图如图 8.21（b）所示。

表 8.7 边沿 JK 触发器状态转换真值表

CP	J	K	Q_n	Q_{n+1}	说　明
0，1，↓	×	×	×	Q_n	不变
↑	0	0	×	Q_n	保持
↑	0	1	×	0	置 0
↑	1	0	×	1	置 1
↑	1	1	×	$\overline{Q_n}$	翻转

还有一种是下降沿触发，其逻辑符号 CP 端有一个小圆圈，功能相同。

例如，某下降沿触发的 JK 触发器的状态波形图如图 8.22 所示（设初始状态为 0）。

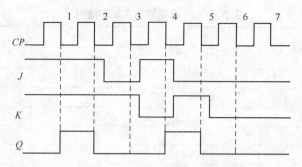

图 8.22　JK 触发器的状态波形图

【技能方法】JK 触发器功能的测试

1. 集成 JK 触发器 74LS112 简介

74LS112 是集成双 JK 边沿触发器，其引脚及内部结构如图 8.23 所示。$\overline{S}_D$ 是异步置 1 端，$\overline{R}_D$ 是异步置 0 端，均为低电平有效，下降沿触发。

2. 功能测试

按图 8.24 所示连接线路，其中 $1\overline{R}_D$、$1\overline{S}_D$、$1J$、$1K$ 分别接 4 个逻辑开关 K1、K2、K3、K4，$1CP$ 接单次脉冲，Q 和 $\overline{Q}$ 分别接发光二极管。

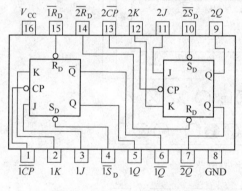

图 8.23　74LS112 引脚图

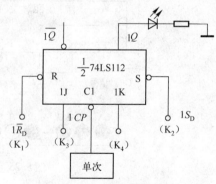

图 8.24　JK 触发器测试电路

（1）异步置位端 $\overline{S}_D$ 和异步复位端 $\overline{R}_D$ 的功能测试。根据表 8.8 设置各输入端状态，通过 LED 管的状态判断输出端 Q_{n+1} 的状态。

表 8.8　各输入端状态

CP	J	K	$\overline{R}_D$	$\overline{S}_D$	Q	$\overline{Q}$
×	×	×	0	1		
×	×	×	1	0		

（2）JK 触发器的逻辑功能测试。线路不变，按表 8.9 中的顺序，通过逻辑开关设置 J、K 的状态，然后给 CP 端一个负单脉冲，观察 LED 管的状态，判断输出端 Q_{n+1} 的状态。表 8.9 中初态 Q_n 可以通过改变 $\overline{S}_D$、$\overline{R}_D$ 的电平实现，完成每项实验内容时，应将 $\overline{S}_D$、$\overline{R}_D$ 接高电平。

表 8.9　JK 触发器的逻辑功能测试

J	K	CP	Q_{n+1}	
			$Q_n = 0$	$Q_n = 1$
0	0	0→1		
0	0	1→0		
0	1	0→1		
0	1	1→0		
1	0	0→1		
1	0	1→0		
1	1	0→1		
1	1	1→0		

【实践运用】

彩灯控制电路如图 8.25 所示。选用双 JK 触发器集成电路 74LS112，在时钟秒信号的作用下，使 LA、LB、LC 三盏灯按图 8.25 所示顺序亮暗。触发器 Q_1、Q_2 的输出波形图如图 8.26所示。由此可以看出该电路实际上是一个分频器。

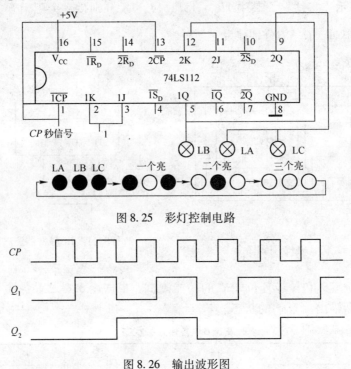

图 8.25　彩灯控制电路

图 8.26　输出波形图

【巩固训练】

一、填空题

1. 触发器用 Q_n 表示_____，是指触发器输入信号_____的状态；触发器用 Q_{n+1} 表示_____，是指触发器输入信号_____的状态。

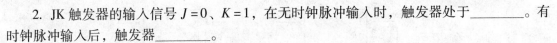

2. JK 触发器的输入信号 $J=0$、$K=1$，在无时钟脉冲输入时，触发器处于_____。有时钟脉冲输入后，触发器_____。

3. 在时钟脉冲的作用下，JK 触发器 $J=1$、$K=0$，$Q_{n+1}=$_____；$J=0$、$K=1$，$Q_{n+1}=$_____；$J=0$、$K=0$，$Q_{n+1}=$_____；$J=1$、$K=1$，$Q_{n+1}=$_____。

二、选择题

4. 如图 8.27 所示的是_____。

    A. 上升沿 JK 触发器   B. 下降沿 JK 触发器

    C. 基本 RS 触发器   D. 同步 JK 触发器

5. 如图 8.28 所示的是_____。

    A. 上升沿 RS 触发器   B. 下降沿 RS 触发器

    C. 上升沿 JK 触发器   D. 下降沿 JK 触发器

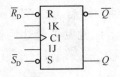
                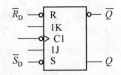

图 8.27 第 4 题图   图 8.28 第 5 题图

6. JK 触发器的输入 $J=1$、$K=1$，在时钟脉冲输入后，触发器输出端_____。

    A. 状态发生翻转   B. 处于不确定状态   C. 置 1   D. 处于保持状态

三、实践题

7. JK 触发器的初态 $Q=0$，CP 的下降沿触发，试根据如图 8.29 所示的 CP、J、K 波形，画出 Q 和 $\overline{Q}$ 的波形。

8. 在如图 8.30 所示的电路中，各触发器初态 $Q=0$，试画出在 CP 信号连续作用下，各触发器输出端的波形。

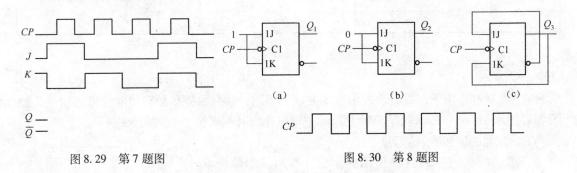

图 8.29 第 7 题图   图 8.30 第 8 题图

*8.3 D 触发器和 T 触发器

【问题呈现】

如图 8.31 所示的电路对 JK 触发器的外部输入端做了怎样的连接？这样连接后其逻辑功能会有什么变化？

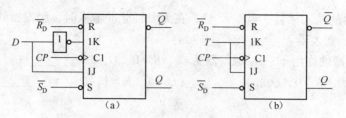

图8.31　外部输入端的变化

【知识探究】

一、D 触发器

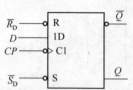

如图 8.31（a）所示就是 D 触发器的逻辑电路，它的逻辑符号如图 8.32 所示，它有一个输入控制端 D、一个时钟脉冲输入端 CP。触发器逻辑符号图中 CP 输入端的"∧"表示该触发器是边沿触发器。现该触发器为下降沿触发。如果在 CP 输入端没有小圈则表示该触发器为上升沿触发。

下降沿 D 边沿触发器的输出状态仅取决于 CP 下降沿时输入端 D 的状态，即 $D=0$ 则 $Q_{n+1}=0$，$D=1$ 则 $Q_{n+1}=1$。表 8.10

图8.32　D 触发器的逻辑符号
给出了其状态转换真值表。

表8.10　下降沿触发的 D 触发器状态转换真值表

CP	D	Q_n	Q_{n+1}	功能说明
0, 1, ↑	×	×	Q_n	保持
↓	0	0	0	
↓	0	1	0	输出状态与输入状态相同
↓	1	0	1	
↓	1	1	1	

二、T 触发器

在 CP 脉冲作用下，根据输入信号 T 的取值不同，具有保持和翻转功能的电路叫做 T 触发器。图 8.31（b）所示就是 T 触发器的逻辑电路，其逻辑符号如图 8.33 所示。

T 触发器的工作特点如下。

当 $T=0$ 时，在 CP 脉冲作用后，触发器的状态保持不变，即 $Q_{n+1}=Q_n$。

当 $T=1$ 时，在 CP 脉冲作用后，触发器的状态翻转，即若 $Q_n=0$，则 $Q_{n+1}=1$，若 $Q_n=1$，则 $Q_{n+1}=0$。显然，在这种工作状态下，每来一个 CP 脉冲，触发器的状态就翻转 1 次，即 $Q_{n+1}=\overline{Q_n}$。表 8.11 给出了其状态转换真值表。

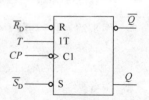

图8.33　T 触发器的逻辑符号

表 8.11　T 触发器状态转换真值表

CP	T	Q_n	Q_{n+1}	功 能 说 明
0, 1, ↑	×	×	Q_n	保持
↓	0	0	0	保持
↓	0	1	1	
↓	1	0	1	翻转（计数）
↓	1	1	0	

【技能方法】

1. 集成 D 触发器 74LS74 简介

74LS74 是一种在一片芯片上包含两个完全独立的 D 触发器的集成电路，其逻辑符号与外引线图如图 8.34 所示。

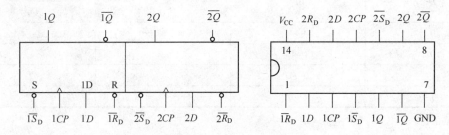

图 8.34　边沿 D 触发器 74LS74

$\overline{S}_D$、$\overline{R}_D$ 为触发器异步置位端和复位端，低电平有效，不受 CP 时钟信号的控制。值得注意的是，当 $\overline{S}_D$、$\overline{R}_D$ 均为 0 时，输出 $Q = \overline{Q} = 1$，这在使用中是不允许的。该器件的状态转换真值表如表 8.12 所示。

表 8.12　边沿 D 触发器 74LS74 状态转换真值表

CP	$\overline{R}_D$	$\overline{S}_D$	D	Q_n	Q_{n+1}
×	0	0	×	×	不允许
×	0	1	×	×	0
×	1	0	×	×	1
↑	1	1	0	×	0
↑	1	1	1	×	1

2. D 触发器功能测试

D 触发器具有可靠性高和抗干扰能力强等优点，因此得到了广泛的应用。

（1）按图 8.35 所示连接线路，其中 $1D$、$1\overline{R}_D$、$1\overline{S}_D$，分别接逻辑开关 K1、K2、K3，$1CP$ 接单次脉冲，输出 $1Q$ 和 $1\overline{Q}$ 分别接两只发光二极管 LED。

（2）$\overline{R}_D$ 和 $\overline{S}_D$ 的功能测试：按表 8.13 所示要求进行测试，并将测试结果填入表中。

表8.13　测试要求及记录表1

CP	D	$\overline{R}_D$	$\overline{S}_D$	Q	$\overline{Q}$
×	×	0	1		
×	×	1	0		

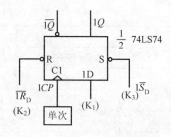

图8.35　D触发器功能测试电路

（3）逻辑功能的测试：按表8.14所给的条件，测试D触发器的逻辑功能，并将测试结果填入表中。

表8.14　测试要求及记录表2

D	CP	Q_{n+1}	
		$Q_n=0$	$Q_n=1$
0	0→1		
0	1→0		
1	0→1		
1	1→0		

【实践运用】采用双D触发器CC4013的光控路灯控制器电路

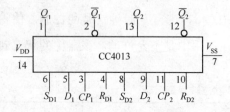

图8.36　CC4013的引出端功能图

CC4013是CMOS集成双D触发器，图8.36是CC4013的引出端功能图。CC4013中集成了两个触发器单元，它们都是CP上升沿触发的边沿D触发器，异步输入端R_D、S_D高电平有效，即$R_D=1$触发器复位到0，$S_D=1$触发器置位到1。

光控路灯采用CC4013双D触发器集成电路，电路原理如图8.37所示。

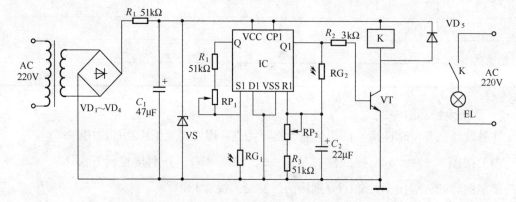

图8.37　采用双D触发器CC4013的路灯控制器电路图

194

该光控路灯电路由电源电路、光控电路和控制执行电路组成。交流 220V 电压经 $VD_1 \sim VD_4$ 整流、R_1 限流、C_1 滤波及 VS 稳压后，为光控电路和执行电路提供 +12V 工作电压。白天，RG_1 和 RG_2 受光照射而呈低阻状态，IC 的 S1 端为低电平，R1 端为高电平，Q1 端输出低电平，VT 处于截止状态，K 处于释放状态，照明灯 EL 不亮。夜晚，RG_1 和 RG_2 因无光照射或光照变弱而阻值增大，使 IC 的 S1 端变为高电平，R1 端变为低电平，Q1 端输出高电平，VT 饱和导通，K 通电吸合，其常开触头接通，EL 点亮。天亮后，RG_1 和 RG_2 阻值下降，IC 的 Q1 端又输出低电平，VT 截止，K 释放，EL 熄灭。

【巩固训练】

一、填空题

1. D 触发器具有_____和_____两项逻辑功能。

2. 将 JK 触发器的_____端串接一个非门后再与_____端相连作为输入端 D，就构成了_____触发器。

3. 对于 T 触发器，若现态为 $Q_n = 0$，要使次态 $Q_{n+1} = 1$，则输入 $T =$ _____。

4. 对于 T 触发器，要使 $Q_{n+1} = Q_n$，则输入 $T =$ _____。要使 $Q_{n+1} = \overline{Q}$，则输入 $T =$ _____。

5. T 触发器可以看成是 JK 触发器的输入端为_____时的应用特例。

二、选择题

6. D 触发器的输入 $D = 1$ 时，在时钟脉冲作用下，输出端 Q（　　）。
   A. 翻转　　　B. 保持原状态　　　C. 置 1　　　D. 置 0

7. T 触发器具有（　　）功能。
   A. 置 0 和置 1　　　　　　B. 置 1 和计数
   C. 保持和计数　　　　　　D. 置 0 和翻转

8. 将 JK 触发器的 J、K 脚连接在一起作为输入端，即可作为（　　）触发器使用。
   A. RS　　　B. D　　　C. T　　　D. JK

9. 为将 JK 触发器连接为 D 触发器，如图 8.38 所示电路的虚线框应为_____。
   A. 与门　　　B. 或门　　　C. 非门　　　D. 异或门

10. 如图 8.39 所示的逻辑符号中，$\overline{S}_D$ 为（　　）。
   A. 使能端　　B. 信号输入端　　C. 直接置 0 端　　D. 直接置 1 端

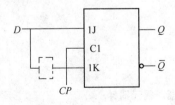

图 8.38　第 9 题图

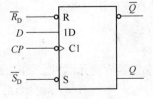

图 8.39　第 10 题图

三、综合分析题

11. 上升沿 D 触发器初始时处于 1 态，根据图 8.40 的 CP 和 D 信号波形，画出输出的波形。

图 8.40   第 11 题图

12. 如图 8.41 所示的电路和波形，试画出 D、Q 端的波形。设触发器的初始状态为 0。

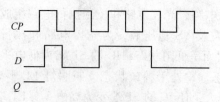

图 8.41   第 12 题图

13. 如图 8.42 所示，试画出 Q 的波形（设初态 $Q = 0$）。

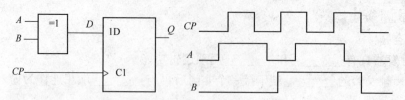

图 8.42   第 13 题图

14. 试用 D 触发器和门电路来构成 T 触发器，画出逻辑电路图。

实验实训 4 人（组）抢答电路

一、实训目的

（1）熟悉触发器的逻辑功能。
（2）掌握集成触发器的使用方法。
（3）会用集成触发器搭接抢答电路。

二、实训器材

（1）+5V 直流稳压电源。
（2）万用表。
（3）示波器。
（4）4 人抢答器所需元器件，如表 8.15 所示。

表 8.15   4 人抢答器所需元器件

序　号	元 件 名 称	参数（型号）	数　量
1	电阻	300Ω	4
2	电阻	10kΩ	1
3	电阻	1MΩ	4

序 号	元 件 名 称	参数（型号）	数 量
4	电阻	56kΩ	2
5	电容	0.47μF	2
6	发光二极管	BT316	4
7	二极管	IN4001	1
8	三极管	3DG100	1
9	集成 IC1	74LS175	1
10	集成 IC2	74LS08	1
11	集成 IC3	74LS20	1
12	按钮	常开	5
13	扬声器	2.5 吋 8Ω0.25W	1

三、实训内容

如图 8.43（a）所示是 4 人（组）参加智力竞赛的抢答电路，电路中的主要器件是 74LS175 型四上升沿 D 触发器，其外引线排列见图 8.43（b），它的清零端 $\overline{R_D}$ 和时钟脉冲 C 是 4 个 D 触发器共用的。时钟脉冲使用的是由与非门构成的多谐振荡器，如图 8.44（a）所示。

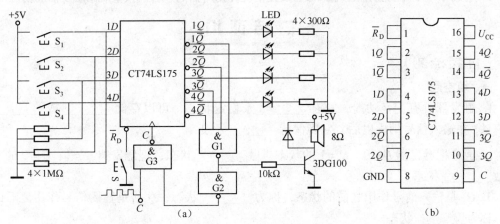

图 8.43 4 人（组）抢答电路

门 G1、G3 采用集成二 - 四输入与非门 74LS20，其外引线排列如图 8.44（c）所示。门 G2、G4、G5 采用集成四 - 二输入与非门 74LS08，其外引线排列见图 8.44（b）。所需元件如表 8.15 所示。

抢答前先按 S 按钮进行清零，$1Q \sim 4Q$ 均为 0，相应的发光二极管 LED1 ~ LED4 都不亮；$1\overline{Q} \sim 4\overline{Q}$ 均为 1，与非门 G1 输出 0，扬声器不响。同时，G2 输出为 1，将 G3 打开，时钟脉冲 C 可以经过 G3 进入 D 触发器的 C 端。此时，由于 S1 ~ S4 均未按下，$1D \sim 4D$ 均为 0，所以触发器的状态不变。抢答开始，若 S1 首先被按下，$1D$ 和 $1Q$ 均变为 1，相应的发光二极管 LED1 亮；$1\overline{Q}$ 变为 0，G1 的输出为 1，扬声器发声。同时，G2 输出为 0，将 G3 封闭，时钟脉冲 C 便不能经过 G3 进入 D 触发器。由于没有时钟脉冲，因此再接着按其他按钮就不起作用了，触发器的状态不会改变。抢答判断完毕，清零，准备下次抢答用。

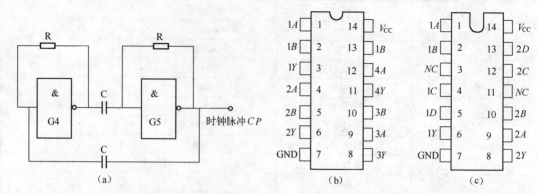

图 8.44 多谐振荡器

1. 安装 4 人抢答器

按图 8.43 和图 8.44 连接电路，检查无误后接通 +5V 稳压直流电源。

2. 观察时钟脉冲信号

用示波器观察输出脉冲信号的波形。

3. 测试抢答和复位功能

分别按 S1～S4，观察输出端二极管发光情况和扬声器的声音。按 S 观察触发器的复位情况。

总 结 评 价

【自我检测】

一、填空题

1. 触发器具有记忆功能，它有_____个稳定状态，可以存储_____或_____两个信息，在输入信号消失以后，它能保持_____不变。

2. 通常把触发器 $Q=0$、$\overline{Q}=1$ 的状态叫做_____状态；把触发器 $Q=1$、$\overline{Q}=0$ 的状态叫做_____状态。

3. Q_n 是输入信号作用之前的状态，称为_____状态；Q_{n+1} 是输入信号作用之后的状态，称为_____状态。

4. 具有置 0、置 1、保持、翻转功能的是_____触发器；D 触发器具有_____功能。

5. 集成触发器有异步输入端 R_D、S_D，它们不受_____的控制，具有_____和_____的功能。

二、分析题

6. 设用与非门电路构成的基本 RS 触发器输入波形如图 8.45 所示，电路原来处于 0 态，即 $Q=0$，试画出 Q 输出端的波形。

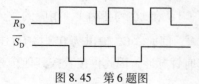

图 8.45 第 6 题图

7. 设下降沿触发器 JK 触发器的初态 $Q=0$，试根据如图 8.46 所示的 CP 和 J、K 的信号波形画出输出端 Q 的波形。

8. 下降沿触发的 D 触发器初始时处于 0 态，根据图

8.47 所示的时钟脉冲 CP 和输入信号 D 的波形画出输出 Q 的波形。

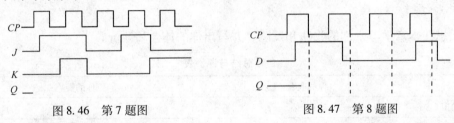

图 8.46　第 7 题图　　　　　　　　图 8.47　第 8 题图

9. 设如图 8.48 所示各触发器的初始状态 $Q=0$，试画出图中对应的 4 个 CP 脉冲作用下的触发器输出端 Q 的波形。

10. 边沿 D 触发器电路如图 8.49 所示，设电路初始状态为 0，画出 CP 脉冲信号作用下 Q_1、Q_2 的波形。

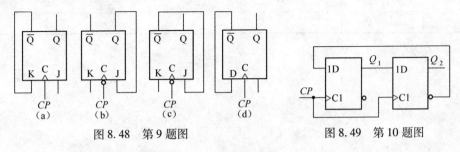

图 8.48　第 9 题图　　　　　　　　图 8.49　第 10 题图

11. 查阅电子元器件手册，将 CC4027 双 JK 触发器（上升沿触发）的外引线排列和 JK 触发器逻辑符号记录在图 8.50 中。

12. 用 1/2 CC4027 集成触发器连接成电路如图 8.51 所示，试画出在 4 个 CP 脉冲作用下 1Q 端的波形图。若已知 $f_{CP}=10\text{kHz}$，计算 f_{1Q} 的值，并说明 f_{CP} 与 f_{1Q} 的关系（设触发器初态为 0）。

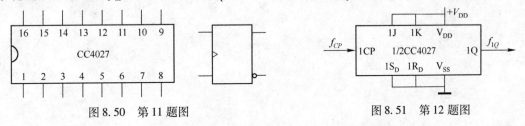

图 8.50　第 11 题图　　　　　　　　图 8.51　第 12 题图

13. 如图 8.52（a）所示电路是用边沿 JK 触发器构成的双相时钟电路。只要在输入端加上 CP 信号，在输出端便可得到相位错开的双相时钟信号。试在图 8.52（b）中画出 A、B 的波形（设触发器初态为 0）。

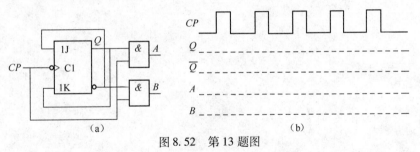

图 8.52　第 13 题图

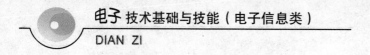
【自我总结】

请反思在本章学习中你的收获和疑惑，并写出你的体会和评价。

自我总结与评价表

内　　容		你的收获	你的疑惑
获得知识			
掌握方法			
习得技能			
学习体会			
学习评价	自我评价		
	同学互评		
	老师寄语		

第9章 时序逻辑电路

【学习建议】

通过本章的学习，你可以知道时序逻辑电路的特点和分类，能说出寄存器、移位寄存器等在功能、电路结构和工作原理上的差别，会读识和分析寄存器、计数器的典型应用电路。会识别寄存器、计数器集成电路的引脚，能查阅相关手册，会组装和测试寄存器、计数器的应用电路。

时序逻辑电路是一种重要的数字逻辑电路，一般由逻辑门电路和触发器组成，它与组合逻辑电路的功能特点不同。时序逻辑电路的功能特点是，电路的输出状态不仅与该时刻的输入状态有关，而且与电路的原有状态有关。因此，学习这一章既要有前面的基础，又要掌握分析时序逻辑电路逻辑功能的方法。

9.1 寄 存 器

【问题呈现】

坐火车路过一个美丽的城市，想游览观光一下，背着行李又太重，怎么办？把行李在火车站的行李寄存部寄存一下，即可轻松出游。在计算机系统中也常常要将二进制数码暂时存放起来等待处理，这就需要一个能够存储数码的存储单元，这些存储单元是怎么构成的呢？

【知识探究】

在数字电路中，寄存器是一种重要的单元电路，其功能是用来暂存数据、指令等内容的。利用触发器的存储功能可以构成基本的寄存器，一个触发器能存储一位二进制数码，n个触发器可存放 n 位二进制数码。寄存器由触发器和门电路组成，满足一定条件后，寄存器可以正常地输入、存储、输出数据。寄存器按逻辑功能分为数码寄存器和移位寄存器。

一、数码寄存器

能够存放二进制数码的电路称为数码寄存器。如图 9.1 所示是由 4 个 D 触发器构成的四位数码寄存器的逻辑图。

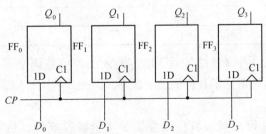

图 9.1 四位数码寄存器

4 个触发器的时钟输入端连在一起，它们受时钟脉冲的同步控制，$D_0 \sim D_3$ 是寄存器并行数据输入端，输入四位二进制数码；$Q_0 \sim Q_3$ 是寄存器并行输出端，输出四位二进制数码。

若要将四位二进制数码 $D_0D_1D_2D_3 = 1010$ 存入寄存器中，只要在时钟脉冲 CP 输入端加时钟脉冲即可。当 CP 上升沿出现时，4 个触发器的输出端 $Q_0Q_1Q_2Q_3 = 1010$，于是四位二进制数码便同时存入 4 个触发器中了。当外部电路需要这组数据时，可以从 $Q_0Q_1Q_2Q_3$ 端读出。

这种数码寄存器称为并行输入－并行输出数码寄存器。

上面介绍的寄存器只有寄存数据或代码的功能。有时为了处理数据，需要将寄存器中的各位数据在移位控制信号作用下，依次向高位或向低位移动 1 位。具有移位功能的寄存器称为移位寄存器。

二、移位寄存器

移位寄存器除了具有存储数码的功能以外，还具有移位功能。所谓移位功能，是指寄存器里存储的数码能在移位脉冲的作用下依次左移或右移。因此，移位寄存器不但可以用来寄存数码，还可以用来实现数据的串行－并行转换。

如图 9.2 所示电路是由边沿 D 触发器组成的四位移位寄存器。其中第一触发器 FF_0 的输入端接收输入信号，其余的每个触发器的输入端均与前面一个触发器的 Q 端相连。

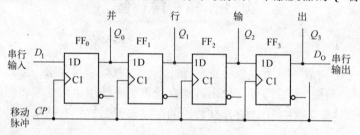

图 9.2　用 D 触发器构成的移位寄存器

下面分析其工作过程。设输入数码为 1011，当第一个移位脉冲到来时，第一位数码进入触发器 FF_0 中，当第二个移位脉冲到来时，第二位数码进入 FF_0 中，同时 FF_0 中的数码移入 FF_1 中……这样，在移位脉冲的作用下，数码由低位到高位存入寄存器。移位情况如表 9.1 所示。

表 9.1　移位寄存器中数码的移动状况

CP 的顺序	输入 D_1	Q_0	Q_1	Q_2	Q_3
0	0	0	0	0	0
1	1	1	0	0	0
2	0	0	1	0	0
3	1	1	0	1	0
4	1	1	1	0	1

由表可以看出，经过 4 个 CP 信号后，串行输入的四位数码全部置入移位寄存器中，同时，在 4 个触发器的输出端得到了并行输出的数码。因此，利用移位寄存器可以实现数码的串行－并行转换。

如果先将四位数据并行地置入移位寄存器的 4 个触发器中，然后连续加入 4 个移位脉冲，则移位寄存器里的四位数码将从串行输出端 D_0 依次送出，从而实现数据的并行－串行转换。为便于扩展逻辑功能和增加使用的灵活性，在实际应用的移位寄存器集成电路上有的又附加了左/右移控制、数据并行输入、保持、异步置零（复位）等功能。

【技能方法】 时序逻辑电路的分析方法

（1）根据给定的时序逻辑电路图写各触发器的驱动方程和输出逻辑表达式。

（2）列出该时序电路的状态表，画出状态图或时序图。

（3）用文字描述给定时序逻辑电路的逻辑功能。

分析如图 9.3 所示的逻辑电路。

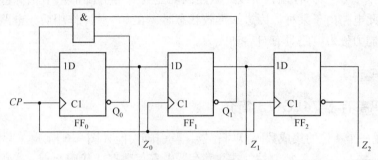

图 9.3　逻辑电路

由图 9.3 可见，这是一个同步时序逻辑电路，电路中没有输入信号 X，而且电路的输出直接由各触发器的 Q 端取出。分析过程如下。

1. 写出各逻辑方程

（1）输出方程 $Z_0 = Q_0^n$，$Z_1 = Q_1^n$，$Z_2 = Q_2^n$。

（2）驱动方程 $D_0 = \overline{Q_0^n Q_1^n}$，$D_1 = Q_0^n$，$D_2 = Q_1^n$。

2. 列状态表（见表 9.2）、画状态图（见图 9.4）和时序图（见图 9.5）

表 9.2　状态表

Q_2^n	Q_1^n	Q_0^n	Q_2^{n+1}	Q_1^{n+1}	Q_0^{n+1}
0	0	0	0	0	1
0	0	1	0	1	0
0	1	0	1	0	0
0	1	1	1	1	0
1	0	0	0	0	1
1	0	1	0	1	0
1	1	0	1	0	0
1	1	1	1	1	0

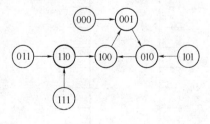

图 9.4　状态图

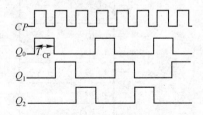

图 9.5　时序图

从状态图可见，001、010、100 这 3 个状态形成了闭合回路，在电路正常工作时，电路状态总是按照回路中的箭头方向循环变化，这 3 个状态构成了有效序列，称它们为有效状态，其余的 5 个状态称为无效状态（或偏离态）。

3. 逻辑功能分析

该电路的状态表和状态图不太容易直接看出此电路的逻辑功能，而由它的时序图可见，这个电路在正常工作时，各触发器的 Q 端轮流出现一个脉冲信号，其宽度为一个 CP 周期，即 $1T_{CP}$，循环周期为 $3T_{CP}$，这个动作可以看做是在 CP 脉冲作用下，电路把宽度为 $1T_{CP}$ 的脉冲依次分配给 Q_0、Q_1、Q_2 各端，所以此电路的功能为脉冲分配器或节拍脉冲产生器。由状态图可知，若此电路由于某种原因进入无效状态时，在 CP 脉冲作用后，电路能自动回到有效序列，这种能力称为电路具有自启动能力。

【实践运用】

一、集成数码寄存器 74LS173 简介

74LS173 是一个 4 位的集成数码 D 寄存器，其引脚功能如图 9.6 所示。其中 CR 是异步清零控制端。在往寄存器中寄存数据或代码之前，必须先将寄存器清零，否则有可能出错。EN_A、EN_B 为控制端，低电平有效，即 EN_A、EN_B 端均为低电平时，输出端为正常逻辑状态，可以直接驱动负载或总线；当 EN_A 或 EN_B 端为高电平时，输出呈高阻态，既不能驱动总线也不为总线的负载。ST_A、ST_B 为数据选通端，低电平有效，即 ST_A 和 ST_B 均为低电平时，在时钟脉冲上升沿的作用下，$1D \sim 4D$ 进入相应的触发器。数据选通端主要起寄存器扩展的作用，便于构成多端口寄存器阵。$1D \sim 4D$ 是数据输入端，$1Q \sim 4Q$ 为数据输出端，CP 为时钟脉冲输入端。与其具有相同功能的还有 54LS173。

二、集成移位寄存器 74LS194 简介

74LS194 是一个四位双向通用移位寄存器，其逻辑符号及引脚排列如图 9.7 所示。它与功能相同的 CC40194 可互换使用。

图 9.6　74LS173
引脚功能图

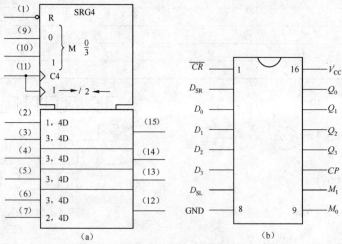

(a)　　　　　　　　　　　(b)

图 9.7　74LS194 四位双向移位寄存器

其中 D_0、D_1、D_2、D_3 为并行输入端；Q_0、Q_1、Q_2、Q_3 为并行输出端；$\overline{CR}$ 是清零端，当 $\overline{CR}=0$ 时，各输出端均为 0。寄存器工作时，$\overline{CR}$ 应为高电平。这里，寄存器工作方式由 M_1、M_0 的状态决定，即 $M_1M_0=00$ 时，寄存器数据保持不变；$M_1M_0=01$ 时，寄存器为右移工作方式，D_{SR} 为右移串行输入端；$M_1M_0=10$ 时，寄存器为左移工作方式，D_{SL} 为左移串行输入端；$M_1M_0=11$ 时，寄存器为并行输入方式，即在 CP 脉冲上升沿作用下，将输入 $D_0\sim D_3$ 的数据同时存入寄存器中，$Q_0\sim Q_3$ 是寄存器的输出端。

图中 M_1、M_0 为工作方式控制端，它们的不同取值决定了寄存器的不同功能，如保持、右移、左移及并行输入等。表 9.3 是它的逻辑功能表。

表 9.3　74LS194 的逻辑功能表

$\overline{CR}$	M_1	M_0	CP	功　　能
0	×	×	×	清零
1	0	0	↑	保持
1	0	1	↑	右移
1	1	0	↑	左移
1	1	1	↑	并行输入

三、移位寄存器的应用

移位寄存器应用很广，可构成移位寄存器型计数器、顺序脉冲发生器、串行累加器，还可用做数据转换，即把串行数据转换为并行数据，或把并行数据转换为串行数据等。

1. 环形计数器

把移位寄存器的输出反馈到它的串行输入端，就可以进行循环移位，如图 9.8 所示。把输出端 Q_3 和右移串行输入端 D_{SR} 相连接，设初始状态 $Q_0Q_1Q_2Q_3=1000$，则在时钟脉冲作用下 $Q_0Q_1Q_2Q_3$ 将依次变为 0100→0010→0001→1000→……如表 9.4 所示。可见它是一个具有 4 个有效状态的计数器，这种类型的计数器通常称为环形计数器。该电路还可以由各个输出端输出在时间上有先后顺序的脉冲，因此也可作为顺序脉冲发生器。

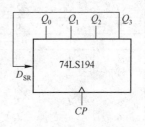

图 9.8　环形计数器

表 9.4　脉冲作用下输出端变化结果

CP	Q_0	Q_1	Q_2	Q_3
0	1	0	0	0
1	0	1	0	0
2	0	0	1	0
3	0	0	0	1

如果将输出 Q_0 与左移串行输入端 D_{SL} 相连接，即可实现左移循环移位。

2. 实现数据串、并行转换

串行/并行转换是指串行输入的数码，经转换电路之后变换成并行输出。

如图 9.9 所示是用两片 74LS194（CC40194）四位双向移位寄存器组成的七位串/并行数据转换电路。

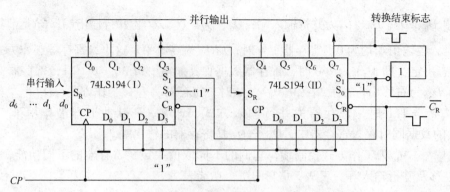

图9.9 七位串行/并行转换器

电路中 S_0 端接高电平1，S_1 端受 Q_7 端控制，两片寄存器连接成串行输入右移工作模式。Q_7 端是转换结束标志。当 Q_7 端为1时，S_1 端为0，使之成为 S_1S_0 端为01的串入右移工作方式；当 Q_7 端为0时，S_1 端为1，有 S_1S_0 端为10，则串行送数结束，标志着串行输入的数据已转换成并行输出了。

串行/并行转换的具体过程如下。

转换前，$\overline{C_R}$ 端加低电平，使1、2两片寄存器的内容清零，此时 S_1S_0 端为11，寄存器执行并行输入工作方式。当第一个 CP 脉冲到来后，寄存器的输出端 $Q_0 \sim Q_7$ 为01111111，与此同时 S_1S_0 端变为01，转换电路变为执行串入右移工作方式，串行输入数据由1片的 S_R 端加入。随着 CP 脉冲的依次加入，输出状态的变化可列成如表9.5所示。

表9.5 输出状态的变化

CP	Q_0	Q_1	Q_2	Q_3	Q_4	Q_5	Q_6	Q_7	说明
0	0	0	0	0	0	0	0	0	清零
1	0	1	1	1	1	1	1	1	送数
2	d_0	0	1	1	1	1	1	1	
3	d_1	d_0	0	1	1	1	1	1	右
4	d_2	d_1	d_0	0	1	1	1	1	移
5	d_3	d_2	d_1	d_0	0	1	1	1	操
6	d_4	d_3	d_2	d_1	d_0	0	1	1	作
7	d_5	d_4	d_3	d_2	d_1	d_0	0	1	七
8	d_6	d_5	d_4	d_3	d_2	d_1	d_0	0	次
9	0	1	1	1	1	1	1	1	送数

由表9.5可见，右移操作七次之后，Q_7 端变为0，S_1S_0 端又变为11，说明串行输入结束。这时，串行输入的数码已经转换成了并行输出了。

当再来一个 CP 脉冲时，电路又重新执行一次并行输入，为第二组串行数码转换做好了准备。

中规模集成移位寄存器，其位数往往以4位居多，当需要的位数多于4位时，可把几片移位寄存器用级联的方法连接起来以扩展位数。

【巩固训练】

一、填空题

1. 时序电路主要由_____和_____构成，是一种具有_____功能的逻辑电路，常见的时序电路类型有_____和_____。

2. 寄存器在断电后，所存储的数码_____。

3. 如图 9.10 所示为_____寄存器，$D_0 \sim D_2$ 为_____端，$Q_0 \sim Q_2$ 为_____端，CR 为寄存器的_____端，_____电平时清零有效。

4. 如图 9.11 所示的数码寄存器，原始状态为 $Q_2Q_1Q_0 = 100$，输入数码 $D_2D_1D_0 = 010$，在 CP 脉冲作用下，$Q_2Q_1Q_0$ 的状态变为_____。

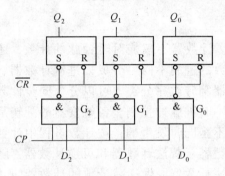

图 9.10　第 3 题图

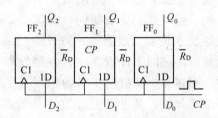

图 9.11　第 4 题图

5. 移位寄存器根据输入输出方式不同可分为 _____、_____、_____ 和 _____ 4 种。

二、选择题

6. 寄存器主要用于（　　）。

　　A. 存储数码和信息　　　　　　　B. 永久存储二进制数码

　　C. 存储十进制数码　　　　　　　D. 暂存数码和信息

7. 如果要寄存 6 位二进制数码，通常要用（　　）个触发器来构成寄存器。

　　A. 2　　　　　　B. 3　　　　　　C. 6　　　　　　D. 12

8. 如图 9.12 所示的寄存器可以存储（　　）位二进制数码。

　　A. 2　　　　　　B. 3　　　　　　C. 4　　　　　　D. 6

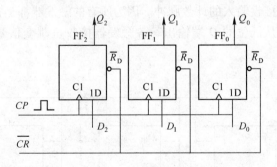

图 9.12　第 8 题图

三、实践操作题

9. 试画出由 JK 触发器组成的 3 位移位寄存器的电路图。

10. 试用两片 74LS194（CC40194）组成一个七位并行/串行转换电路。

9.2 计 数 器

【问题呈现】

还记得十字路口的交通红绿灯和那变化的数字是用什么显示的吗？那红绿灯的倒计时又是由什么来控制的呢？

【知识探究】

计数器是数字系统中使用最多的时序电路。计数器不仅能对时钟脉冲计数，还可以用于分频、定时等。计数器的种类繁多，按计数的进制不同可分成二进制计数器、十进制计数器及 N 进制计数器等；按计数器的触发器翻转次序分类，可以分为同步计数器和异步计数器。在同步计数器中，各触发器受同一时钟脉冲控制，各触发器的翻转是同时发生的，而在异步计数器中，各触发器的翻转不是同时发生的；按计数过程中计数器中的数字增减分类，又可以把计数器分为加法计数器、减法计数器和可逆计数器。随着计数脉冲的不断输入而做递增计数的计数器叫加法计数器，做递减计数的计数器叫减法计数器，可增可减的计数器叫可逆计数器。

一、二进制计数器

二进制计数器是构成其他各种计数器的基础。二进制计数器是指按二进制编码方式进行计数的电路。用 n 表示二进制代码的位数（也就是相对应的触发器的个数），用 N 表示有效状态数，在二进制计数器中有 $N = 2^n$ 个状态。

1. 异步加法计数器

每输入一个脉冲，就进行一次加 1 运算的计数器称为加法计数器，也称为递增计数器。异步加法计数器在计数时是采用从低位到高位逐位进位的方式工作的。因此，其中的各个触发器不是同步翻转的。

如图 9.13 所示是由 3 个下降沿触发的 JK 触发器构成的异步加法计数器。图中 FF_0 为最低位触发器，其控制端接收输入的计数脉冲。因为所有的触发器都是在时钟信号的下降沿动作的，所以进位信号应从低位的 Q 端输出。各触发器接收负跳变信号时状态就翻转，它的时序图如图 9.14 所示。

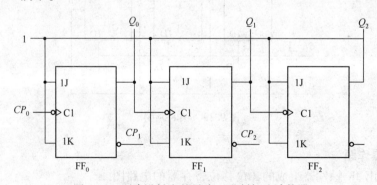

图 9.13　下降沿触发的异步二进制加法计数器

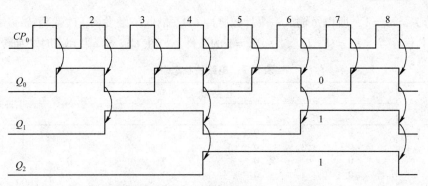

图 9.14　异步二进制加法计数器时序图

输入脉冲数与对应的二进制数如表 9.6 所示，便实现了输入脉冲的二进制递增计数。

表 9.6　输入脉冲数与对应的二进制数

计 数 脉 冲	Q_2	Q_1	Q_0
0	0	0	0
1	0	0	1
2	0	1	0
3	0	1	1
4	1	0	0
5	1	0	1
6	1	1	0
7	1	1	1
8	0	0	0

2. 同步加法计数器

异步二进制计数器由于进位信号是逐步传送的，因此它的计数速度会受到限制。为了提高计数速度，可采用同步计数器，其特点是，计数脉冲同时接于各位触发器的时钟脉冲输入端，当计数脉冲到来时，各触发器同时被触发，应该翻转的触发器是同时翻转的。同步计数器也可称为并行计数器。

如图 9.15 所示是用 JK 触发器（但已令 $J = K$）组成的 4 位二进制（$N = 16$）同步加法计数器。

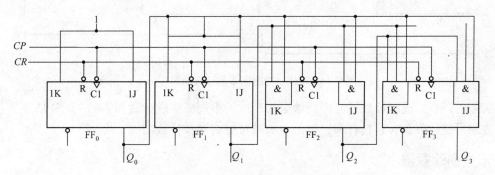

图 9.15　4 位二进制同步加计数器

由图可见，各位触发器的时钟脉冲输入端接同一计数脉冲 CP，各触发器的驱动方程分别为 $J_0 = K_0 = 1$、$J_1 = K_1 = Q_0$、$J_2 = K_2 = Q_0 Q_1$、$J_3 = K_3 = Q_0 Q_1 Q_2$。

根据同步时序电路的分析方法，可得到该电路的状态表，如表 9.7 所示。设从初态 0000

开始，因为 $J_0 = K_0 = 1$，所以每输入一个计数脉冲 CP，最低位触发器 FF_0 就翻转一次，其他位的触发器 FF_i 仅在 $J_i = K_i = Q_{i-1}Q_{i-2}\cdots\cdots Q_0 = 1$ 的条件下，在 CP 下降沿到来时才翻转。

表9.7　电路的状态表

计算脉冲 CP 的顺序	电路状态				等效十进制数
	Q_3	Q_2	Q_1	Q_0	
0	0	0	0	0	0
1	0	0	0	1	1
2	0	0	1	0	2
3	0	0	1	1	3
4	0	1	0	0	4
5	0	1	0	1	5
6	0	1	1	0	6
7	0	1	1	1	7
8	1	0	0	0	8
9	1	0	0	1	9
10	1	0	1	0	10
11	1	0	1	1	11
12	1	1	0	0	12
13	1	1	0	1	13
14	1	1	1	0	14
15	1	1	1	1	15
16	0	0	0	0	0

图9.16 是 4 位二进制同步加计数器的时序图。由此图可知，在同步计数器中，由于计数脉冲 CP 同时作用于各个触发器，因此所有触发器的翻转是同时进行的。

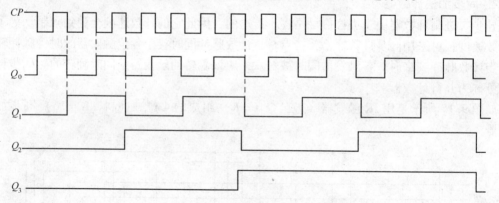

图9.16　4位二进制同步加计数器时序图

实际的同步二进制计数器已广泛地采用现成的中规模集成计数器，如 74LS193 是 4 位同步二进制可逆计数器。它具有预置数码、加减可逆的同步计数功能，应用十分方便。

二、十进制计数器

虽然二进制计数器有电路结构简单、运算方便的优点，但日常生活中人们使用的是十进制计数。因此，数字系统中经常要用到十进制计数器。按照二－十进制编码方式进行计数的计数器叫做 BCD 码十进制计数器，简称十进制计数器。4 位二进制可表示 16 个状态，而表示十进制数码只要 10 个状态即可，因此需去掉 1010 ～ 1111 这 6 个状态。十进制加法计数器状态如表 9.8 所示。

表 9.8 8421BCD 编码表

输入脉冲个数	二进制数码				对应的十进制数码
	Q_3	Q_2	Q_1	Q_0	
0	0	0	0	0	0
1	0	0	0	1	1
2	0	0	1	0	2
3	0	0	1	1	3
4	0	1	0	0	4
5	0	1	0	1	5
6	0	1	1	0	6
7	0	1	1	1	7
8	1	0	0	0	8
9	1	0	0	1	9
10	1	0	1	0	不用
11	1	0	1	1	
12	1	1	0	0	
13	1	1	0	1	
14	1	1	1	0	
15	1	1	1	1	
16	0	0	0	0	
权	8	4	2	1	

异步十进制加法计数器电路如图 9.17 所示，它由 4 个 JK 触发器组成，与二进制加法计数器的主要差异是跳过了二进制数码 1010 ～ 1111 的 6 个状态。它的电路时序图如图 9.18 所示。

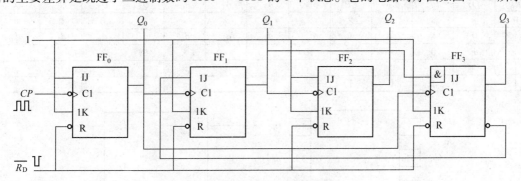

图 9.17 异步十进制加法计数器

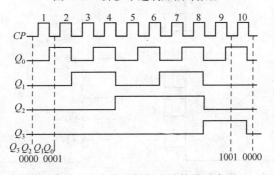

图 9.18 异步十进制加法计数器时序图

目前实际的二 – 十进制集成计数器已有多种型号可供选用，如可预置的十进制同步计数器 74LS160。

【技能方法】

一、时序逻辑电路的设计

时序逻辑电路设计是时序电路分析的逆过程，即根据给定的逻辑功能要求，选择适当的逻辑器件，设计出符合要求的时序逻辑电路，并用尽可能少的时钟触发器和门电路来实现。

设计同步时序电路的一般过程如图 9.19 所示。

图 9.19　同步时序电路的设计过程

二、集成四位同步二进制可预置计数器 74LS161 简介

图 9.20 为 74LS161 型四位同步二进制可预置计数器的外引线排列图及其逻辑符号，其中 $\bar{R}_D$ 是直接清零端，$\overline{LD}$ 是预置数控制端，$A_3A_2A_1A_0$ 是预置数据输入端，EP 和 ET 是计数控制端，$Q_3Q_2Q_1Q_0$ 是计数输出端，RCO 是进位输出端。74LS161 型计数器的功能表如表 9.9 所示。

表 9.9　74LS161 型四位同步二进制计数器的功能表

清零	预置	控制		时钟	预置数据输入				输　　出			
$\bar{R}_D$	$\overline{LD}$	EP	ET	CP	A_3	A_2	A_1	A_0	Q_3	Q_2	Q_1	Q_0
0	×	×	×	×	×	×	×	×	0	0	0	0
1	0	×	×	↑	d_3	d_2	d_1	d_0	d_3	d_2	d_1	d_0
1	1	0	×	×	×	×	×	×	保持			
1	1	×	0	×	×	×	×	×	保持			
1	1	1	1	↑	×	×	×	×	计数			

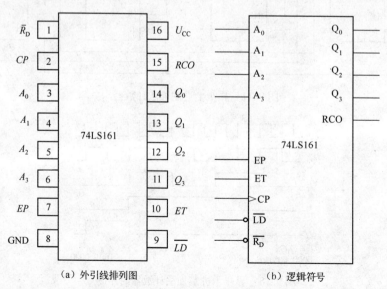

（a）外引线排列图　　　　　　（b）逻辑符号

图 9.20　74LS161 型四位同步二进制计数器

由表 9.9 可知，74LS161 具有以下功能。

（1）异步清零。$\overline{R}_D = 0$ 时，计数器输出被直接清零，与其他输入端的状态无关。

（2）同步并行预置数。在 $\overline{R}_D = 1$ 条件下，当 $\overline{LD} = 0$ 且有时钟脉冲 CP 的上升沿作用时，A_3、A_2、A_1、A_0 输入端的数据 d_3、d_2、d_1、d_0 将分别被 Q_3、Q_2、Q_1、Q_0 所接收。

（3）保持。在 $\overline{R}_D = \overline{LD} = 1$ 条件下，当 $ET \cdot EP = 0$，不管有无 CP 脉冲作用，计数器都将保持原有状态不变。需要说明的是，当 $EP = 0$，$ET = 1$ 时，进位输出 RCO 也保持不变；而当 $ET = 0$ 时，不管 EP 状态如何，进位输出 $RCO = 0$。

（4）计数。当 $\overline{R}_D = \overline{LD} = EP = ET = 1$ 时，74LS161 处于计数状态。

计数器 74LS161 的级联应用。为了扩大计数器范围，常将多个二进制计数器级联使用。同步计数器往往设有进位（或借位）输出端，故可选用其进位（或借位）输出信号来驱动下一级计数器。如图 9.21 所示是由 74LS161 利用进位输出控制高一位的加计数端构成的级联示意图。

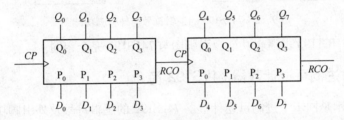

图 9.21 级联应用示意图

74HC161、74HCT161 的逻辑功能、外形和尺寸、引脚排列顺序等与 74LS161 完全相同。

三、集成四位同步二进制加/减计数器 74LS193 简介

如图 9.22 所示是 74LS193 的逻辑符号与外引脚功能图。其中 $Q_0 \sim Q_3$ 是数码输出端；$D_0 \sim D_3$ 为并行数据输入端；$\overline{BO}$ 是借位输出端（减法计数下溢时，输出低电平脉冲）；$\overline{CO}$ 是进位输出端（加法计数上溢时，输出低电平脉冲）；CP_U 是加法计数时计数脉冲输入端；CP_D 为减法计数时计数脉冲输入端。CR 为置 0 端，高电平有效。$\overline{LD}$ 为置数控制端，低电平有效，其功能如表 9.10 所示。

表 9.10　四位二进制加/减同步计数器 74LS193 的功能表

输　入								输　出			
CR	$\overline{LD}$	CP_U	CP_D	D_0	D_1	D_2	D_3	Q_0	Q_1	Q_2	Q_3
1	×	×	×	×	×	×	×	0	0	0	0
0	0	×	×	d_0	d_1	d_2	d_3	d_0	d_1	d_2	d_3
0	1	↑	1	×	×	×	×	加法计数			
0	1	1	↑	×	×	×	×	减法计数			

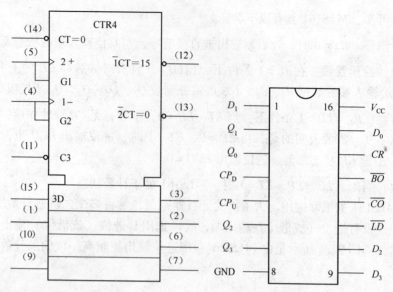

图 9.22　74LS193 的逻辑符号与外引脚功能图

74HC193、74HCT193 的逻辑功能及引脚图与 74LS193 完全相同。

四、集成同步十进制可逆计数器 74LS192 简介

如图 9.23 所示是同步十进制可逆计数器 74LS192 的逻辑符号及外引脚功能图。其中 CR 是直接清零端，高电平有效，$\overline{LD}$ 是预置数控制端低电平有效，D_3、D_2、D_1、D_0 是预置数据输入端，CP_D 是减计数时钟脉冲输入端，CP_U 是加计数时钟脉冲输入端，Q_3、Q_2、Q_1、Q_0 是计数输出端，CO 是进位输出端，低电平有效，BO 是借位输出端，低电平有效。

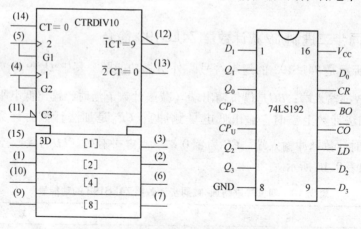

图 9.23　同步十进制加法计数器 74LS192

74LS192 具有异步清零、异步预置数码、十进制加减计数，以及保持原态 4 种逻辑功能。计数时，在计数脉冲的上升沿作用有效。表 9.11 列出了它的主要功能，说明如下。

（1）当 $CR = 1$ 时，计数器置 0，即 $Q_3Q_2Q_1Q_0 = 0\,0\,0\,0$。

（2）当 $CR = 0$、$\overline{LD} = 0$ 时，完成预置码的功能。数据输入端的数据 $d_0 \sim d_3$，并行存入内部计数器中，达到预置数据的目的，即 $Q_3Q_2Q_1Q_0 = d_3d_2d_1d_0$。

表9.11　74LS192 的功能表

输　入											输　出			
CR	$\overline{LD}$	CP_D	CP_U			D_3	D_2	D_1	D_0	Q_3	Q_2	Q_1	Q_0
1	×	×	×	×	×	×	×	×	×	0	0	0	0
0	0	×	×			d_3	d_2	d_1	d_0	d_3	d_2	d_1	d_0
0	1	↑	1			×	×	×	×	减法计数			
0	1	1	↑			×	×	×	×	加法计数			
0	1	1	1			×	×	×	×	保持			

　　集成计数器在一些简单小型数字系统中被广泛应用，因为它们具有体积小、功耗低、功能灵活等优点。集成计数器的类型很多，表9.12 列举了若干集成计数器产品。

表9.12　几种集成计数器

CP 脉冲引入方式	型　号	计 数 模 式	清 零 方 式	预置数码方式
同步	74LS161	四位二进制加法	异步（低电平）	同步
	74HC161	四位二进制加法	异步（低电平）	同步
	74HCT161	四位二进制加法	异步（低电平）	同步
	74LS191	单时钟四位二进制可逆	无	异步
	74LS193	双时钟四位二进制可逆	异步（高电平）	异步
	74LS160	十进制加法	异步（低电平）	同步
	74LS190	单时钟十进制可逆	无	异步
	74LS192	双时钟十进制可逆计数器	异步（高电平）	异步
异步	74LS293	双时钟四位二进制加法	异步	无
	74LS290	二－五－十进制加法	异步	异步

五、集成计数器 74LS193 的功能测试

　　74LS193 计数器的测试图如图9.24 所示。按如图9.24 所示连接线路进行 74LS193 的功能验证。

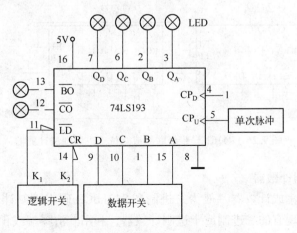

图 9.24　74LS193 计数器的测试图

（1）清零：74LS193 的 CR 端是"1"信号起作用，即 $CR=1$ 时，74LS193 清零。测试时，将 CR 置1，观察输出 LED 的状态。

（2）计数：74LS193 可以加、减计数。在计数状态时，即 $CR=0$，$\overline{LD}=1$，$CP_D=1$，CP_U 输入脉冲，计数器为加法计数器；$CP_U=1$，CP_D 输入脉冲，计数器为减法计数器。观察输出 LED 的状态。

（3）置数：$CR=0$，置数开关为任意二进制数（如0111），拨动逻辑开关 K_1（$\overline{LD}=0$），则数据 D，C，B，A 送入 $Q_D \sim Q_A$ 中。观察输出 LED 的状态。

用 74LS193 也可实现任意进制计数器，这里不再一一实验了。读者可以试做一下其他几个任意进制的计数器。

【实践运用】

1. 计数器的级联

两个模 N 计数器级联，可实现 $N \times N$ 的计数器。

1）同步级联

图 9.25 是用两片四位二进制加法计数器 74161 采用同步级联方式构成的八位二进制同步加法数器，模为 $16 \times 16 = 256$。

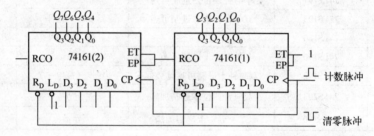

图 9.25　74161 同步级联组成八位二进制加法计数器

2）异步级联

图 9.26 是用两片 74161 采用异步级联方式构成的八位二进制加法计数器。

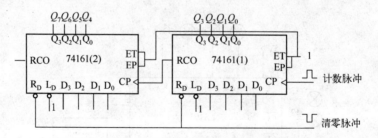

图 9.26　74161 异步级联组成八位二进制加法计数器

2. 组成任意进制计数器

市场上能买到的集成计数器一般为二进制和 8421BCD 码十进制计数器，如果需要其他进制的计数器，可用现有的二进制或十进制计数器，利用其清零端或预置数端，外加适当的门电路连接而成。

1）异步清零法

适用于具有异步清零端的集成计数器。如图9.27（a）所示是用集成计数器74161和与非门组成的六进制计数器。如图9.27（b）所示是其状态转换图。

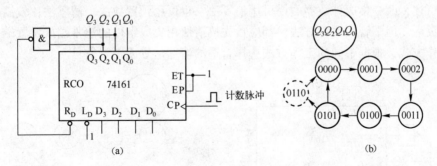

图9.27　异步清零法组成的六进制计数器

2）同步清零法

适用于具有同步清零端的集成计数器。如图9.28（a）所示是用集成计数器74163和与非门组成的六进制计数器。如图9.28（b）所示是其状态转换图。

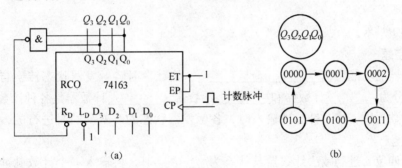

图9.28　同步清零法组成的六进制计数器

3）异步预置数法

适用于具有异步预置端的集成计数器。如图9.29（a）所示是用集成计数器74191和与非门组成的十进制计数器。该电路的有效状态是 0011 ～ 1100，共 10 个状态，可作为余 3 码计数器。如图9.29（b）所示是其状态转换图。

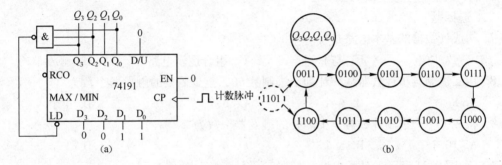

图9.29　异步置数法组成的余 3 码十进制计数器

4）同步预置数法

适用于具有同步预置端的集成计数器。如图9.30（a）所示是用集成计数器74160和与非门组成的七进制计数器。如图9.30（b）所示是其状态转换图。

综上所述，改变集成计数器的模可用清零法，也可用预置数法。清零法比较简单，预置数法比较灵活。但不管用哪种方法，都应首先搞清所用集成组件的清零端或预置端是异步还是同步工作方式，根据不同的工作方式选择合适的清零信号或预置信号。

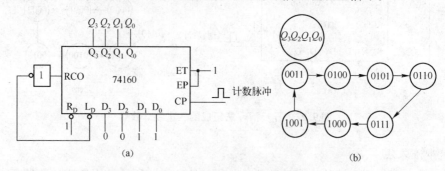

图9.30 同步预置数法组成的七进制计数器

【巩固训练】

一、填空题

1. 计数器的功能是＿＿＿＿＿＿＿＿＿＿＿，按计数时各触发器状态转换与计数脉冲是否同步，可分为＿＿＿＿计数器和＿＿＿＿计数器。＿＿＿＿计数器是各种计数器的基础。

2. 在计数器中，当时钟脉冲输入时，各触发器状态的改变是同时进行的，这种计数器称为＿＿＿＿。

3. 一个四位二进制减法计数器其状态为＿＿＿＿时，再输入一个计数脉冲，计数状态为1111。

4. 用 n 个触发器构成的计数器，计数容量最多可为＿＿＿＿。

5. 4个触发器构成8421BCD码计数器，共有＿＿＿＿个无效状态，即跳过二进制数码＿＿＿＿到＿＿＿＿6个状态。

6. 具有3个触发器的二进制计数器，它有＿＿＿＿种计数状态；具有4个触发器的二进制计数，它有＿＿＿＿种计数状态。

二、选择题

7. 构成计数器的基本电路是（　　）。

　　A. 或非门　　　　　　B. 与非门　　　　　　C. 组合逻辑电路　　　　　　D. 触发器

8. 用二进制异步计数器从0计到十进制数60，至少需要的触发器个数为（　　）。

　　A. 8个　　　　　　B. 6个　　　　　　C. 5个　　　　　　D. 4个

9. 构成1个十进制计数器至少需要的触发器个数为（　　）。

　　A. 10个　　　　　　B. 8个　　　　　　C. 4个　　　　　　D. 3个

10. 如图9.31所示的计数电路类型属于（　　）计数器。

　　A. 二位二进制异步加法　　　　　　　　B. 二位二进制同步减法

C. 二位二进制同步加法　　　　　　D. 二位二进制异步减法

11. 如图 9.32 所示的计数电路类型属于（　　）计数器。

A. 3 位二进制异步加法　　　　　　B. 3 位二进制同步加法

C. 3 位二进制异步减法　　　　　　D. 3 位二进制同步减法

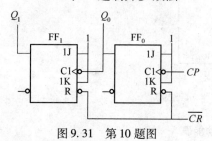
　　　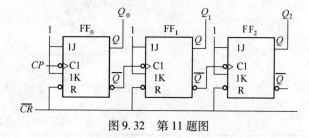

图 9.31　第 10 题图　　　　　　　　图 9.32　第 11 题图

三、分析题

12. 如图 9.33（a）所示的电路为 D 触发器构成的计数器。试说明其功能，并在图 9.33（b）中画出各输出端的时序图（设各触发器的初始状态为 0）。

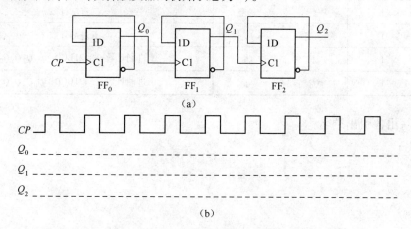

图 9.33　第 12 题图

13. 试将图 9.34（a）所示的各触发器连接成异步三位二进制递减计数器。设各触发器的初始状态均为 0，试在图 9.34（b）中画出时序图。

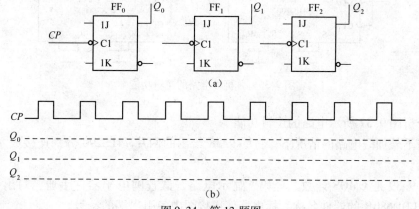

图 9.34　第 13 题图

14. 二－五－十进制计数器 74LS290 的符号如图 9.35 所示，其逻辑功能如表 9.13 所示。

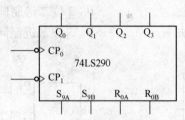

图 9.35　二－五－十进制计数器 74LS290

表 9.13　74LS290 逻辑功能表

$R_{0A} \cdot R_{0B}$	$S_{9A} \cdot S_{9B}$	CP_0	CP_1	Q_0	Q_1	Q_2	Q_3
×	H	×	×	H	L	L	H
H	L	×	×	L	L	L	L
L	L	↓	悬空	二进制计数			
L	L	悬空	↓	五进制计数			
L	L	↓	Q_0	十进制计数（8421BCD，$Q_3Q_2Q_1Q_0$）			
L	L	Q_3	↓	十进制计数（5421BCD，$Q_0Q_3Q_2Q_1$）			

（1）试写出各引出端名称。

$Q_0 \sim Q_3$：

CP_0：

CP_1：

R_{0A}、R_{0B}：

S_{9A}、S_{9B}：

（2）分析图 9.36 所示各电路的逻辑功能，并画出状态转换图。

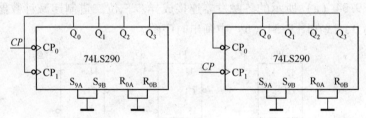

图 9.36　分析各电路的逻辑功能

（3）分析图 9.37 所示电路的逻辑功能。

（4）在不外加门电路的情况下，将图 9.38 给出的两片 74LS290 分别连接成六进制、七进制计数器。

15. 图 9.39 是 CMOS 计数、译码、显示电路，试查阅电子器件手册，写出 CC4518B、CC4511B、LDD680R 的器件名称。标出器件连接图中各引出端的符号。

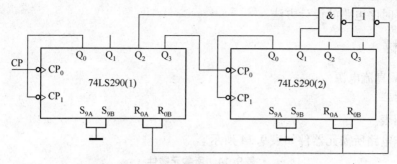

图 9.37 分析此电路的逻辑功能

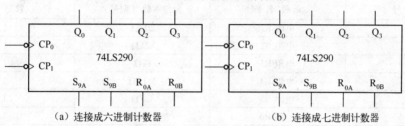

（a）连接成六进制计数器　　　　　　　（b）连接成七进制计数器

图 9.38 连接成指定计数器

CC4518B 的名称是：_____；

CC4511B 的名称是：_____；

LDD680R 的名称是：_____；

本电路的功能是_____进制计数、译码、显示电路。

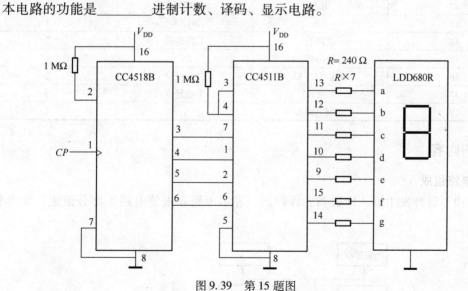

图 9.39 第 15 题图

实验实训 篮球比赛 24 秒倒计时电路的设计与制作

一、实训目的

（1）掌握中规模集成电路的使用方法。

（2）掌握计数器级联方法。

（3）理解时序电路的设计方法。

二、实训器材

（1）+5V 直流电源。

（2）示波器。

（3）万用表。

（4）制作电路所需元器件如表9.14所示。

表9.14　所需元器件

序　号	元件名称	元件参数（型号）	数　量
1	电阻 R1	20kΩ	1
2	电阻 R2	62kΩ	1
3	电阻 R3	1kΩ	1
4	电阻 R4	3.1kΩ	1
5	电阻 R5	4.7Ω	1
6	电阻 R6	1.5kΩ	1
7	电容 C1	10μF	1
8	电容 C2	0.01μF	1
9	发光二极管	红色	1
10	IC1、IC2	74LS48	2
11	IC3、IC4	74LS192	2
12	IC5	NE555	1
13	IC6	74LS00	1
14	数码管	七段共阴	2
15	蜂鸣器	5V	1
16	按钮 K1、K2	自动复位	2
17	按钮 K3	手动复位	1
18	印制电路板		1

三、实训内容

1. 电路组成

电路由秒脉冲发生器、计数器、译码器、显示电路和报警电路5部分组成，如图9.40所示。

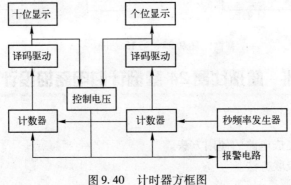

图9.40　计时器方框图

其整机电路如图 9.41 所示。

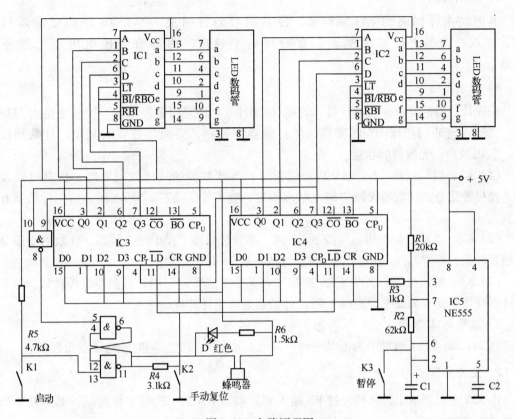

图 9.41　电路原理图

1）秒脉冲发生器

秒脉冲产生电路由 555 定时器和外接元件 R1、R2、C1 构成多谐振荡器。

输出脉冲的频率为

$$f = \frac{1}{t_1 + t_2}$$

$$f = \frac{1.44}{(R_1 + 2R_2) \cdot C}$$

经过计算得到 $f \approx 1\text{Hz}$，即 1 秒。

2）计数器

计数器由两片 74LS192 同步十进制可逆计数器构成。

利用减计数的预置数端 $R_D = 0$，$\overline{LD} = 0$，$CP_D = 1$，实现计数器按 8421 码递减进行减计

数。利用借位输出端 $\overline{BO}$ 与下一级的 CP_D 连接，实现计数器之间的级联。

利用预置数端LD实现异步置数。当$R_0 = 0$，且$\overline{LD} = 0$时，不管CP_U和CP_D时钟输入端的状态如何，都将使计数器的输出等于并行输入数据，即$Q_3Q_2Q_1Q_0 = D_3D_2D_1D_0$。

3）译码及显示电路

本电路由译码驱动74LS48和7段共阴数码管组成。74LS48译码驱动器具有以下特点：内部上拉输出驱动、有效高电平输出、内部有升压电阻而无须外接电阻。

4）控制电路

完成计数器的复位、启动计数、暂停/继续计数、声光报警等功能。控制电路由74LS00四－二输入与非门组成RS触发器，受计数器的控制，实现计数器的复位、计数和保持"24"，以及声、光报警的功能。

（1）K1：启动按钮。K1处于断开位置时，当计数器递减计数到零时，控制电路发出声、光报警信号，计数器保持"24"状态不变，处于等待状态。当K1闭合时，计数器开始计数。

（2）K2：手动复位按钮。当按下K2时，不管计数器工作于什么状态，计数器立即复位到预置数值，即"24"。当松开K2时，计数器从24开始计数。

（3）K3：暂停按钮。当"暂停/连续"开关处于"暂停"时，计数器暂停计数，显示器保持不变，当此开关处于"连续"时，计数器继续累计计数。

5）报警电路

当74LS00第11脚输出为低电平时，发光二极管D发光，同时蜂鸣器发出报警。

2. 工作原理

由555定时器输出秒脉冲经过R3输入到计数器IC4的CP_D端，作为减计数脉冲。当计数器计数计到0时，IC4的13脚输出借位脉冲使十位计数器IC3开始计数。当计数器计数到"00"时应使计数器复位并置数"24"。但这时将不会显示"00"，而计数器从"01"直接复位。由于"00"是一个过渡时期，不会显示出来，所以本电路采用"99"作为计数器复位脉冲。当计数器由"00"跳变到"99"时，利用个位和十位的"9"即"1001"通过74LS00与非门去触发RS触发器使电路翻转，从11脚输出低电平使计数器置数，并保持为"24"，同时D发光二极管亮，蜂鸣器发出报警声，即声光报警。按下K1时，RS触发器翻转11脚输出高电平，计数器开始计数。若按下K2，计数器立即复位，松开K2计数器又开始计数。若需要暂停时，按下K3，振荡器停止振荡，使计数器保持不变，断开K3后，计数器继续计数。

3. 实训过程

（1）按图9.41在印制电路板上安装电路，印制电路板如图9.42所示。检查无误接通+5V电源。用示波器观察IC5第3脚输出信号波形。

（2）按下K1观察倒计时情况。

（3）按下K2观察手动复位功能。

（4）按下K3观察在倒计时过程中暂停/继续的功能。

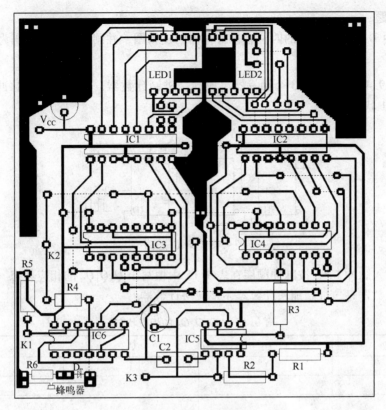

图 9.42 印制电路板

总 结 评 价

【自我检测】

一、填空题

1. 数码寄存器主要由_____和_____所组成，其功能是用来暂存_____制数码。

2. 寄存器按其接收数码的方式不同可分为_____和_____两种。

3. 时序电路是由_____和_____所组成的。

4. 计数器按 *CP* 控制触发方式不同可分为_____计数器和_____计数器。

二、选择题

5. 触发器是由逻辑门组成的，所以它的功能特点是（　　）。

    A. 和逻辑门功能相同　　　　B. 有记忆功能　　　　C. 没有记忆功能

6. 在下列触发器中，不能用于移位寄存器的是（　　）。

    A. D 触发器　　　　　　　　B. JK 触发器　　　　　C. 基本 RS 触发器

7. 下列电路中不属于时序电路的是（　　）。

    A. 同步计数器　　　　B. 数码寄存器　　　　C. 译码器　　　　D. 存储器

8. 在相同的时钟脉冲作用下，同步计数器和异步计数器比较，工作速度较快的是（　　）。

    A. 同步计数器　　　B. 异步计数器　　　C. 两者相同　　　D. 不能确定

225

三、分析题

9. 画出由 D 触发器组成的四位右移寄存器的逻辑图，并画出当输入数码为 1 0 1 1 时的波形图。

10. 如图 9.43 所示是由 3 个触发器组成的二进制计数器，工作前由负脉冲先通过 $\overline{S}_D$ 使电路显示 1 1 1 状态。

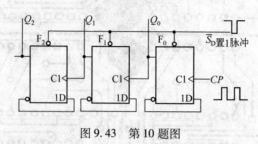

图 9.43　第 10 题图

（1）接输入脉冲 CP，按脉冲顺序在表 9.15 中填写出 $Q_2Q_1Q_0$ 的相应状态（0 或 1）。

（2）此计数器是二进制加法计数器还是减法计数器？

表 9.15　$Q_2Q_1Q_0$ 的相应状态

CP 个数	Q_2	Q_1	Q_0
0	1	1	1
1			
2			
3			
4			
5			
6			
7			
8			

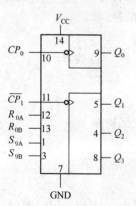

图 9.44　器件的引脚

R_{0A}，R_{0B}：异步复位端。

S_{9A}，S_{9B}：异步置 9 端。

Q_0：二分频输出。

11. 芯片 74LS290 是二 – 五 – 十进制异步计数器，器件的引脚如图 9.44 所示，功能表如表 9.16 所示，问：

（1）器件有哪些功能？

（2）复位时，如何连接？

（3）置 9 时，如何连接？

（4）8421BCD 码计数时，应如何连接？

（5）5421 码计数时，应如何连接？

引出端名称如下。

$\overline{CP}_0$：二分频时钟输入端（下降沿有效）。

$\overline{CP}_1$：五分频时钟输入端（下降沿有效）。

$Q_1 \sim Q_9$：五分频输出。

表 9.16 功能表

R_{0A}	R_{0B}	S_{9A}	S_{9B}	CP	Q_3	Q_2	Q_1	Q_0
1	1	0	×	×	0	0	0	0
1	1	×	0	×	0	0	0	0
×	×	1	1	×	1	0	0	1
×	0	×	0	↓	计数			
0	×	0	×	↓	计数			
0	×	×	0	↓	计数			
×	0	0	×	↓	计数			

12. 试用正边沿 JK 触发器组成四位二进制异步加法计数器，并画出逻辑图。

【自我总结】

请反思在本章学习中你的收获和疑惑，并写出你的体会和评价。

自我总结与评价表

内　　容		你的收获	你的疑惑
获得知识			
掌握方法			
习得技能			
学习体会			
学习评价	自我评价		
	同学互评		
	老师寄语		

*第10章　其他数字电路

【学习建议】

通过本章学习，你会知道多谐振荡器、单稳态触发器及施密特触发器的电路形式、工作原理、功能及基本应用，知道 555 时基电路的逻辑功能，会识别其引脚功能，能分析 555 时基电路在生活中的应用电路，会用 555 时基电路搭接多谐振荡器、单稳态触发器及施密特触发器，知道数模转换和模数转换的基本概念，能识别典型集成数模转换电路和模数转换电路的引脚功能，并能分析其应用电路。

学习本章借鉴前面几章的学习方法，通过实际应用电路来理解巩固知识和技能。

10.1　脉冲波形的产生与变换

【问题呈现】

在数字电路或系统中，常常需要各种脉冲波形，如时钟脉冲、控制过程的定时信号等。在电路实验和设备检测中，常常用到信号发生器。信号发生器又称信号源或振荡器，它能够产生多种波形，如三角波、锯齿波、矩形波（含方波）、正弦波。信号发生器具有十分广泛的用途。在工业、农业、生物医学等领域内，如高频感应加热、超声诊断、核磁共振成像等，都需要功率或大或小、频率或高或低的振荡器。这些脉冲波形的获取，通常采用两种方法：一种是利用脉冲信号产生器直接产生；另一种则是通过对已有信号进行变换，使之满足系统的要求。那脉冲信号是怎么产生的呢？对已有的信号要经过怎样的变换才能变为脉冲信号呢？

【知识探究】

一、多谐振荡器

由非门构成的 RC 多谐振荡器电路如图 10.1 所示。图中非门 G_1、G_2 连接成阻容耦合正反馈电路，使之产生振荡。该电路工作波形如图 10.2 所示。输出矩形脉冲的周期由电容充放电的时间常数决定，当 $R_1 = R_2 = R$、$C_1 = C_2 = C$ 时，振荡周期 $T \approx 1.4RC$。

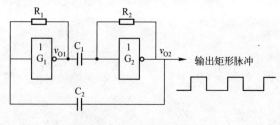

图 10.1　RC 多谐振荡器

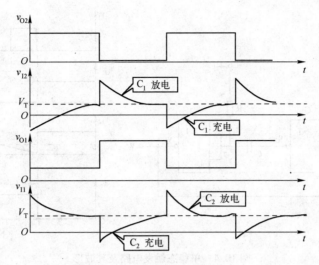

图 10.2　RC 多谐振荡器的波形

在上述电路中，由于定时元件 R、C 精度不是很高，且参数易受外界环境影响，故振荡频率精确性与稳定性不是很理想。为了获得高精度和高稳定性的脉冲信号，可选用石英晶体谐振器构成多谐振荡电路，如图 10.3 所示。该电路的振荡频率决定于石英晶体本身的谐振频率，与电路中 R、C 元件参数无关。

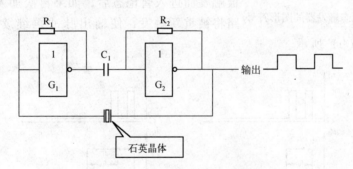

图 10.3　石英晶体多谐振荡器

多谐振荡器的特点是无稳定状态，通常用于产生矩形波，作为脉冲信号。

二、单稳态触发器

单稳态触发器是指有一个稳态和一个暂稳态的触发器。电路在外加触发脉冲的作用下，能够产生具有一定宽度和幅度的矩形脉冲信号。由或非门组成的单稳态触发电路如图 10.4（a）所示。

其工作波形如图 10.4（b）所示。其输出脉冲宽度 $t_W \approx 0.7RC$。

单稳态触发器应用十分普遍，在 TTL 电路和 CMOS 电路产品中，都有集成单稳态触发器件。使用这些器件时只需外接很少的元件，极为方便。

集成单稳态触发器分为两大类，即可重复触发器和不可重复触发器。其图形符号如图 10.5 所示，（a）图为不可重复触发器，（b）图为可重复触发器。不可重复触发的单

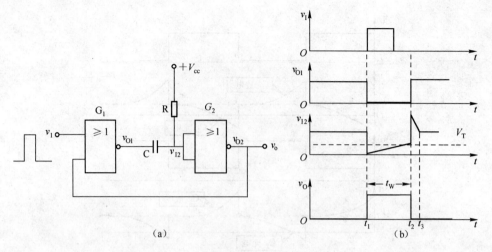

图 10.4　单稳态触发电路及其波形

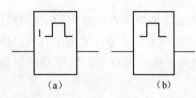

图 10.5　集成单稳态触发器的图形符号

稳态触发器一旦被触发并进入暂稳态后，再加入触发脉冲不会影响电路的工作过程，必须在暂稳态结束以后，它才能接收下一个触发脉冲而转入暂稳态，如图 10.6（a）所示。而可重复触发的单稳态触发在电路被触发而进入暂稳态后，如果再次加入触发脉冲，电路将被重新触发，使输出脉冲再继续维持一个 t_W 宽度，如图 10.6（b）所示。

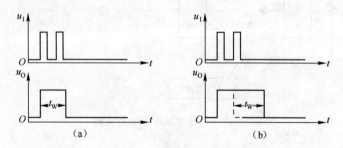

图 10.6　集成单稳态触发器的输出波形

74121，74221，74LS221 都是不可重复触发的单稳态触发器。属于可重复触发的触发器有 74122，74LS122，74LS123 等。

单稳态触发器具有如下的工作特性。

（1）有稳态和暂稳态两个工作状态。

（2）在外界的触发脉冲作用下，能从稳态翻转到暂稳态，在暂稳态维持一段时间以后，再自动返回稳态。

（3）暂稳态维持时间的长短取决于电路本身的参数，与触发脉冲的宽度和幅度无关。

三、施密特触发器

施密特触发器是一种靠输入信号维持的双稳态触发器。当输入信号电平升高至上限触发电平 V_{TH} 时，电路翻转到第二稳态；当输入触发信号降至下限触发电平 V_{TL} 时，电路就由第二稳态返回第一稳态。故施密特触发器两个稳态之间的翻转电压 V_{TH} 和 V_{TL} 是不同的，形成回差，其电压传输特性如图 10.7 所示。

由两个非门构成的施密特触发器如图 10.8 所示。其工作波形与传输特性如图 10.9 所示。

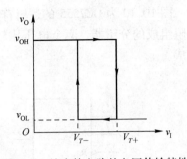

图 10.7　施密特电路的电压传输特性

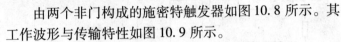

（a）逻辑电路　　　　　　　　（b）逻辑符号

图 10.8　施密特触发器的电路和符号

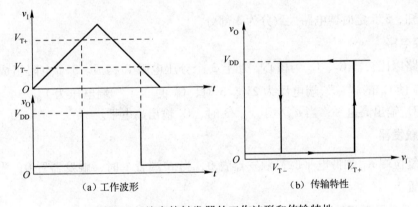

（a）工作波形　　　　　　　　（b）传输特性

图 10.9　施密特触发器的工作波形和传输特性

四、555 时基电路

555 定时器是一种应用极为广泛的数字 – 模拟混合集成电路。该电路使用灵活、方便，只需外接少量的阻容元件就可以构成单稳、多谐和施密特触发器。因而广泛用于信号的产生、变换、控制与检测。

目前生产的定时器有双极型和 CMOS 两种类型，其型号分别有 NE555（或 5G555）和 C7555 等多种。它们的结构及工作原理基本相同。通常，双极型定时器具有较大的驱动能力，而 CMOS 定时器具有低功耗、输入阻抗高等优点。555 定时器工作的电源电压很宽，并可承受较大的负载电流。双极型定时器电源电压范围为 5 ~ 16V，最大负载电流可达 200mA；CMOS 定时器电源电压范围为 3 ~ 18V，最大负载电流在 4mA 以下。

图 10.10 为 CC7555 的逻辑符号、内部连线图及外引脚功能图。它由 3 个阻值为 5kΩ 的电阻组成的分压器、两个电压比较器 C_1 和 C_2、基本 RS 触发器、放电管 V，以及缓冲器 G 组成。

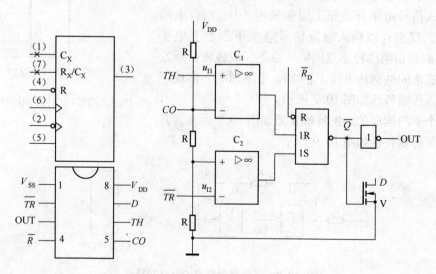

图 10.10　CC7555 的逻辑符号和内部连线图

由图可知，555 定时器电路大致分为 3 部分。

1. 比较电路

比较电路以比较器 C_1、C_2 为核心，加上 3 个分压电阻 R 构成。3 个电阻组成的分压器对 V_{DD} 分压，使 C_1 的 "–" 端电压为 $2V_{DD}/3$ 时，C_2 的 "+" 端电压为 $V_{DD}/3$。当 u_{I1} 大于 $2V_{DD}/3$ 时，C_1 输出高电平；当 u_{I2} 小于 $V_{DD}/3$ 时，C_2 输出高电平。

2. RS 触发器

当电路复位端 $\overline{R_D}$ 加低电平时，触发器置 0，当 R 端置 1 时，触发器置 0；当 S 端置 1 时，触发器置 1。

3. 放电开关及反相输出电路

V 是一个由 NMOS 管构成的放电开关，状态受 RS 触发器输出的控制。当 $\overline{Q}=1$ 时，V 导通；当 $\overline{Q}=0$ 时，V 截止。反相器的作用是输出缓冲，提高电路的驱动能力。

引脚说明。

（1）u_{I1} 端——阈值输入端，用 TH 表示。

（2）u_{I2} 端——触发输入端，用 $\overline{TR}$ 表示。

（3）$\overline{R_D}$——置 0 输入端。

（4）CO 端——电压控制端，作用是设定 C_1 的 "–" 端、C_2 的 "+" 端的参考电压值。一般该端口经过一个消除干扰的电容接地。

（5）D 端——放电端口，提供外接电容后的放电通路，且作为集电极开路输出。

根据各端口所取电压值的不同，可以获得 555 定时器的功能如表 10.1 所示。

表 10.1　555 定时器的功能表

阈值电压 TH	触发输入 $\overline{TR}$	复位 $\overline{R}_D$	放电管 V	输出 OUT
×	×	0	导通	0
$>2V_{DD}/3$	$>V_{DD}/3$	1	导通	0
$<2V_{DD}/3$	$>V_{DD}/3$	1	原态	不变
$<2V_{DD}/3$	$<V_{DD}/3$	1	关断	1

【技能方法】

一、集成单稳态触发器 74LS121 简介

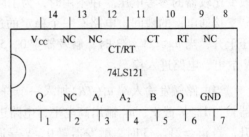

图 10.11　74LS121 引脚图

TTL 集成器件 74LS121 是一种不可重复触发集成单稳态触发器,其引脚图如图 10.11 所示。

74LS121 集成单稳态触发器有 3 个触发输入端 A_1、A_2、B,其功能如表 10.2 所示。

从表 10.2 中可知,若 B 为高电平,A_1、A_2 中的一个为高电平,输入中有一个或两个产生由 1 到 0 的负跳变,或者 A_1、A_2 两个输入中有一个或两个为低电平,B 发生由 0 到 1 的正跳变,电路均可从稳态翻转到暂稳态。

表 10.2　74LS121 功能表

输　　　入			输　　　出	
A_1	A_2	B	Q	$\overline{Q}$
L	×	H	L	H
×	L	H	L	H
×	×	L	L	H
H	H	×	L	H
H	↓	H	⊓	⊔
↓	H	H	⊓	⊔
↓	↓	H	⊓	⊔
L	×	↑	⊓	⊔
×	L	↑	⊓	⊔

单稳态电路的定时取决于定时电阻和定时电容的数值。74LS121 的定时电容连接在芯片的 10、11 引脚之间。若要求输出脉宽较宽,而采用电解电容时,电容 C 的正极连接在 CT 输出端(10 脚)。对于定时电阻,使用者可以有两种选择。一是采用内部定时电阻(2 kΩ),此时将 9 号引脚(RT)接至电源 V_{CC}(14 脚);二是采用外接定时电阻(阻值在 1.4~40kΩ 之间),此时 9 脚应悬空,电阻接在 11、14 脚之间。74LS121 的输出脉冲宽度 $t_W \approx 0.7RC$。

通常 R 的取值取在 $2 \sim 30\mathrm{k}\Omega$ 之间，C 的取值取在 $10\mathrm{pF} \sim 10\mu\mathrm{F}$ 之间，得到的取值范围可达到 $20\mathrm{ns} \sim 200\mathrm{ms}$。该式中的 R 可以是外接电阻 R_{ext}，也可以是芯片内部电阻 R_{int}（约 $2\mathrm{k}\Omega$），如希望得到较宽的输出脉冲，一般使用外接电阻。

其他常用集成单稳态触发器，如 MC14528（可重复触发集成双单稳态触发器），可查阅数字集成电路手册。

二、用 555 构成单稳态触发器

555 构成的单稳态触发器如图 10.12 所示。电压控制端 CO 引脚如果加控制电压，则可改变比较器的参考电压。在不用时，为了防止干扰，通常加 $0.01\mu\mathrm{F}$ 电容接地。

接通电源的瞬间，电路有一个稳定的过程，即电源通过 R 向 C 充电，使电容两端的电压上升，当 $u_{\mathrm{C}} \geqslant 2V_{\mathrm{DD}}/3$ 时，触发器置 0，555 内的 V 导通，输出为低电平。此时，电容通过 V 放电，电路进入稳态。

当电路触发输入端 $u_{\mathrm{I}}(\overline{TR})$ 加入一个符合要求的负触发脉冲后，由于 $\overline{TR} < 2V_{\mathrm{DD}}/3$，触发器被置 1，V 截止，$u_{\mathrm{O}}$ 输出高电平，电路进入暂稳态。此时，V_{DD} 通过 R 对 C 充电，使 u_{C} 上升，当 $u_{\mathrm{C}} \geqslant 2V_{\mathrm{DD}}/3$ 时，触发器置 0，V 导通，输出低电平。电容 C 通过 V 放电，恢复稳态。图 10.13 画出了在触发信号作用下 u_{C} 和 u_{O} 相应的波形。

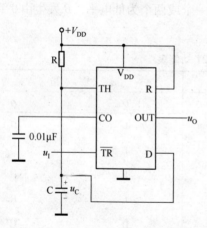

图 10.12　555 构成的单稳态触发器

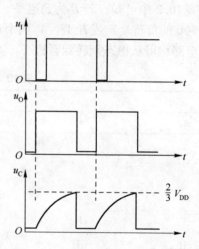

图 10.13　单稳态电路的工作波形

输出脉冲的宽度 t_{W} 等于暂稳态的持续时间，而暂稳态的持续时间取决于外接电阻 R 和电容 C 的大小。$t_{\mathrm{W}} \approx 1.1RC$。

通常 R 的取值在几百欧姆至几兆欧姆之间，电容的取值范围为几百皮法至几百微法，t_{W} 的范围为几微秒至几毫秒。但必须注意，随 t_{W} 宽度的增加，它的精度和稳定度也将下降。

三、集成施密特触发器 74LS132 简介

如图 10.14 所示为带与非门电路功能的施密特触发器的逻辑符号及外引脚功能图，表 10.3 为该电路的功能表。

表 10.3 74LS132 的功能表

输	入	输 出
A	B	Y
1	1	0
0	×	1
×	0	1

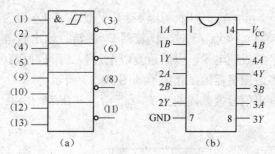

图 10.14 带与非功能的集成施密特触发器 74LS132

四、由 555 定时器电路组成的施密特触发器

用 555 定时器构成的施密特触发器，如图 10.15 所示。将 555 定时器的 u_{I1} 和 u_{I2} 两个输入端连在一起作为信号输入端，清零端 R 接高电平。

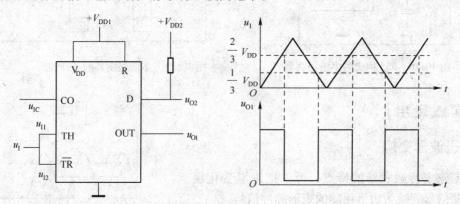

图 10.15 用 555 定时器构成的施密特触发器及其工作波形

（1）$u_1 = 0V$ 时，u_{O1} 输出高电平。

（2）当 u_1 上升到 $2V_{DD}/3$ 时，u_{O1} 输出低电平。当 u_1 由 $2V_{DD}/3$ 继续上升时，u_{O1} 保持不变。

（3）当 u_1 下降到 $1V_{DD}/3$ 时，电路输出跳变为高电平，而且在 u_1 继续下降到 0V 时，电路的这种状态不变。

图中，R、V_{DD2} 构成另一输出端 u_{O2}，其高电平可以通过改变 V_{DD2} 进行调节。

五、用 555 定时器组成的多谐振荡器

555 构成的多谐振荡器，如图 10.16 所示。结合图 10.10 的 555 时基电路内部连线图，介绍其工作过程分析如下。

设接通电源前，定时电容 C 上的电压 u_C 为 0，所以刚刚接通电源时，比较器 C_1 输出低电平，比较器 C_2 输出高电平，此时 $\overline{Q} = 0$ 时，V 截止，定时器被置成高电平，u_O 为高电平，电路处于第一暂稳态。接通电源后，电源电压通过（$R_1 + R_2$）对 C 充电。当 u_C 上升到 $V_{DD}/3$ 时，比较器 C_2 翻转，输出低电平，但触发器输出状态保持不变，V 仍截止，电容继续充电。当 u_C 上升到 $2V_{DD}/3$ 时，比较器 C_1 翻转，输出高电平，触发器复 0，此时 $\overline{Q} = 1$ 时，V 导通，输出由高电平转为低电平，电路进入第二暂稳态。由于 V 导通，u_C 通过 R_2 放电。当

$2V_{DD}/3 > u_C > V_{DD}/3$ 时，比较器 C_1、比较器 C_2 均为低电平，触发器状态不变，输出仍为低电平。当 $u_C < V_{DD}/3$ 时，比较器 C_2 翻转，输出高电平，触发器再次置成高电平，输出 u_O 由低电平变成高电平。以后重复以上过程，形成振荡，在输出端输出矩形脉冲电压 u_O。555 构成的多谐振荡器的工作波形如图 10.17 所示。

输出信号振荡周期为 $T = t_{W1} + t_{W2} = 0.7R_2C + 0.7(R_1 + R_2)C$。

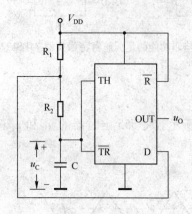

图 10.16　555 构成的多谐振荡器

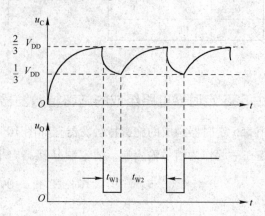

图 10.17　多谐振荡器的工作波形

【实践运用】

一、用于波形变换

根据施密特触发器的特点，可以把边沿变化缓慢的周期信号变换为边沿很陡的矩形脉冲信号。

在如图 10.18 所示的例子中，输入信号是由直流分量和正弦分量叠加而成的，只要输入信号的幅度大于 U_{T+}，即可在施密特触发器的输出端得到同频的矩形脉冲信号。

二、用于脉冲整形

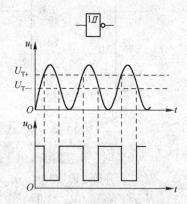

图 10.18　用施密特触发器实现波形变换

在数字系统中，矩形脉冲传输后往往发生波形畸变，图 10.19 中给出了几种常见的情况。

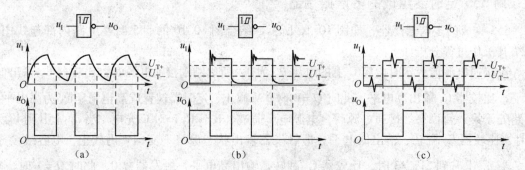

(a)　　　　　　　　　　(b)　　　　　　　　　　(c)

图 10.19　用施密特触发器对脉冲整形

当传输线上电容较大时，波形的上升沿和下降沿将明显变坏，如图 10.19（a）所示。当传输线较长，而且接收端的阻抗与传输线的阻抗不匹配时，在波形的上升沿和下降沿将产生振荡现象，如图 10.19（b）所示。当其他脉冲信号叠加到矩形脉冲信号上时，信号将出现附加的噪声，如图 10.19（c）所示。

无论出现上述哪一种情况，都可以通过用施密特触发器整形而获得比较理想的矩形脉冲波形。

三、脉冲信号的延时

如图 10.20 所示是利用单稳态电路的输出 u_O 作为其他电路的触发信号的例子。由图 10.20（b）可知，u_{O1} 的下降沿比输入触发信号 u_I 的下降沿延迟了 t_W 的时间。因此利用 u_{O1} 下降沿去触发其他电路，就比直接用 u_I 的下降沿触发延迟了 t_W 时间，这就是单稳态电路的延时作用。

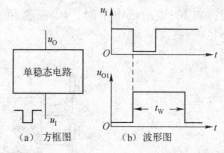

（a）方框图　　　（b）波形图

图 10.20　单稳态电路的延时作用示意图

四、脉冲信号的定时

单稳态电路能产生一定宽度 t_W 的矩形脉冲，我们可以利用这一脉冲去控制某电路，使它在 t_W 时间内动作（或不动作），这就是脉冲的定时作用。如图 10.21（a）所示是在限定时间内用与门传递脉冲信号的例子。与门 A 端接矩形脉冲信号，B 端接由单稳态电路输出的脉宽为 t_W 的控制信号。显然，只有在 B 端为高电平的 t_W 时间内，信号才能通过与门，这就是定时控制，其工作波形如图 10.21（b）所示。

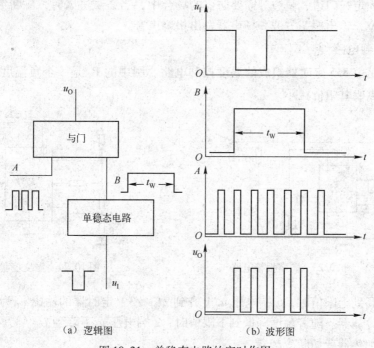

（a）逻辑图　　　（b）波形图

图 10.21　单稳态电路的定时作用

五、555 定时器应用实例

1. 高低音调交替模拟声响电路

电路如图 10.22 所示，它由两个 555 时基电路组成，IC_1 组成频率为 1 Hz 的振荡电路，IC_2 组成频率约为几百赫兹的音频振荡电路。把 IC_1 第 3 脚的输出加到 IC_2 第 5 脚的电压控制端，使 IC_2 的输出音频受 IC_1 的输出控制。当 IC_1 输出高电平时，IC_2 振荡频率低；当 IC_1 输出低电平时，IC_2 振荡频率高，从而使扬声器中发出"嘀…嘟…嘀…嘟…"的长短音。

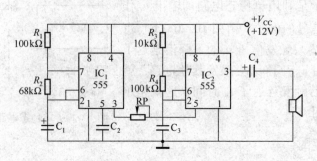

图 10.22　高低音调交替模拟声响电路

2. 防盗报警电路

电路如图 10.23 所示，由 555 组成振荡电路，产生音频信号驱动扬声器发出声音。在 555 的复位端第 4 脚和电源地端之间跨接一细铜丝，电路处于复位状态，$u_0 = 0$，扬声器无声。该铜丝可固定在门边、窗边等需要防盗的场合中，当盗贼进入时，碰断细铜丝，555 电路立即解除复位，输出振荡方波，扬声器发出报警声音。

3. 温度控制电路

图 10.24 是由 555 定时器组成的温度控制电路。图中的 R_t 是一个负温度系数的热敏电阻，即温度升高时其阻值减小。

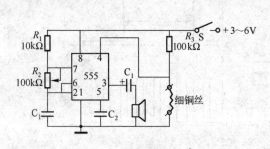

图 10.23　防盗报警电路

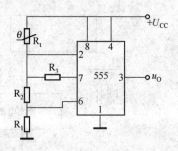

图 10.24　温度控制电路

当温度升高到上限值时，6 端电压 u_6 上升到 $2U_{CC}/3$，定时器的输出 u_0 为低电平，切断加热器或接通冷却器。随着温度降低到下限值时，2 端电压 u_2 下降到 $U_{CC}/3$，这时输出 u_0 为高电平，接通加热器或切断冷却器。

【巩固训练】

一、填空题

1. 多谐振荡器可由两个非门连接成_____来构成。

2. RC 耦合多谐振荡器输出脉冲的振荡周期 $T \approx$ _____。

3. 单稳态触发器是指有一个稳态和一个暂稳态的_____电路。在外加触发脉冲信号输入后，能够产生具有一定宽度和幅度的_____信号。

4. 将单稳态触发器的定时电容 C 调小，将使_____，将定时电阻 R 调大，将使_____。

5. 施密特触发器具有_____个稳态。

6. 输入一定频率的正弦波，适当调节施密特触发器的回差电压，输出矩形波的脉冲宽度_____改变，其频率_____改变。

二、选择题

7. 多谐振荡电路是一种（   ）。

    A. 矩形波整形电路　　　　　　　　B. 锯齿波振荡电路

    C. 尖脉冲形成电路　　　　　　　　D. 矩形波振荡电路

8. 多谐振荡器一旦起振，电路所处状态是（   ）。

    A. 具有两个稳态　　　　　　　　　B. 仅有一个稳态

    C. 仅有两个暂稳态　　　　　　　　D. 有一个稳态，有一个暂稳态

9. 如图 10.25 所示的石英晶体振荡器，此电路的振荡周期为（   ）。

    A. $1.4R_1C_1$　　　　　　　　　　B. $0.7(R_1 + R_2)C_1$

    C. $1.4R_2C_1$　　　　　　　　　　D. 石英晶体固有谐振频率

10. 如图 10.26 所示的电路是（   ）。

    A. 多谐振荡器　　　　　　　　　　B. 单稳态触发器

    C. 双稳态触发器　　　　　　　　　D. 脉冲计数器

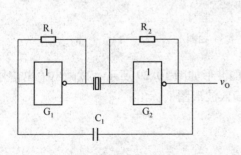

图 10.25　第 9 题图

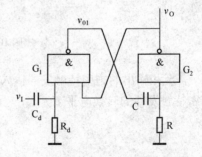

图 10.26　第 10 题图

11. 欲将边沿较差或带有干扰、噪声的不规则波形整形时，应选择（   ）。

    A. 施密特触发器　　　　　　　　　B. 单稳态触发器

    C. 多谐振荡器　　　　　　　　　　D. RC 微分电路

12. 施密特触发器的电压传输特性如图 10.27 所示，则电路的回差电压为（   ）。

A. 1V   B. 0.6V   C. 1.6V   D. 3V

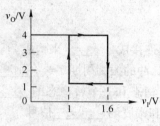

图 10.27　第 12 题图

三、综合分析题

13. RC 耦合多谐振荡器的定时电阻 $R_1 = R_2 = 5.1k\Omega$，定时电容 $C_1 = C_2 = 0.01\mu F$，试计算电路的振荡频率。

14. CMOS 门组成的电路如图 10.28 所示，试解答以下问题。

（1）指出图 10.28（a）电路的名称。

（2）分析稳态时 G_1、G_2 的输出电平。

（3）计算该电路的脉冲宽度 t_W。

（4）在图 10.28（b）中画出 v_I 对应的输出电压 v_O 波形。

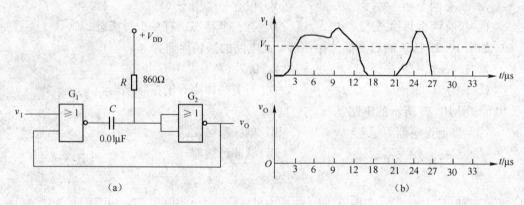

图 10.28　第 14 题图

15. 若反相输出的施密特触发器输入信号的波形如图 10.29 所示，试画出输出信号的波形。施密特触发器的转换电平 U_{T+}、U_{T-} 已在输入波形图上标出。

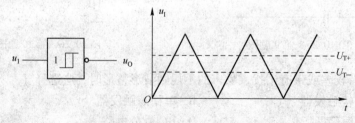

图 10.29　第 15 题图

16. 指出如图 10.30（a）所示电路为 555 定时器构成的何种电路。已知输入信号 v_I 的波形，试在图 10.30（b）中画出 v_O 的电压波形。

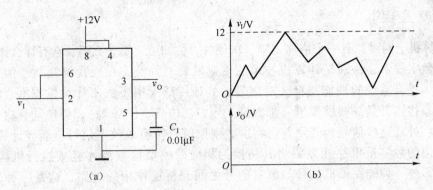

图 10.30　第 16 题图

17. 指出如图 10.31（a）、（b）所示两电路各为 555 定时器构成的何种电路。

（1）试在图 10.31（c）、（d）中画出 v_C 和 v_O 的电压波形。

（2）求输出脉冲宽度与周期。

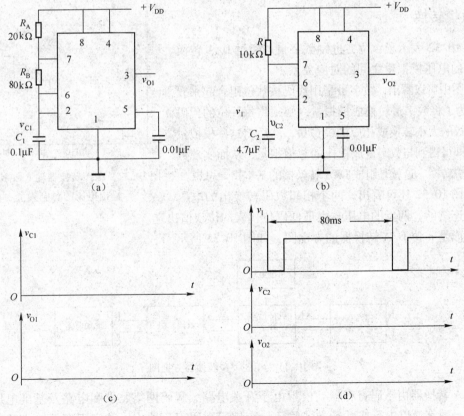

图 10.31　第 17 题图

10.2 数模转换与模数转换电路

【问题呈现】

在计算机上网时，有一个俗称"猫"的硬件，你知道它是什么吗？它有什么作用呢？

随着数字技术，特别是计算机技术的飞速发展与普及，在现代控制、通信及检测等领域，为了提高系统的性能指标，对信号的处理广泛采用了数字计算机技术。由于系统的实际对象往往都是一些模拟量（如温度、压力、位移、图像等），要使计算机或数字仪表能识别、处理这些信号，必须首先将这些模拟信号转换成数字信号；而经计算机分析、处理后输出的数字量也往往需要将其转换为相应的模拟信号后才能被执行机构所接收。这样，就需要一种能在模拟信号与数字信号之间起桥梁作用的电路，这是一种什么样的电路呢？

【知识探究】

将数字信号转换为模拟信号的电路称为数模转换电路（简称 D/A 转换器或 DAC）；将模拟信号转换成数字信号的电路，称为模数转换电路（简称 A/D 转换器或 ADC）；A/D 转换器和 D/A 转换器已成为计算机系统中不可缺少的接口电路。

一、数模转换

图 10.32 表示了 4 位二进制数字量与经过 D/A 转换后输出的电压模拟量之间的对应关系。

从图中可以看出，数字量是用代码按数位组合起来表示的，为了将数字量转换成模拟量，必须将每一位的代码按其位权的大小转换成相应的模拟量，然后将这些模拟量相加，即可得到与数字量成正比的总模拟量，从而实现数字－模拟转换。这就是组成 D/A 转换器的基本指导思想。

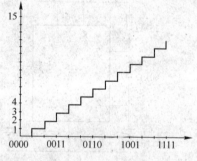

图 10.32 D/A 转换器输入数字量与输出电压的对应关系

由图 10.32 还可看出，两个相邻数码转换出的电压值是不连续的，两者的电压差由最低码位代表的位权值决定。

下面是 n 位 D/A 转换器的方框图，如图 10.33 所示。

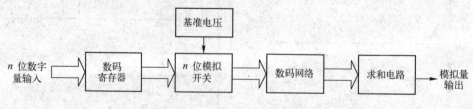

图 10.33 n 位 D/A 转换器方框图

D/A 转换器由数码寄存器、模拟电子开关电路、解码网络、求和电路及基准电压几部分组成。数字量以串行或并行方式输入、存储于数码寄存器中，数字寄存器输出的各位数码，分别控制对应位的模拟电子开关，使数码为 1 的位在位权网络上产生与其权值成正比的电流值，再由求和电路将各种权值相加，即得到数字量对应的模拟量。

D/A 转换器按解码网络结构不同分为 T 型电阻网络 D/A 转换器、倒 T 型电阻网络 D/A 转换器、权电流 D/A 转换器及权电阻网络 D/A 转换器等。按模拟电子开关电路的不同，D/A 转换器又可分为 CMOS 开关型和双极型开关 D/A 转换器。其中双极型开关 D/A 转换器又分为电流开关型和 ECL 电流开关型两种，在速度要求不高的情况下可选用 CMOS 开关型 D/A 转换器，如要求较高的转换速度则应选用双极型电流开关 D/A 转换器或转换速度更高的 ECL 电流开关型 D/A 转换器。随着集成技术的发展，现已研制和生产出许多单片的和混合集成型的 A/D 和 D/A 转换器，如常用的 CMOS 开关倒 T 型电阻网络 D/A 转换器的集成电路有 DAC0832（8 位）、AD7520（10 位）、DAC1210（12 位）及 AK7546（16 位高精度）等。常用的单片集成权电流 D/A 转换器有 AD1408、DAC0806、DAC0808 等。

二、模数转换

A/D 转换的作用是将时间连续、幅值也连续的模拟量转换为时间离散、幅值也离散的数字信号。因此，A/D 转换一般要经过取样、保持、量化及编码 4 个过程。在实际电路中，这些过程有的是合并进行的，如取样和保持，量化和编码往往都是在转换过程中同时实现的。A/D 转换器的种类很多，按其工作原理不同可分为直接 A/D 转换器和间接 A/D 转换器两类。直接 A/D 转换器可将模拟信号直接转换为数字信号，这类 A/D 转换器具有较快的转换速度，其典型电路有并行比较型 A/D 转换器、逐次比较型 A/D 转换器。而间接 A/D 转换器则是先将模拟信号转换成某一中间电量（时间或频率），然后再将中间电量转换为数字量输出。此类 A/D 转换器的速度较慢，典型电路是双积分型 A/D 转换器、电压频率转换型 A/D 转换器。常用的集成逐次比较型 A/D 转换器有 ADC0804（8 位）、ADC0809（8 位）、AD575（10 位）、AD574A（12 位）等。

逐次逼近 ADC（逐次比较型 A/D 转换器）方框图如图 10.34 所示。它由控制逻辑电路、时序产生器、移位寄存器、D/A 转换器及电压比较器组成。

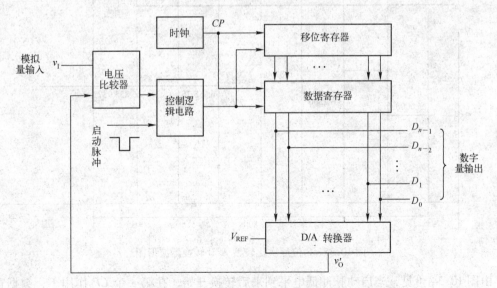

图 10.34　逐次比较型 A/D 转换器框图

逐次逼近转换过程和用天平称物重非常相似。天平称物重的过程是，从最重的砝码开始试放，与被称物体进行比较，若物体重于砝码，则该砝码保留，否则移去。再加上第二个次重砝码，由物体的重量是否大于砝码的重量决定第二个砝码是留下还是移去。照此一直加到最小一个砝码为止。将所有留下的砝码重量相加，就得此物体的重量。仿照这一思路，逐次比较型 A/D 转换器，就是将输入模拟信号与不同的参考电压进行多次比较，使转换所得的数字量在数值上逐次逼近输入模拟量的对应值。

下面用实例加以说明。设图 10.34 所示电路为 8 位 A/D 转换器，输入模拟量 $v_I = 6.84\text{V}$，D/A 转换器基准电压 $V_{REF} = 10\text{V}$。根据逐次比较 D/A 转换器的工作原理，可画出在转换过程中 CP、启动脉冲、$D_7 \sim D_0$ 及 D/A 转换器输出电压 v_O' 的波形，如图 10.35 所示。

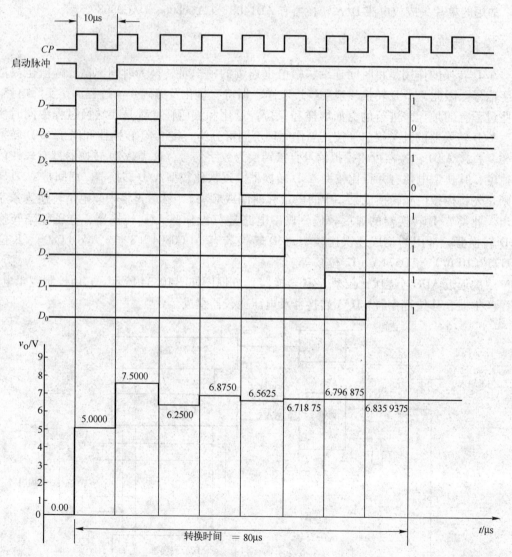

图 10.35　8 位逐次比较型 A/D 转换器波形图

由图 10.34 可见，当启动脉冲低电平到来后转换开始，在第一个 CP 作用下，数据寄存器将 $D_7 \sim D_0 = 10000000$ 送入 D/A 转换器，其输出电压 $v_O' = 5\text{V}$，v_I 与 v_O' 比较，$v_I > v_O'$ 存 1；

第二个 CP 到来时，寄存器输出 $D_7 \sim D_0 = 11000000$，v'_0 为 7.5V，v_I 再与 7.5V 比较，因 $v_I <$ 7.5V，所以 D_6 存 0；输入第三个 CP 时，$D_7 \sim D_0 = 10100000$，$v'_0 = 6.25V$；v_I 再与 v'_0 比较，如此重复比较下去，经 8 个时钟周期，转换结束。由图中 v'_0 的波形可见，在逐次比较的过程中，与输出数字量对应的模拟电压 v'_0 逐渐逼近 v_I 的值，最后得到 A/D 转换器转换结果 $D_7 \sim D_0$ 为 10101111。该数字量所对应的模拟电压为 6.835 937 5V，与实际输入的模拟电压 6.84V 的相对误差仅为 0.06%。

逐次比较型 D/A 转换器特点是转换速度快，调整 V_{REF} 可改变其动态范围。

【技能方法】

为确保系统处理结果的精确度，A/D 转换器和 D/A 转换器必须具有足够的转换精度。如果要实现快速变化信号的实时控制与检测，A/D 与 D/A 转换器还要求具有较高的转换速度。转换精度与转换速度是衡量 A/D 与 D/A 转换器的重要技术指标。现已研制和生产出许多单片的和混合集成型的 A/D 和 D/A 转换器，它们具有越来越先进的技术指标。

一、D/A 转换器的主要技术指标

D/A 转换器的主要技术指标包括转换精度和转换速度等。

D/A 转换器的转换精度通常用分辨率和转换误差来描述。

1. 分辨率

它反映 DAC 分辨最小输出电压的能力，即指输入数字量只有最低有效位为 1 时的最小输出电压与输入数字量所有有效位均为 1 时的最大输出电压之比。对 n 位 DAC 来说，分辨率为 $1/2^n - 1$。输入数字量位数越多，分辨率越高。

例如，在 10 位数模转换器中，分辨率为

$$\frac{1}{2^{10} - 1} = \frac{1}{1023} \approx 0.001$$

如果输出电压满量程为 10V，则能分辨出的最小输出电压值为 $10V \times 0.001 = 0.01V$。

2. 转换误差

数模转换器的转换误差是指输出模拟电压的实际值与理想值之差，即最大静态转换误差。这误差是由于参考电压偏离标准值、运算放大器的零点漂移、模拟开关的压降，以及电阻阻值的偏差等原因所引起的。

综上所述，为获得较高的 D/A 转换精度，不仅应选择位数较多的高分辨率的 D/A 转换器，而且还需要选用高稳定的 V_{REF} 和低零漂的运算放大器才能达到要求。

3. 转换速度

当 D/A 转换器输入的数字量发生变化时，输出的模拟量并不能立即达到所对应的量值，它需要一段时间。通常用建立时间和转换速率两个参数来描述 D/A 转换器的转换速度。

建立时间指输入数字量变化时，输出电压变化到相应稳定电压值所需的时间。一般用 D/A 转换器输入的数字量 NB 从全 0 变为全 1 时，输出电压达到规定的误差范围（LSB/2）

所需的时间表示。D/A 转换器的建立时间较快，单片集成 D/A 转换器建立时间最短可达 0.1μs 以内。

转换速率用大信号工作状态下（输入信号由全 1 到全 0 或由全 0 到全 1）模拟电压的变化率表示。一般集成 D/A 转换器在不包含外接参考电压源和运算放大器时，转换速率比较高。实际应用中，要实现快速 D/A 转换不仅要求 D/A 转换器有较高的转换速率，而且还应选用转换速率较高的集成运算放大器。

二、A/D 转换器的主要技术指标

A/D 转换器的主要技术指标有转换精度、转换速度等。选择 A/D 转换器时，除考虑这两项技术指标外，还应注意满足其输入电压的范围、输出数字的编码、工作温度范围和电压稳定度等方面的要求。

单片集成 A/D 转换器的转换精度是用分辨率和转换误差来描述的。

1. 分辨率

模数转换器的分辨率用输出二进制数的位数表示，位数越多，误差越小，则转换精度越高，分辨率为 $1/2^n$。例如，输入模拟电压的变化范围为 0～5 V，输出 8 位二进制数可以分辨的最小模拟电压为 $5V \times 2^{-8} = 20mV$；而输出 12 位二进制数可以分辨的最小模拟电压为 $5V \times 2^{-12} = 1.22mV$。

2. 转换误差

转换误差通常是以输出误差的最大值形式给出的。它表示 A/D 转换器实际输出的数字量和理论上的输出数字量之间的差别。

3. 转换速度

转换速度是指完成一次转换所需的时间。转换时间是指从接到转换控制信号开始，到输出端得到稳定的数字输出信号所经过的这段时间。A/D 转换器的转换时间与转换电路的类型有关。不同类型的转换器转换速度相差甚远。其中并行比较 A/D 转换器的转换速度最高，8 位二进制输出的单片集成 A/D 转换器的转换时间可达到 50ns 以内；逐次比较型 A/D 转换器次之，它们多数转换时间在 10～50μs 以内；间接 A/D 转换器的速度最慢，如双积分 A/D 转换器的转换时间大都在几十毫秒至几百毫秒之间。在实际应用中，应从系统数据总的位数、精度要求、输入模拟信号的范围等方面综合考虑 A/D 转换器的选用。

如某信号采集系统要求用一片 A/D 转换集成芯片在 1s 内对 16 个热电偶的输出电压分时进行 A/D 转换。已知热电偶输出电压范围为 0～0.025V（对应于 0～450℃温度范围），需要分辨的温度为 0.1℃，试问应选择多少位的 A/D 转换器，其转换时间是多少？

对于 0～450℃温度范围，信号电压为 0～0.025V，分辨温度为 0.1℃，这相当于 $\frac{0.1}{450} = \frac{1}{4500}$ 的分辨率。12 位 A/D 转换器的分辨率为 $\frac{1}{2^{12}} = \frac{1}{4096}$，所以必须选用 13 位的 A/D 转换器。系统的取样速率为每秒 16 次，取样时间为 62.5ms。对于这样慢速的取样，任何一个 A/D 转换器都可达到。可选用带有取样-保持（S/H）的逐次比较 A/D 转换器或不带 S/H 的双积分式 A/D 转换器。

三、集成 DA 转换电路 AD7520 简介

集成数模转换器的种类很多。按输入的二进制数的位数分，有 8 位、10 位、12 位和 16 位等。按器件内部电路的组成部分又可以分成两大类，一类器件的内部只包含电阻网络和模拟电子开关，另一类器件的内部还包含了参考电压源发生器和运算放大器。在使用前一类器件时，必须外接参考电压源和运算放大器。为了保证数模转换器的转换精度和速度，应注意合理地确定对参考电压源稳定度的要求，选择零点漂移和转换速率都恰当的运算放大器。

AD7520 是 10 位 CMOS 电流开关型 D/A 转换器，其结构简单，具有使用简便，功耗低，转换速度较快，温度系数小，通用性强等优点。AD7520 芯片内只含倒 T 型电阻网络、CMOS 电流开关和反馈电阻（$R = 10\text{k}\Omega$），该集成 D/A 转换器在应用时必须外接参考电压源和运算放大器。AD7520 芯片引脚如图 10.36 所示。

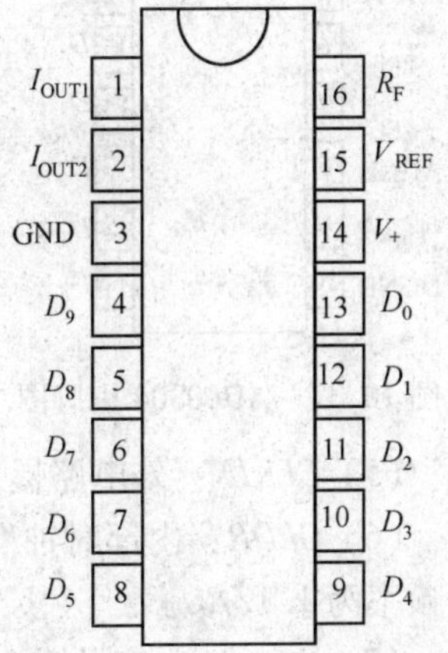

AD7520 共有 16 个引脚，各引脚的功能如下：

（1）1 为模拟电流输出端，接到运算放大器的反相输入端。

（2）2 为模拟电流输出端，一般接"地"。

（3）3 为接"地"端。

（4）4～13 为十位数字量的输入端。

（5）14 为 CMOS 模拟开关的 $+U_{DD}$ 电源接线端。

图 10.36　AD7520 芯片引脚

（6）15 为参考电压电源接线端，可为正值或负值。

（7）16 为芯片内部一个电阻 R 的引出端，该电阻作为运算放大器的反馈电阻，它的另一端在芯片内部接集成 1 脚 I_{OUT1} 端。

表 10.4 所列的是 AD7520 输入数字量与输出模拟量的关系，其中 $2^n = 2^{10} = 1024$。

表 10.4　AD7520 输入数字量与输出模拟量的关系

输入数字量										输出模拟量
d_9	d_8	d_7	d_6	d_5	d_4	d_3	d_2	d_1	d_0	U_o
0	0	0	0	0	0	0	0	0	0	0
0	0	0	0	0	0	0	0	0	1	$-\dfrac{1}{1024}U_R$
						⋮				⋮
0	1	1	1	1	1	1	1	1	1	$-\dfrac{511}{1024}U_R$
1	0	0	0	0	0	0	0	0	0	$-\dfrac{512}{1024}U_R$
						⋮				⋮
1	1	1	1	1	1	1	1	1	0	$-\dfrac{1023}{1024}U_R$
1	1	1	1	1	1	1	1	1	1	$-\dfrac{1024}{1024}U_R$

四、集成 A/D 转换器 ADC0804 简介

ADC0804 是用 CMOS 集成工艺制成的逐次比较型模数转换芯片，分辨率 8 位，转换时间 $100\mu s$，输入电压范围为 $0 \sim 5V$，增加某些外部电路后，输入模拟电压可为 $\pm 5V$。该芯片内有输出数据锁存器，当与计算机连接时，转换电路的输出可以直接连接在 CPU 数据总线上，无须附加逻辑接口电路。ADC0804 芯片引脚如图 10.37 所示。

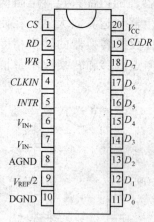

图 10.37　ADC0804 引脚图

引脚名称及意义如下。

（1）V_{IN+}、V_{IN-}：ADC0804 的两模拟信号输入端，用以接收单极性、双极性和差模输入信号。

（2）$D_7 \sim D_0$：A/D 转换器数据输出端，该输出端具有三态特性，能与微机总线相接。

（3）AGND：模拟信号地。

（4）DGND：数字信号地。

（5）CLKIN：外电路提供时钟脉冲输入端。

（6）CLDR：内部时钟发生器外接电阻端，与 CLKIN 端配合可由芯片自身产生时钟脉冲，其频率为 $1.1/RC$。

（7）CS：片选信号输入端，低电平有效，一旦 CS 有效，表明 A/D 转换器被选中，可启动工作。

（8）WR：写信号输入，接收微机系统或其他数字系统控制芯片的启动输入端，低电平有效，当 CS、WR 同时为低电平时，启动转换。

（9）RD：读信号输入，低电平有效，当 CS、RD 同时为低电平时，可读取转换输出数据。

（10）INTR：转换结束输出信号，低电平有效。输出低电平表示本次转换已完成。该信号常作为向微机系统发出的中断请求信号。

在使用时应注意以下几点。

1. 转换时序

ADC0804 控制信号的时序图如图 10.38 所示，由图可见，各控制信号时序关系为，当 CS 与 WR 同为低电平时，A/D 转换被启动，而在 WR 上升沿后 $100\mu s$ 模数完成转换，转换结果存入数据锁存器，同时 INTR 自动变为低电平，表示本次转换已结束。如 CS、RD 同时来低电平，则数据锁存器三态门打开，数字信号送出，而在 RD 高电平到来后三态门处于高阻状态。

2. 零点和满刻度调节

ADC0804 的零点无须调整。满刻度调整时，先给输入端加入电压 V_{IN+}，使满刻度所对应的电压值为

$$V_{IN+} = V_{max} - 1.5\left[\frac{V_{max} - V_{min}}{256}\right]$$

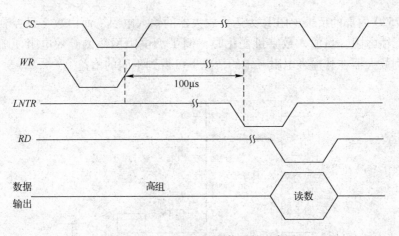

图 10.38 ADC0804 控制信号的时序图

其中 V_{max} 是输入电压的最大值，V_{min} 是输入电压的最小值。当输入电压与 V_{IN+} 值相当时，调整 $V_{REF/2}$ 端电压值使输出码为 FEH 或 FFH。

3. 参考电压的调节

在使用 A/D 转换器时，为保证其转换精度，要求输入电压满量程使用，如输入电压动态范围较小，则可调节参考电压 V_{REF}，以保证小信号输入时 ADC0804 芯片 8 位的转换精度。

4. 接地

模数、数模转换电路中要特别注意到地线的正确连接，否则干扰很严重，以致影响转换结果的正确性。A/D、D/A 及取样－保持芯片上都提供了独立的模拟地（AGND）和数字地（DGND）的引脚。在线路设计中，必须将所有的器件的模拟地和数字地分别相连，然后将模拟地与数字地仅在一点上相连接。地线的正确连接方法如图 10.39 所示。

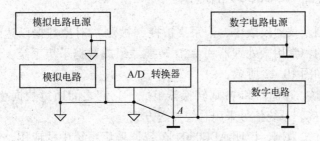

图 10.39 正确的地线连接方法

【实践运用】

一、集成 DA 转换电路 AD7520 的应用

1. 数字式可编程增益控制电路

数字式可编程增益控制电路如图 10.40 所示。电路中运算放大器接成普通的反相比例放

大形式，AD7520 内部的反馈电阻 R 为运算放大器的输入电阻，而由数字量控制的倒 T 型电阻网络为其反馈电阻。当输入数字量变化时，倒 T 型电阻网络的等效电阻便随之改变。这样，反相比例放大器在其输入电阻一定的情况下可得到不同的增益。

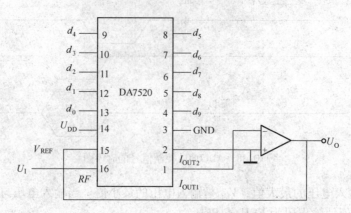

图 10.40   数字式可编程增益控制电路

如将 AD7520 芯片中的反馈电阻 R 作为反相运算放大器的反馈电阻，数控 AD7520 的倒 T 型电阻网络连接成运算放大器的输入电阻，即可得到数字式可编程衰减器。

2. 脉冲波产生电路

由 D/A 转换器 AD7520、10 位可逆计数器及加减控制电路组成的波形产生电路如图 10.41 所示。加/减控制电路与 10 位二进制可逆计数器配合工作，当计数器加到全"1"时，加/减控制电路复位使计数器进入减法计数状态，而当减到全"0"时，加/减控制电路置位，使计数器再次处于加法计数状态，如此周而复始。v_{o1} 是一个近似的三角波。v_{o2} 是一个抛物波。

二、集成 AD 转换器 ADC0804 的应用

在现代过程控制及仪器仪表中，为采集被控（被测）对象数据以达到由计算机进行实时控制、检测的目的，常用微处理器和 A/D 转换器组成数据采集系统。单通道微机化数据采集系统的示意图如图 10.42 所示。

系统由微处理器、存储器和 A/D 转换器组成，它们之间通过数据总线（DBUS）和控制总线（CBUS）连接，系统信号采用总线传送方式。

现以程序查询方式为例，说明 ADC0804 在数据采集系统中的应用。采集数据时，首先微处理器执行一条传送指令，在该指令执行过程中，微处理器在控制总线的同时产生 CS_1、WR_1 低电平信号，启动 A/D 转换器工作，ADC0804 经 100μs 后将输入的模拟信号转换为数字信号存在输出锁存器中，并在 INTR 端产生低电平表示转换结束，并通知微处理器可来取数。当微处理器通过总线查询到 INTR 为低电平时，立即执行输入指令，以产生 CS、RD_2 低电平信号到 ADC0804 的相应引脚，将数据取出并存入存储器中。整个数据采集过程，由微处理器有序地执行若干指令来完成。

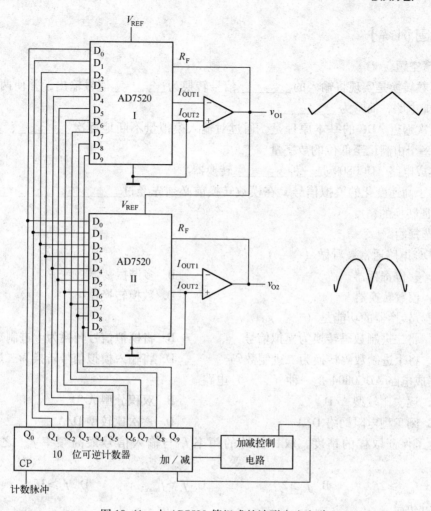

图 10.41 由 AD7520 等组成的波形产生电路

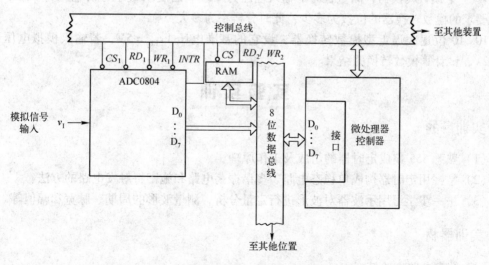

图 10.42 单通道微机化数据采集系统示意图

【巩固训练】

一、填空题

1. 模数转换是实现将输入的＿＿＿＿信号转换为＿＿＿＿信号输出，并使两种量成正比例的功能电路，简写为＿＿＿＿。

2. 逐次逼近 ADC 的基本原理是，通过对输入模拟量不断地逐次＿＿＿＿、＿＿＿＿，从而产生一个由高位至低位的数字量。

3. 集成电路 ADC0809 是一种＿＿＿＿转换器。

4. 对于高速变化的模拟信号，在模数转换前必须先经过＿＿＿＿、＿＿＿＿电路的处理，以保证转换的精度。

二、选择题

5. ADC 电路通常被看做（　　　）。

    A. 移位寄存器　　　　　　　　　　　B. 多谐振荡器

    C. 模数转换器　　　　　　　　　　　D. 数模转换器

6. 模数转换器的功能是（　　　）。

    A. 将二进制数码转换为模拟信号　　　B. 将模拟信号转换为十进制数码

    C. 将十进制数码转换为二进制数码　　D. 将输入模拟信号转换为二进制数码

7. 集成电路 ADC0804 是一种（　　　）电路。

    A. 逐次比较型 A/D　　　　　　　　　B. 双积分型 A/D

    C. 倒 T 型电阻网络 D/A　　　　　　　D. 逐次比较型 D/A

8. 为了保证取样的精度，取样脉冲的频率 f_s 与输入信号最高频率 f_{imax} 之间应满足（　　　）。

    A. $f_{imax} \geq 2f_s$　　　　B. $f_s \geq 2f_{imax}$　　　　C. $f_s \geq f_{imax}$　　　　D. $f_s \geq 3f_{imax}$

三、分析题

9. 一个模数转换器，满量程时的输入电压为 +5V，若要求最小分辨电压为 5mV，则满足此要求的模数转换器的位数为多少？此时分辨率为多大？

10. 10 位逐次逼近型模数转换器，设它的基准电压 $V_{REF} = 5V$，若输入模拟电压 $V_i = 4.882V$，试计算模数转换的结果。

实验实训

一、实训目的

（1）熟悉 555 集成定时器的组成及工作原理。

（2）掌握用定时器构成单稳态电路、多谐振荡电路和施密特触发电路的方法。

（3）进一步学习用示波器对波形进行定量分析，测量波形的周期、脉宽和幅值等。

二、实训器材

（1）数字电路实验箱。

（2）数字式万用表。

（3）示波器。

（4）信号发生器。

（5）+5V 直流电源。

（6）元器件。

集成定时器：NE555×2；电阻：10kΩ、100kΩ×1，5.1kΩ×3；电位器：100kΩ×1；电容器：0.01μF×3，0.1μF、10μF、100μF×1；喇叭：8Ω/0.25W×1。

三、实训内容

（1）用 555 集成定时器构成单稳态电路，按图 10.43 接线。当 $C = 0.01\mu F$ 时，选择合理输入信号 V_1 的频率和脉宽，调节 R_W 以保证 $T > t_W$，使每一个正倒置脉冲起作用。加输入信号后，用示波器观察 V_1、V_C 以及 V_0 的电压波形，比较它们的时序关系，绘出波形图，并在图中标出周期、幅值和脉宽等。

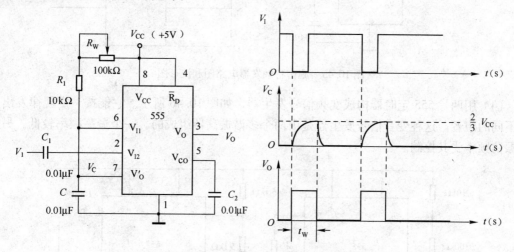

图 10.43 单稳态电路的电路图和波形图

（2）按图 10.44 所示电路组装占空比可调的多谐振荡器。取 $R_1 = 5.1k\Omega$，$R_2 = 5.1k\Omega$，$R_W = 100k\Omega$（电位器），$C = 0.01\mu F$，调节电位器 R_W，在示波器上观察输出波形占空比的变

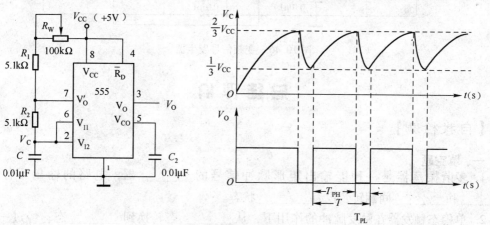

图 10.44 多谐振荡器的电路图和波形图

化情况。并观察占空比为 1:4、1:2 时的输出波形。

（3）按图 10.45 所示电路组装施密特触发器电路。输入电压为 $V_1 = 3V$，$f = 1kHz$ 的正弦波。用示波器观察并描绘 V_1 和 V_0 的波形。注明周期和幅值，并在图上直接标出上限触发电平、下限触发电平，算出回差电压。在电压控制端分别外接 2V、4V 电压，在示波器上观察该电压对输出波形的脉宽，上、下限触发电平，以及回差电压的影响。

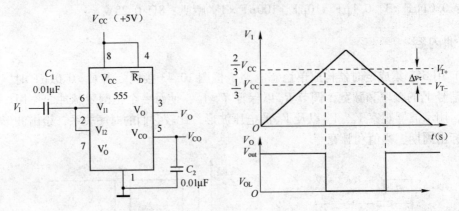

图 10.45　施密特触发器电路图和波形图

（4）用两片 555 定时器构成变频信号发生器，如图 10.46 所示。它能按一定规律发出两种不同的声音。这种变音信号发生器是由两个多谐振荡器组成的。一个振荡频率较低，另一个振荡频率受其控制。

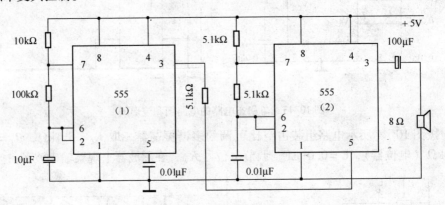

图 10.46　变频信号发生器

总 结 评 价

【自我检测】

一、填空题

1. 多谐振荡器是一种能输出矩形脉冲信号的＿＿＿＿＿器，电路的输出不停地在＿＿＿＿＿和＿＿＿＿＿间翻转，没有＿＿＿＿＿状态。

2. 单稳态触发器在触发脉冲的作用下，从＿＿＿＿＿态转换到＿＿＿＿＿态；经过一定的时间，自动返回到＿＿＿＿＿态。

3. 施密特触发器属_____稳态电路。

4. DAC 的主要性能指标为_____、_____、_____。

5. 集成电路 AD7520 属_____转换器。

二、判断题

6. 多谐振荡器在触发信号作用下输出矩形脉冲。（　　）

7. 多谐振荡器在 $R1 = R2 = R$，$C1 = C2 = C$ 时，振荡信号周期为 $T = 1.4RC$。（　　）

8. 单稳态触发器有一个暂稳态和一个稳态。（　　）

9. 施密特触发器的状态转换及维持取决于外加触发信号。（　　）

10. ADC 的功能是将输入的数字信号转换为模拟信号。（　　）

11. DAC 的分辨率是与输入的数字位数成正比的。（　　）

12. DAC 的转换时间是指输入数字量到输出模拟量的时间。（　　）

三、填空题

13. 单稳态触发器一般不适合应用于（　　）电路。

    A. 定时　　　　　　B. 延时　　　　　　C. 脉冲波形整形　　　D. 自激振荡产生脉冲信号

14. 单稳态触发器的脉冲宽度取决于（　　）。

    A. 触发信号的周期　　　　　　　　B. 触发信号的幅度

    C. 电路的 RC 时间常数　　　　　　D. 触发信号的波形

15. 施密特触发器的特点是（　　）。

    A. 没有稳态　　　　　　　　　　　B. 有两个稳态

    C. 有两个暂稳态　　　　　　　　　D. 有一个稳态和一个暂稳态

16. DAC 电路通常看做（　　）。

    A. 数码寄存器　　B. 多谐振荡器　　C. 模数转换器　　　　D. 数模转换器

17. 为了能将模拟电流转换成模拟电压，通常在集成 DAC 器件的输出端外加（　　）。

    A. 译码器　　　　B. 编码器　　　　C. 触发器　　　　　　D. 运算放大器

18. 对 n 位 DAC 来说，其分辨率表达式为（　　）。

    A. $1/2^{n-1}$　　　B. $1/2^n$　　　　C. $1/2n - 1$　　　　D. $1/2^n - 1$

四、综合分析题

19. 如图 10.47 所示是利用反相施密特电路的回差特性作为脉冲幅度鉴别电路的输入波形，试画出相应的输出波形。

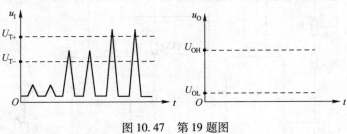

图 10.47　第 19 题图

20. 查阅 ADC0809 的有关资料，再填空。

（1）CAD0809 是单片_____。

（2）电源 V_{CC} 用_____，基准电压 V_{REF+} 为_____，V_{REF-} 为_____。

（3）能分辨的最小电压是_____。

（4）外加时钟脉冲频率通常是_____。

（5）引出端 A_0、A_1、A_2 是_____。

（6）引出端 ALE 称为_____，输入有效电平时，其功能是_____。

21. 设音乐信号的最高频率为20kHz，如果要将音乐信号转换为数字量，试说明取样频率应选多大。已知 ADC0809 转换时间为100μs，请问 ADC 0809 是否能满足信号转换要求？

五、计算题

22. 一个 4 位 DAC，若输出电压满量程为2V，则它的分辨率为多少？输出的最小电压值是多少？

23. DA7520 为 10 位单片 CMOS D/A 转换器，其内部结构原理电路如图 10.48 中的虚线框内所示。若将 DA7520 与运算放大器连接成如图 10.48 所示，已知 $V_{REF} = 10.01V$。

（1）说明图中所示电路为何种类型的 D/A 转换器？

（2）求转换器输出电压范围。

（3）当 $D = 1000010111$ 时，求相应的输出电压 V_O 为多少？

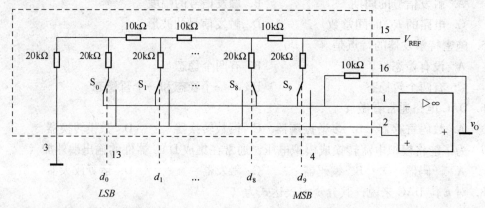

图 10.48　第 23 题图

24. 电路如图 10.49 所示。当手触摸 A 端时，相当于给 555 电路 I 输入了一个低电平触发脉冲。试回答：

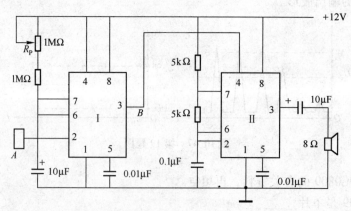

图 10.49　第 24 题图

（1）555 定时器 Ⅰ、Ⅱ分别构成何种电路？

（2）当 $R_P = 0$ 时，求触摸 A 端后，B 端输出高电平的脉冲宽度 t_{W1} 是多少？

（3）扬声器的发音频率是多少？最长发音时间和最短发音时间各为多少？

【自我总结】

请反思在本章学习中你的收获和疑惑，并写出你的体会和评价。

任务总结与评价表

内　　容	你的收获	你的疑惑
获得知识		
掌握方法		
习得技能		
学习体会		
学习评价	自我评价	
	同学互评	
	老师寄语	

附录 A　示波器的使用

一、示波器的用途、基本组成框图及显示原理

1. 用途

示波器就像人的眼睛，通过它能直接看到被测电压和电流随时间变化的规律，也就是波形图。有了波形图，不仅可以看清信号的特征，还可以从波形图上计算出被测电压或电流的幅度、周期、频率、脉冲宽度及相位等参数。所以它是电子测量技术中不可缺少的工具。

2. 基本组成框图

通用示波器由 Y 轴偏转系统（垂直通道）、X 轴偏转系统（水平通道）、显示器（示波管）、电源系统、辅助电路 5 部分组成，其结构框图如图 A.1 所示。

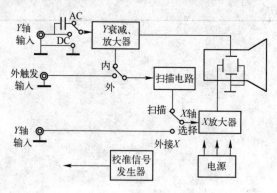

图 A.1　示波器结构框图

1）Y 轴偏转系统（垂直通道）

Y 轴偏转系统的作用，是把被测电压信号由 Y 轴输入端输入，经放大器放大后送到示波管的 Y 轴偏转板，使电子束随着这个电压做垂直方向的扫描。

Y 轴偏转系统包括输入电路、前置放大器、延迟线、输出放大器和内部触发放大器等部分。

其中，输入电路用来接收输入信号，并利用衰减器来改变示波器的灵敏度。前置放大器用来放大输入信号。输出放大器进一步放大输入信号，以供示波管的一对 Y 轴偏转板得到所需幅值并对称地垂直偏转电压，延迟线用来补偿 X 轴通道的时间延迟，以便能观测到被测脉冲信号的前沿。内触发放大器可为同步电路提供足够大的内触发信号。

2）X 轴偏转系统（水平通道）

其作用有两个，一是产生与触发信号有固定时间关系的锯齿形电压，并以足够的幅值对称地加在示波管的 X 轴偏转板上，使电子束产生自左至右的扫描。这样把示波管的 X 轴坐标与时间成正比联系起来，也就是把水平坐标换成了时间坐标，故水平通道又称时基通道（即时间基准）；X 轴偏转系统的另一个作用是产生一个调辉信号（示波管迹线亮度调整），

经过 Z 通道电路（示波管的轴线方向）送至示波管的控制栅极，使示波管的电子束形成的扫描迹线只在从左至右的扫描正程时间内出现。而在从右至左的扫描回程时，迹线熄灭，从而获得清晰的图像。

X 轴偏转系统包括扫描发生器（锯齿波发生器）、同步触发器和 X 放大器。扫描发生器的功能是产生一对随时间而线性变化的电压。经放大后加在示波管的一对 X 轴偏转板上，用来使电子束沿 X 轴方向扫过屏幕，因此这组电压又称 X 轴扫描电压。同步触发器把外触发信号或来自 Y 通道的被测信号转换成同步脉冲去控制扫描发生器，使它的工作状态与被测信号相适应。X 轴放大器的作用在于进一步放大锯齿波电压，提供示波管 X 轴偏转板所需的水平扫描电压，以及扩展扫描速度。

3）显示器（示波管）

示波管是示波器的核心器件。通用示波器所用的阴极射线示波管的结构包括 3 部分，即电子枪、偏转板和荧光屏，如图 A.2 所示。

电子枪的作用是形成电子束，它包括灯丝 F、阴极 K、调制极 M，第一阳极 a_1 和第二阳极 a_2。灯丝的作用是加热阴极，使阴极形成热电子发射。调制极的作用是控制电子射线的强度，即扫描迹线的亮度（辉度调节）。阳极的作用是加速电子，使电子束形成一条细线，即所谓的聚焦作用。

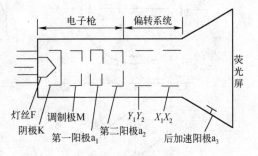

图 A.2　示波管

偏转板系统有两对，一对是垂直偏转板 Y_1、Y_2，另一对是水平偏转板 X_1、X_2。它们都是平行对称放置的金属平板。电压信号加在偏转板上，板间形成电场，电子束在电场力的作用下偏转，从而在荧光屏上显示被测波形。

荧光屏的作用是在高速电子轰击下在荧光涂层上激发可见光。不同的荧光屏有不同的颜色和余辉时间（余辉，电子轰击荧光涂层后的发光持续时间）。余辉时间为 $10\mu s \sim 1s$。

在实际结构上还有一个后加速阳极 a_3，它是示波管玻璃壳锥形内壁的石墨涂层，对其加以几千伏到几十千伏的静高压，可进一步加速电子，提高亮度并吸收二次反射的电子。

4）电源系统

给各部分电路及示波管提供不同特性的电压，包括直流低压、高压和高频高压。

5）辅助电路

包括时钟信号发生器、标准信号发生器及元器件测试电路等。

3. 示波器波形显示原理

示波器所显示的波形是被测电压信号随时间变化的波形，也就是电压信号与时间在同一平面直角坐标中的函数图形。为了使示波管屏幕的垂直方向反映被测电压的变化，就必须把被测信号接到 Y 轴偏转板 Y_1、Y_2 上。为使示波管屏幕的水平方向反映出时间的变化，必须把与时间成正比的电压加在 X 轴偏转板 X_1、X_2 上。但因屏幕面积所限，X 轴的偏转电压不可能随时间加长而无限增大。这个与时间成正比的电压必须是周而复始地做直线变化的电压，即锯齿波电压（也称为扫描电压）。

当把被测的正弦电压加到 Y 轴偏转板上时，若 X 轴不加电压则屏幕上将显示一垂直的

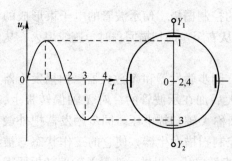

图 A.3 示波器显示的垂直直线

直线。直线长度为正弦波振幅的两倍，如图 A.3 所示。

当在 X 轴偏转板 X_1、X_2 上加一个锯齿波电压时，如果 Y 轴没有输入信号，则在屏幕上出现一条水平直线，如图 A.4 所示。

当同时在 Y 轴和 X 轴上加以被测的正弦电压 U_Y 和锯齿波电压 U_X 时，屏幕上将描绘出一条完整的正弦曲线，如图 A.5 所示。

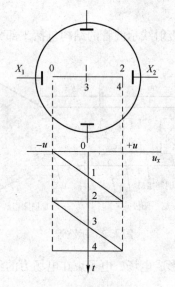

图 A.4 示波器显示的水平直线

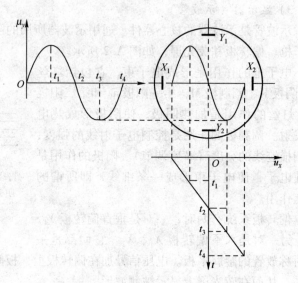

图 A.5 示波器显示的正弦曲线

实际上，示波管屏幕上显示一个电压－时间波形，就如同人用一只笔在一张纸上画画一样，只不过示波器是由电压控制电子束在荧光屏上完成的，而绘图则是由人手控制笔在纸上进行的。

二、ST－16 型示波器

ST－16 型通用示波器不但能用于一般脉冲参数的测量，还适用于对电视机、音频放大器、收音机等电子设备的维修与测试。

1. 主要技术性能

1）垂直系统

频带宽度 DC：0～5MHz，<3dB；0～10MHz，<6dB

AC：10Hz～5MHz，<3dB；10Hz～10MHz，<6dB

输入灵敏度：20mV/div，共分9挡。

2）水平系统

频带宽度：10～200Hz，<3dB。输入灵敏度：<0.5v/div。

扫描速度：0.1μs/div～10ms/div，分16挡。

触发信号频率范围及触发灵敏度。

内触发：10Hz ~ 5MHz，≤1div。

外触发：10Hz ~ 5MHz，≤0.5V（峰峰值）。

电视场：对电视场信号能同步。

触发极性：+、-。

触发源：内、外、电视场。

3）校准信号

波形：方波；频率：等于使用电源的频率。

4）示波管

型号：8SJ31J；余辉：中。

5）电源

220（1±10%）V，50Hz；消耗功率约55W。

2. 仪器面板

ST-16示波器面板如图A.6所示。

各旋钮的作用如下。

电源开关：当此开关扳向开时，指示灯亮，经预热后，仪器即可工作。

辉度调节：顺时针方向转动辉度变亮，反之减弱，直至辉度消失。如光点长期停留在屏幕上不动，应将辉度减弱或熄灭，以延长示波管的使用寿命。

聚焦：用以调节示波管中电子束的焦距，使焦点恰好会聚于屏幕上，此时显现的光点为清晰的圆点。

辅助聚焦：用以控制光点在有效工作面内的任何位置上使焦点最小，通常与聚焦调节旋钮配合使用。

垂直移位：用以调节屏幕上光点或信号波形在垂直方向上的位置。

Y轴输入：垂直放大系统的输入插座。

V/div：垂直输入灵敏度步进式选择开关。输入灵敏度自0.02V/div ~ 10V/div分9个挡，可根据被测信号的电压幅度，选择适当的挡位。当增益"微调"内圈旋钮位于"校准"位置时，V/div挡的标称值可视为示波器的垂直输入灵敏度。第一挡的方波符号处为100mV的方波校准信号，供垂直输入灵敏度和水平时基扫速校准之用。

增益微调：用以连续改变垂直放大器的增益，当增益微调旋钮顺时针方向旋足，即位于校准位置时，增益最大。

DC、⊥、AC：改变垂直被测信号输入耦合方式的转换开关。耦合方式分DC、⊥、AC三种。

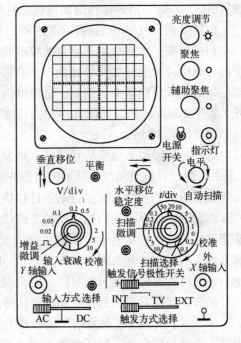

图A.6　ST-16示波器面板

置于"DC"时，输入端处于直流耦合状态，它适用于观察各种缓慢变化的信号。

置于"AC"时，输入端处于交流耦合状态，被测信号中直流分量被隔断，屏幕上显示的信号波形位置，不受直流电平的影响。

置于"⊥"时，输入端处于接地状态，便于确定输入端为零电位时光迹在屏幕上的基准位置。

平衡：使垂直放大系统的输入级电路中的直流电平保持平衡状态的调节装置。当扫描随"V/div"开关和"微调"旋钮转动而上下移动时，可调节该"平衡"电位器使这种位移减至最小。

增益校准：用以校准垂直输入灵敏度。先使增益"微调"旋钮置于校准位置，再将V/div开关置于方波符号位置，此时在屏幕上应显示出幅度为5div的方波，否则就应调整"增益校准"旋钮，直至屏幕上显示方波波形的幅度正好为5div。

水平移位：用以调节屏幕上光点或信号波形在水平方向上的位置。

t/div：时基扫描速度步进式选择开关。扫描速度的选择范围为 $0.1\mu s/div \sim 10ms/div$，共分16挡。可根据被测信号频率的高低选择适当的挡。当扫描速度"微调"旋钮位于校准位置时，"t/div"挡的标称值即可视为时基扫描速度。

扫描微调："t/div"选择开关内圈的扫描速度微调旋钮，用以连续调节时基扫描速度。

扫描校准：水平放大器增益的校准装置，用以对时基扫描速度进行校准。在校准扫描速度时，可用灵敏度开关符号处的100mV方波校准信号的周期。其周期的长短直接取决于仪器使用的电源电网频率。例如，电源电网频率 $f=50Hz$，则周期 $T=20ms$，此时可将"t/div"开关置于2ms/div挡，并调节"扫描校准"电位器，使屏幕上显示一个完整方波，在水平方向的宽度恰为10div。

电平：用以调节触发信号波形上触发点的相应电平值，使在这一电平上启动扫描。若将"电平"顺时针旋至满度，使与电位器连动的开关断开，此时扫描电路处于自激状态，这时即使没有触发信号输入也能自动进行扫描，但所得波形并不稳定。

稳定度：用以改变扫描电路的工作状态，一般应处于待触发状态，使用时只需调节电平旋钮就能使波形稳定显示。调整"稳定度"使扫描电路进入待触发状态的步骤如下：①将垂直输入耦合方式开关置于"⊥"，"V/div"开关置于0.02挡；②用小螺钉旋具把稳定度电位器顺时针方向旋足，此时屏上应出现扫描线，然后缓缓地向逆时针方向转动，使扫描线正好消失，此位置表示扫描电路已到达待触发的临界状态。

+、-、外接 X：触发信号极性开关。用以选择触发信号的上升或下降部分来触发扫描电路，促使扫描启动。当开关置于"外接 X"时，使" X 外触发"插座成为水平信号的输入端。

INT、TV、EXT：触发信号选择开关。当开关位于"INT"时，触发信号取自垂直放大器中分离出来的被测信号；当开关位于"TV"时，触发信号将来自垂直放大器中被测电视信号；当开关位于"EXT"时，触发信号将来自" X "外触发插座。

X 外触发：为水平信号或外触发信号的输入端。

三、SR8 型双踪示波器

SR8 型双踪示波器是一种全晶体管化的小型宽频脉冲示波器，能用来同时观察和测定两种不同信号的瞬变过程。它不仅可以在荧光屏上同时显示两种不同的电信号，供使用者分析、对比，而且可以显示两种信号叠加后的波形，本仪器还可以任意选择独立工作，进行单踪显示。

1. 主要技术性能

1）Y 轴系统

输入灵敏度：l0mV/div ~ 20V/div，共分 11 挡。处于校准位置时，各挡误差不大于 5%。还设有灵敏度"微调"装置，灵敏度连续可调。

频率宽度：根据 Y 轴输入选择开关 "AC⊥DC" 位置，可达到下述频带宽度。

AC 耦合：10Hz ~ 15MHz。

DC 耦合：15MHz。

输入阻抗：直接输入 1MΩ//50pF；经探头输入 10MΩ//15pF。

2）X 轴系统

X 轴扫描速度 0.2μs/div ~ 1s/div，共分 21 挡。处于校准位置时，各挡误差不大于 5%。也设有灵敏度"微调"装置，扫描速度连续可调。仪器的最慢扫描速度可达 2.5s/div。

拉出扩展 ×10 开关时，最快扫描速度可达 20ns/div，扩展后的误差不大于 15%。

X 外接灵敏度：≤3V/div。

频带宽度：100Hz ~ 500kHz，-3dB。

输入阻抗：1MΩ//40pF。

3）校准信号

矩形波，频率（0.998 ~ 1.02）kHz，电压幅度（1±3%）V。

4）触发灵敏度

内触发不大于 1div，外触发不大于 0.5V。

2. 面板装置及内电路框图

SR8 示波器面板图如图 A.7（a）所示。

SR8 示波器框图如图 A.7（b）所示。

3. 面板控制旋钮的作用

1）显示部分

辉度、聚焦、辅助聚焦、标尺亮度与普通示波器相同。

（1）"寻迹"按键——按下按键时，偏离荧光屏的光迹便可回到可见显示区域，从而可估计原光点所在位置。

（2）校准信号输出开关——控制幅度为 lV，f = 1kHz 的方波校准信号输出，用以校准 Y 轴的灵敏度和扫描速度。在不使用校准信号时，该开关应处于"关"位置。

（3）校准信号插座——校准信号由此输出。

2）Y 轴开关的作用及使用方法

（1）显示方式开关有交替、Y_A、$Y_A + Y_B$、Y_B 和断续 5 种方式，各方式的作用如下。

"交替"——在机内扫描信号的控制下，交替地对 Y_A 通道和 Y_B 通道的信号进行显示，即第一次扫描显示 Y_B 通道的信号，第二次扫描显示 Y_A 通道的信号，第三次扫描又显示 Y_B 通道的信号……从而实现二踪显示。这种显示方式一般在输入信号频率较高时使用。

"Y_A"——Y_A 通道单踪显示。

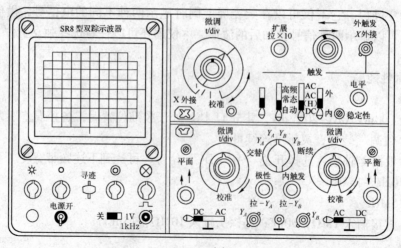

（a）

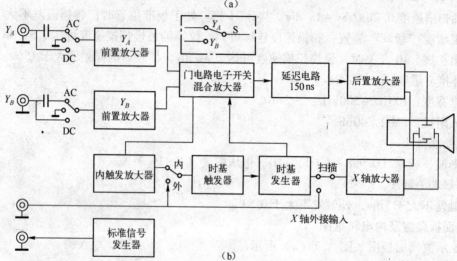

（b）

图 A.7　SR8 示波器

"$Y_A + Y_B$"——显示两通道输入信号叠加后的波形。通过"极性、拉－Y_A"开关选择，可以显示 $Y_A + Y_B$ 两通道信号的和或差。

"Y_B"——Y_B 通道单踪显示。

"断续"——指在一次扫描的第一个时间间隔显示 Y_B 通道信号波形的某一段，第二个时间间隔显示 Y_A 通道信号波形的某一段，以后各间隔轮流地显示两信号波形的其余各段，以实现二踪显示。这种方式通常在信号频率较低时使用。

（2）Y 轴输入耦合方式开关"DC、⊥、AC"：

置于"DC"时能观察到包括直流分量在内的输入信号；

置于"AC"时，能耦合交流分量，隔断输入信号中的直流成分；

置于"⊥"位置时表示输入端接地，这时可检查地电位的显示位置，并将其作为"0"电平的基准位置。

（3）灵敏度选择开关"V/div"及微调。开关旋钮采用套轴形式，外旋钮为粗调，由 10mV/div～20V/div，共分 11 挡，可按被测信号的幅度选择适当的挡，以利于观察。中心旋钮为微调，微调旋钮按顺时方向旋至满度即为"校准"位置，此时，面板上粗调旋钮所指示的标称值就是被测信号的幅度值。

（4）Y_A极性转换开关"极性，拉－Y_A"。此开关是按拉式开关。按下为常态，显示正常的Y_A通道输入信号；拉出时，则显示倒相的Y_A信号。

（5）内触发选择开关"内触发，拉－Y_B"也是按拉式开关。按下为常态，该位置常用于单踪显示，若做二踪显示时只进行一般波形观察，不能进行时间比较。

当"拉－Y_B"开关拉出时，通常适用于"交替"或"断续"的二踪显示状态，可对两种不同信号的时间与相位进行比较。

（6）平衡电位器。Y轴放大器输入信号后，所显示的波形如果随灵敏度"微调"转动而出现X轴方向的位移，调此平衡电位器，可使位移最小。

3）X轴控制开关的作用与使用方法

在应用示波器显示电压与时间关系的曲线时，通常以Y轴方向表示电压，而以X轴方向表示时间，示波管屏幕上的光点在X轴方向移动的速度由扫速关开"t/div"决定。

（1）扫描时间选择开关"t/div"及微调。开关旋钮采用套轴形式，外旋钮为粗调。微调旋钮按顺时针方向转至满度为"校准"位置，此时面板上所指示的标称值就是粗调旋钮所在挡的扫描速度值。

当粗凋旋钮置"X轴外接"时，Z轴信号直接由"X外接"同轴插座输入。

（2）扫描扩展开关"扩展，拉×10"。此开关是按拉式开关。按下为常态（正常位置），仪器正常使用；当在拉的位置时，荧光屏上的波形在X轴方向扩展10倍，此时的扫描速度增大10倍。

（3）触发选择开关"内、外"开关置于内时，触发信号取自机内Y通道的被测信号；置于"外"时，触发信号直接由"外触发、X外接"同轴插座输入，此时外触发信号与被测信号在频率上应有整数倍关系。

（4）触发信号耦合方式开关"AC、AC（H）、DC"：

"AC"触发信号以交流耦合方式输入，因触发信号的直流分量被隔离，所以触发性能不受信号的直流分量影响；

"AC（H）"触发信号通过高通滤波器耦合输入，有抑制低频噪声或低频信号的能力；

"DC"触发信号直接耦合输入，适用于缓慢变化的触发信号。

（5）触发方式开关"高频、常态、自动"：

"高频"本机内产生约200kHz的自激信号，对被测信号进行同步，使荧光屏上显示的波形稳定，这种方式对观察较高频率的信号是有利的；

"常态"触发信号来自机内Y通道或"外触发"输入，是观察脉冲信号常用的触发扫描方式。

"自动"扫描处于自激状态，不必调整"电平"旋钮，就能自动显示扫描线。这种方式有利于观察频率较低的信号。

"自动"、"高频"两种方式，即使没有输入信号，也能见到扫描线，因此一般用这两种方式较为方便。

（6）触发极性选择开关"＋、－"：

"＋"用触发信号的上升沿触发，使扫描启动；

"−"用触发信号的下降沿触发，使扫描启动。

（7）触发电平调节开关"电平"用以选择输入信号波形的触发点，使电路在合适的电平上启动扫描。如果没有触发信号或触发信号电平不在触发区内，则扫描停止，屏幕上无被测波形显示。使用"高频、常态"方式时，"电平"旋钮对波形有控制作用。

（8）触发"稳定性"电位器为可调电位器，若波形同步不稳定，可微调"稳定性"电位器，使波形稳定。

4. 使用前检查

（1）把各控制器置于表 A.1 所示位置。

表 A.1　各控制器所置位置

开关和旋钮名称	位　　置	开关和旋钮名称	位　　置
辉度	中间	X 轴电平	中间
校准信号开关	关	扫描速度及微调	$50\mu s/div$
内、外触发	内	内触发/拉 $-Y_A$	按下
触发耦合	AC	显示方式	Y_A 或 Y_B
触发方式	自动	极性/拉 $-Y_A$	按下
触发极性	+	输入耦合	AC
X 轴位移	中间	Y 轴位移	中间
Y 轴扩展	按下	灵敏度开关及微调	根据输入信号大小选择 V/div，校准

（2）接通电源，电源指示灯亮，调节"辉度"使光点（或波形）的亮度适当。如果找不到光点，可按下"寻迹"按键寻找光点所在位置。适当调节"X 轴位移"、"Y 轴位移"，使屏幕上呈现光点（或波形）。

（3）聚焦与辅助聚焦。调节 X 轴、Y 轴位移旋钮，把光点或波形移至屏幕的中心位置，然后用聚焦或辅助聚焦旋钮调节，直至图像清晰为止。

5. 使用仪器的注意事项

（1）在交流耦合下，测量较低频率的信号，会出现严重失真。

（2）在用探头测量时，实际输入示波器的电压只有被测电压的 1/10，因此，在计算时，应将测得的电压乘以 10。

（3）探头的最大允许输入信号幅度为 400V。在使用探头测量加速变化的电压波形时，其接地点应选择在最靠近被测信号的地方。

（4）在使用示波器时，对包含有较高频或较低频成分的低电平信号时，必须使用屏蔽电缆线，且电缆线的芯线和屏蔽地线都需直接接在被测信号源输出端与接地端，输入连接线要短。

四、ST−16 型示波器使用方法

1. 使用前的检查和校准

示波器初次使用前或久藏复用时，需对仪器进行一次能否工作的简单检查和校准。

（1）供电电网电压与仪器电源电压（220V）应相符，否则应将仪器后盖板打开重新加以调正。

（2）将仪器面板上各个控制机件置于表 A.2 所示的位置。

表 A.2　各控制机件所处位置

控 制 机 件	作 用 位 置	控 制 机 件	作 用 位 置
辉度调节	逆时针旋足	AC、⊥、DC	上
聚焦	居中	电平	自动
辅助聚焦	居中	t/div	2ms
垂直位移	居中	微调	校准
水平位移	居中	+、−、外接 X	+
V/div	方波符号处	INT、TV、EXT	INT
微调	校准		

（3）接通电源，指示灯应有红光显示，稍等片刻，仪器即能进入正常工作状态。

（4）顺时针调节辉度电位器，屏幕上应显示出不同步的校准方波信号。

（5）将触发信号电平旋离"自动"位置，并逆时针方向转动直至方波波形得到同步，然后将方波波形移至屏幕中间。如果仪器性能基本正常，则此时屏幕显示的方波垂直幅度值约为 5div，方波周期在水平轴上的宽度约为 10div，如图 A.8 所示。

（6）调节面板上的"平衡"电位器，应使在改变灵敏度 V/div 挡开关时，显示的方波不发生 Y 轴方向上的位移。

（7）由于示波管的加速极电压（−1200V）的大小受到电网电压的牵制，当电网电压偏离 220V 时，将直接影响示波管的偏转灵敏度，从而使垂直输入灵敏度 V/div 和水平时基扫描速度 t/div 造成较大的误差。因此，仪器在使用前必须对垂直系统的"增益校正"和水平系统的"扫描校正"分别进行校正，务使屏幕上所显示

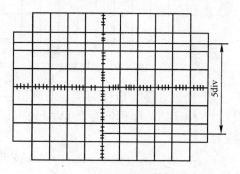

图 A.8　示波器的校准

的校准信号的垂直幅度恰为 5div，周期宽度恰为 10div（电网频率为 50Hz 时）。

2. 电压测量

对仪器完成使用前的检查和校正后，可对被测信号波形的电压幅度进行定量测定。

1）直流电压测量

被测信号中如含有直流电平，可用仪器的地电位作为基准电位进行测量，步骤如下。

（1）垂直系统的输入耦合选择开关置于"⊥"，触发"电平"电位器位于"自动"，使屏幕上出现一条扫描基线。按被测信号的幅度和频率，将 V/div 挡开关和 t/div 扫描开关置于适当位置，然后调节垂直移位电位器，使扫描基线位于坐标上，如图 A.9 所示的某一特定基准位置（0V）。

（2）将输入耦合选择开关切换到"DC"位置。将被测信号直接或经 10:1 衰减探头接入仪器的 Y 输入插座，调节触发"电平"使信号波形稳定。

（3）根据屏幕坐标刻度，分别读出信号波形交流分量的峰峰值所占格数为 A（图中 A = 2div），直流分量的格数为 B（图中 B = 3div），被测信号某特定点 R 与参考基线间的瞬时电压值所占格数为 C（图中 C = 3.5div）。若仪器 V/div 挡的标称值为 0.2V/div，同时 Y 轴输入

端使用了 10:1 衰减探极，则被测信号的各电压值分别如下。

被测信号交流分量：$U_{P-P} = 0.2V/div \times 2div \times 10 = 4V$。

被测信号直流分量：$U = 0.2V/div \times 3div \times 10 = 6V$。

被测 R 点瞬时值：$U = 0.2V/div \times 3.5div \times 10 = 7V$。

2）交流电压的测量

一般是测量交流分量的峰峰值，测量时通常将被测量信号通过输入端的隔值电容，使信号中所含的直流分量被隔离，步骤如下。

（1）将垂直系统的输入耦合选择开关置于"AC"，V/div 开关和 t/div 扫速开关根据被测量信号的幅度和频率选择适当的挡位，将被测信号直接或通过 10:1 探头输入仪器的 Y 轴输入端，调节触发"电平"使波形稳定，如图 A.10 所示。

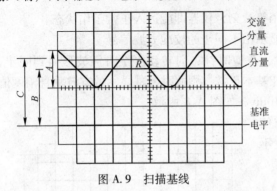

图 A.9　扫描基线　　　　　　图 A.10　交流电压的测量

（2）根据屏幕的坐标刻度，读测信号波形的峰峰值所占格数为 D（图中 $D = 3.6div$）。若仪器 V/div 挡的标称值为 0.1V/div，且 Y 轴输入端使用了 10:1 探头，则被测信号的峰峰值应为

$$U_{P-P} = 0.1V/div \times 3.6div \times 10 = 3.6V$$

3. 时间测量

对仪器时基扫描速度 t/div 校准后，可对被测信号波形上任意两点的时间参数进行定量测量，步骤如下。

（1）按被测信号的重复频率或信号上两特定点 P 与 Q 的时间间隔，选择适当的 t/div 扫描挡。务必使两特定点的距离在屏幕的有效工作面内达到较大限度，以提高测量精度，如图 A.11 所示。

（2）根据屏幕坐标上的刻度，读测被测信号两特定点 P 与 Q 间所占格数为 D。如果 t/div 开关的标称值为 2ms/div，$D = 4.5div$，则 P、Q 两点的时间间隔值 t 为

$$t = 2ms/div \times 4.5div = (2 \times 4.5)ms = 9ms$$

4. 脉冲上升时间的测量

对仪器时基扫描速度 t/div 校准后，可对脉冲的前沿上升时间进行测定，其测量步骤如下。

（1）按照被测信号的幅度选择 V/div 挡，调节垂直灵敏度"微调"旋钮，使屏幕上所显示的波形垂直幅度恰为 5div。

（2）调节触发"电平"及水平移位电位器。按照脉冲前沿上升时间的宽度适当选择 t/div，使屏幕上显示的信号波形如图 A.12 所示。

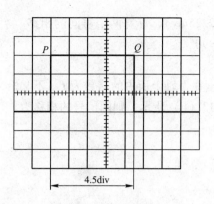

图 A.11　时间测量 　　　　　　　图 A.12　脉冲上升时间的测量

（3）根据屏幕坐标刻度显示的波形位置，读测信号波形的前沿在垂直幅度的 10% ~ 90% 两位置间所占格数 D。若 t/div 的标称值为 $0.1\mu s/\text{div}$，$D = 1.6\text{div}$，则前沿上升时间为

$$t_r = \sqrt{t_1^2 + t_2^2} = \sqrt{(1.6 \times 0.1 \times 1000)^2 - 70^2}\,\text{ns} = 144\text{ns}$$

式中，t_1 为垂直幅度 10% 与 90% 的时间间隔；t_2 为仪器固有上升时间，约为 70ns。

5. 频率测量

对于重复信号的频率测量，一般可按时间测量的步骤测出信号的周期，并按 $f = 1/T$ 算出频率值。

6. 相位测量

测量正弦波通过放大器后的滞后相位角的方法如下。

1）方法 A

（1）将仪器的触发源选择开关置于"外"，同时将相位超前的信号 A 分别接入仪器的 Y 轴输入插座和"X. 外触发"端，然后调节"t/div"扫描速度开关、扫描速度"微调"和触发"电平"，使屏幕上所显示信号的周期宽度在 X 轴上的坐标刻度恰为 9div。这样 X 轴上的坐标刻度值就直接与信号的相位角度值对应了，即 $360°/9\text{div} = 40°/\text{div}$。

（2）读测导前信号波形 A 的特定 P 在 X 轴上的位置。仪器的外触发信号"t/div"开关、扫描速度"微调"、触发"电平"和水平移位旋钮都会保持不变，将原输入 Y 轴的超前信号 A，改为滞后的信号 B，读测滞后信号在 X 轴上相应特定点 P' 的位置，如图 A.13（a）所示。

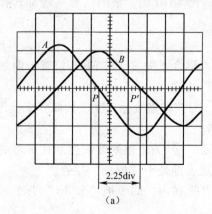
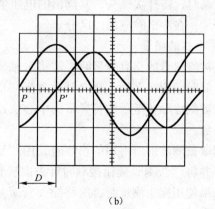

（a）　　　　　　　　　　　　　（b）

图 A.13　相位的测量

（3）根据两特定点 PP' 所占的格数为 D（图中 $D=2.25\text{div}$），计算两信号间的相移

$$\varphi = 2.25\text{div} \times 40°/\text{div} = 90°$$

2）方法 B

测量步骤基本上与方法 A 相同，屏幕上信号周期宽度在 X 轴上所占的格数为 T（不必恰为 9div），读测两信号的特定点 PP' 所占格数为 D，如图 A.13（b）所示，则两信号的相移为

$$\varphi = 360° \times D/T$$

五、SR8 型双踪示波器的使用方法

1. 电压测量方法

用示波器测量电压实际是对所显示波形幅度进行测量。SR8 型双踪示波器用直接读数法测量电压。

测量时，应使被测波形稳定地显示在荧光屏中央，幅度一般不宜超过 6div，以避免非线性失真造成的测量误差。

1）直流电压的测量

（1）把本机的触发方式开关置于"自动"或"高频"位置，使屏幕显示一条水平扫描线。

（2）再将 Y 轴输入耦合开关"DC⊥AC"置于"⊥"位置。此时显示的水平扫描线为零电平的基准线，其高低位置可用 Y 轴"位移"旋钮调节。

（3）将 Y 轴输入耦合开关扳至"DC"位置，被测信号由相应的 Y 输入端输入，此时扫描线在 Y 轴方向上产生位移。

（4）将"V/div"开关所指的数值（"微调"旋钮位于"校准"位置）与扫描线在 Y 轴方向上产生的位移格数相乘，即为测得的直流电压值。

例如，示波器的灵敏度开关"V/div"位于 10，微调位于"校准"位置，Y 轴输入耦合开关置"⊥"位置，将扫描线用"Y 轴位移"旋钮移至屏幕的中心位置。然后将"⊥"轴输入耦合开关由"⊥"扳至"DC"位置，此时，扫描线由中心位置（基准位置）向上移动 2 格，那么被测电压即为 $(10 \times 2)\text{V} = 20\text{V}$（不接探头）；如果向下移动，则电压极性为负。注意，微调旋钮应处于"校准"位置，极性"拉 $-Y_A$"开关应处于常态（按下）位置。当被测电压较高时，需外接探头，其读出的电压值应增大 10 倍。被测信号一般都含有交流和直流两个分量，在测试时应加以区分。

2）交流电压的测量

当测量被测信号的交流分量时，需将 Y 轴输入耦合开关置于"AC"位置。但是当输入信号频率很低时，应将 Y 输入耦合开关置于"DC"位置。

（1）将被测波形移至示波管屏幕的中心位置，并按方格坐标刻度，读取整个波形所占 Y 轴方向的格数。

（2）读取被测波形所占用的格数时，用"V/div"开关将被测波形控制在屏幕的方格坐标范围内，并将"微调"旋钮按顺时针方向转到底，即处于"校准"位置。

（3）如果使用探头测量时，应将探头衰减量计算在内，即要把"V/div"开关所指示的读数乘以 10。

例如，示波器的 Y 轴灵敏度开关"V/div"位于 0.2，其"微调"位于"校准"位置。

此时，如果被测波形在 Y 轴方向占 5 格，则此信号电压的峰峰值为 1V。

如果经探头测量，面板上开关位置不变，显示波形的幅度仍为 5 格，则此信号电压为 10V。

2. 时间的测量

定量测试时，应将扫描速度开关"t/div"的"微调"顺时针方向转到底，并听到"咔嚓"一声，表示位于"校准"位置。显示波形在 X 轴方向上的时间，可按扫速开关"t/div"所指示的数值直接读出。

（1）把"t/div"开关的"微调"置于"校准"位置，这样可以由扫速开关所指的数值乘以波形在水平方向上的一个周期所占的格数，直接算出重复周期 T。

例如，图 A.14（a）为屏幕上观察到的波形，若这时扫描速度为 2ms/div，求重复周期。

如图 A.14（b）所示，一个重复周期占 6 格，周期 $T = 2\text{ms/div} \times 6\text{div} = 12\text{ms}$。

周期 T 算出后，用 $f = 1/T$ 的关系，可求出频率。

（2）时间差的测量。使用"交替"或"断续"显示方式，可以测得两个信号之间的时间差。

测量时，应把"内触发"开关拉出，同时使被测的超前信号与"Y_B"输入端相连接，滞后信号与"Y_A"输入端相连接。按图 A.14 所示波形即可算出相差的时间

$$T = t/\text{div} \times D$$

（3）脉冲波形上升时间和下降时间的测量。采用内触发方式，显示波形的上升沿应用"+极性"触发，显示波形的下降沿应用"–极性"触发。

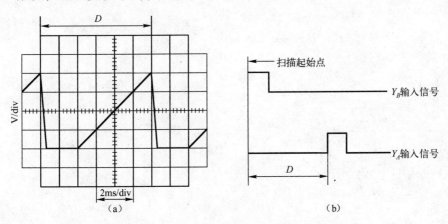

图 A.14　周期和频率的测量

当被测脉冲前沿或后沿大于示波器本身上升时间 24ns 三倍以上时，可按面板"t/div"指示值直接读出 T_r 和 T_f，如图 A.15 所示。否则应按下式计算：

$$T_r（\text{或} T_f）= \sqrt{T^2 - T_S^2}$$

式中，T_r（或 T_f）为前沿（或后沿）的实际值，T 为 T_r（或 T_f）的测量值，t 为本机上升时间，即 24ns。

例如，若 t/div 指示值为 0.5μs/div，则可从图上直接测得：

上升时间 $T_r = 0.5\mu\text{s/div} \times 0.5\text{div} = 0.25\mu\text{s} = 250\text{ns}$；

下降时间 $T_f = 0.5\mu\text{s/div} \times 0.4\text{div} = 0.2\mu\text{s} = 200\text{ns}$；

3. 脉冲宽度的测量

先使屏幕中心显示出 Y 轴幅度为 2 ~ 4 格脉冲波形，再调节"t/div"开关使它在 X 轴方向显示约 4 ~ 6 格的宽度，如图 A.16 所示。此时脉冲上升沿与下降沿中点的距离 D 为脉冲宽度。只要读出 D 所占的格数，再乘以扫描速度开关"t/div"指示值，即得脉冲宽度。例如，图中 D 为 4.5 格，若"t/div"指示为 1μs，则脉宽为 4.5μs。

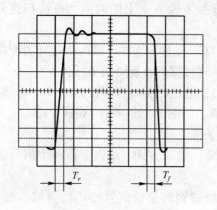

图 A.15　上升和下降时间的测量

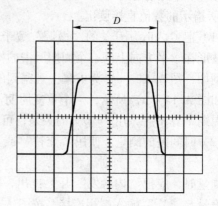

图 A.16　脉冲宽度的测量

附录 B 电路仿真软件 EWB 的使用

EWB 是 Electronics Workbench 的缩写，称为电子工作平台，是加拿大 Interactive Image Technologies 公司于 20 世纪 80 年代末、90 年代初推出的电子电路仿真的虚拟电子工作台软件，它具有这样一些特点。

（1）采用直观的图形界面创建电路，在计算机屏幕上模仿真实实验室的工作台，绘制电路图需要的元器件、电路仿真需要的测试仪器均可直接从屏幕上选取。

（2）软件仪器的控制面板外形和操作方式都与实物相似，可以实时显示测量结果。

（3）EWB 软件带有丰富的电路元件库，提供多种电路分析方法。

（4）作为设计工具，它可以同其他流行的电路分析、设计和制板软件交换数据。

（5）EWB 还是一个优秀的电子技术训练工具，利用它提供的虚拟仪器可以用比实验室中更灵活的方式进行电路实验，仿真电路的实际运行情况，熟悉常用电子仪器的测量方法。

使用 EWB 对电路进行实验仿真的基本步骤如下。

（1）根据电路原理图，从元件库中选择相应的元器件，然后拖到工作区。

（2）根据电路要求设定元器件的参数和模型。

（3）根据电路特性选择适当的仪器仪表拖到工作区适当的位置。

（4）根据测试要求设置仪器仪表参数。

（5）将布局好的元器件和仪器仪表用导线逐一连接，并激活电路进行仿真测试。

（6）保存电路图和仿真测试结果。

一、EWB 操作界面（见图 B.1）

1. 主菜单栏

EWB 的主菜单栏中提供了 6 组菜单，即 File（文件）、Edit（编辑）、Circuit（电路）、Analysis（分析）、Window（窗口）和 Help（帮助）。在每组菜单里，包含有一些命令和选项，建立电路、实验分析和结果输出均可在这个集成菜单系统中完成，如图 B.2 所示。

2. 工具栏

在工具栏中，是一些常用工具按钮，各按钮的意义如图 B.3 所示。

3. 元件库栏

元件库栏中包含电源器件、模拟器件、数字器件等按钮，单击这些按钮可打开相应的器件库，用鼠标可将其中的器件拖放到工作区，以完成电路的连接，如图 B.4 所示。

EWB 提供了丰富的、可扩充和可自定义的电子元器件。元器件根据不同类型被分成 14 个元器件库。单击某一图标即可打开该库。库中每种器件又可被设置为不同的型号或被赋予不同的参数，其数量数不胜数，常用的元器件如下。

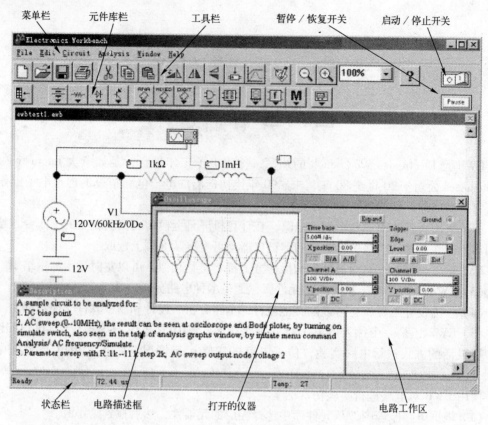

图 B.1　EWB 操作界面

图 B.2　EWB 主菜单栏

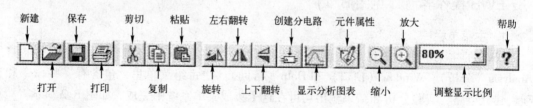

图 B.3　EWB 工具栏

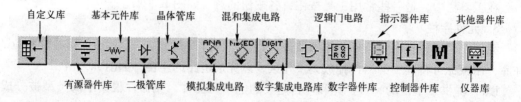

图 B.4　EWB 元件库栏

（1）有源器件库如图 B.5 所示。

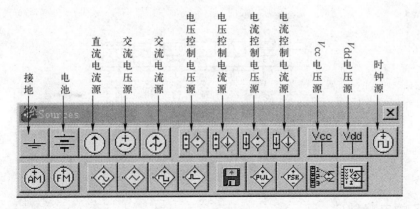

图 B.5　EWB 电源库

（2）基本器件库如图 B.6 所示。

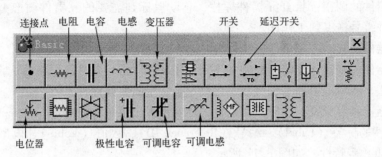

图 B.6　EWB 基本器件库

（3）二极管库如图 B.7 所示。

（4）模拟集成电路库如图 B.8 所示。

（5）指示器件库如图 B.9 所示。

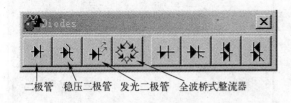

图 B.7　EWB 二极管库

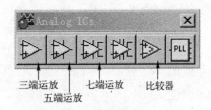

图 B.8　EWB 模拟集成电路库

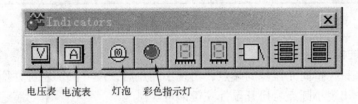

图 B.9　EWB 指示灯库

（6）仪器库如图 B.10 所示。

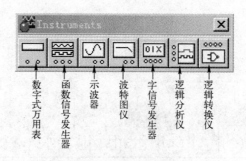

图 B.10　EWB 仪器库

二、EWB 的电路创建

1. 元器件的调用和设置

（1）元器件的调用：打开元器件库栏，移动鼠标到需要的元器件图形上，按下鼠标左键，将元器件符号拖曳到工作区。

（2）元器件的移动：用鼠标拖曳。

（3）元器件的旋转、反转、复制和删除：用鼠标单击元器件符号将其选定，单击相应的菜单、工具栏，或单击鼠标右键激活弹出菜单，选定需要的动作。

（4）元器件参数设置：选定该元器件，从右键弹出菜单中选择 Component Properties，可以设定元器件的标签（Label）、编号（Reference ID）、数值（Value）、模型参数（Model）和故障（Fault）等特性，如图 B.11 所示。

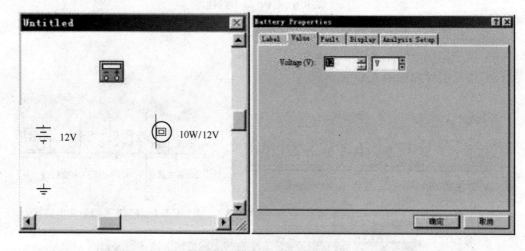

图 B.11　元器件的调用和设置

2. 电路的连接

（1）连接：鼠标指向元器件的端点，出现小圆点后，按下鼠标左键并拖曳导线到另一个元器件的端点，出现小圆点后松开鼠标左键即可。

（2）删除和改动：选定该导线，单击鼠标右键，在弹出的菜单中选择 Delete，或者用鼠标将导线的端点拖曳离开它与元器件的连接点。

3. 仪器的使用

1）电压表和电流表

从指示器件库中，选定电压表或电流表，用鼠标拖曳到电路工作区中，通过旋转操作可以改变其引出线的方向。双击电压表或电流表可以在弹出的对话框中设置工作参数。电压表和电流表可以多次选用。

2）数字式万用表

数字式万用表的量程可以自动调整。如图 B.12 所示为其图标和面板。

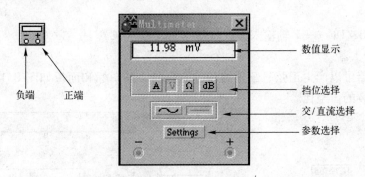

图 B.12　数字式万用表的图标和面板

其电压、电流挡的内阻，电阻挡的电流和分贝挡的标准电压值都可以任意设置。从打开的面板上选 Settings 按钮可以设置其参数。

3）示波器

示波器为双踪模拟式，其图标和面板如图 B.13 所示。

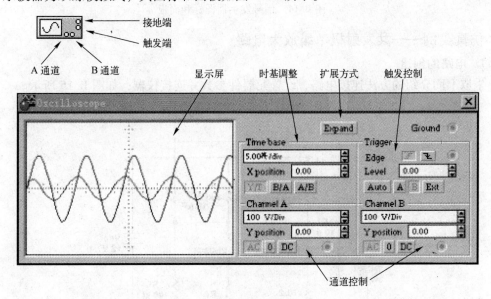

图 B.13　示波器的图标和面板

其中，各参数说明如下。

（1）Expand——面板扩展按钮。

（2）Time base——时基控制。

（3）Trigger——触发控制。

① Edge——上（下）跳沿触发。

② Level——触发电平。

③ 触发信号选择按钮：Auto，自动触发按钮；A、B，A、B 通道触发按钮；Ext，外触发按钮。

（4）X（Y）position——X（Y）轴偏置。

（5）Y/T、B/A、A/B——显示方式选择按钮（幅度/时间、B 通道/A 通道、A 通道/B 通道）。

（6）AC、0、DC——Y 轴输入方式按钮（AC、0、DC）。

4）信号发生器

信号发生器可以产生正弦、三角波和方波信号，其图标和面板如图 B.14 所示，它可调节方波和三角波的占空比。

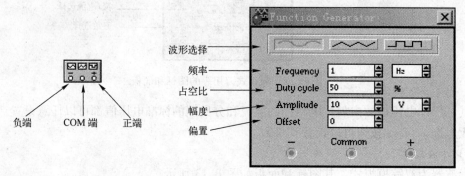

图 B.14　信号发生器图标和面板

三、仿真实例——共发射极单级放大电路

1. 电路的创建

采取上面介绍的方法连接电路、设置元器件参数并连接仪器，如图 B.15 所示。

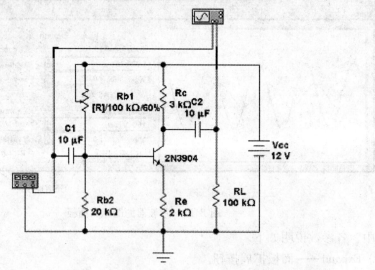

图 B.15　共发射极单级放大器仿真电路

2. 电路文件的保存

电路创建好以后可将其保存，以备调用。

3. 电路的仿真实验

（1）双击有关仪器的图标，打开其面板，准备观察被测试点的波形。

（2）按下电路启动/停止开关，仿真实验开始。如果要使实验过程暂停，可单击右上角的 Pause（暂停）按钮。再次单击 Pause 按钮，实验恢复运行。

（3）调整示波器的时基和通道控制，使波形显示正常，如图 B.16 所示。

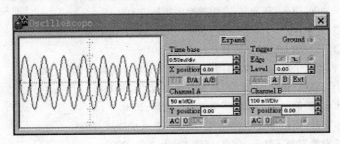

图 B.16　示波器显示的波形

一般情况下，示波器会连续显示并自动刷新所测量的波形。如果希望仔细观察和读取波形数据，可以设置 Analysis/Analysis Options/Instruments 对话框中的 Pause after each screen（示波器屏幕满暂停）选项。

4. 电路的描述

选择 Window/Description 命令可打开电路描述窗口，可以在该窗口中输入有关实验电路的描述内容。

5. 实验结果的输出

（1）最终测试电路的保存。

（2）输出电路图或仪器面板（包括显示波形）到其他文字或图形编辑软件，这主要用于实验报告的编写。该操作可通过选择 Edit/Copy as Bitmap 命令来完成，具体操作方法请参阅 EWB 的帮助文件。

（3）打印输出。

参 考 文 献

［1］　陈振源. 电子技术基础. 第一版. 北京：高等教育出版社,2001.
［2］　高卫斌. 电子线路. 北京：电子工业出版社,2009.
［3］　熊耀辉. 电子线路. 第一版. 北京：高等教育出版社,2001.
［4］　华成英,童诗白. 模拟电子技术基础. 第四版. 北京：高等教育出版社 2006.
［5］　朱国兴. 电子技能与训练. 第二版. 北京：高等教育出版社,2000.
［6］　张龙兴. 电子技术基础. 第二版. 北京：高等教育出版社,2000.
［7］　康华光. 电子技术基础. 模拟部分第五版. 北京：高等教育出版社,2008.
［8］　刘建清. 从零开始学模拟电子技术. 北京：国防工业出版社,2007.
［9］　陈振源. 电子技术基础学习指导与同步训练. 第一版. 北京：高等教育出版社,2004.
［10］　康华光. 电子技术基础模拟部分同步辅导及习题全解. 第 5 版. 北京：中国矿业大学出版社,2007.

读者意见反馈表

书名：《电子技术基础与技能（电子信息类）》　　主编：黄宗放　　　　策划编辑：白楠

> 　　谢谢您关注本书！烦请填写该表。您的意见对我们出版优秀教材、服务教学，十分重要。如果您认为本书有助于您的教学工作，请您认真地填写表格并寄回。**我们将定期给您发送我社相关教材的出版资讯或目录，或者寄送相关样书。**

个人资料

姓名＿＿＿＿＿年龄＿＿＿联系电话＿＿＿＿＿＿（办）＿＿＿＿＿＿（宅）＿＿＿＿＿＿（手机）

学校＿＿＿＿＿＿＿＿＿＿＿＿＿＿专业＿＿＿＿＿＿职称/职务＿＿＿＿＿＿

通信地址＿＿＿＿＿＿＿＿＿＿邮编＿＿＿＿＿E-mail＿＿＿＿＿＿＿

您校开设课程的情况为：

本校是否开设相关专业的课程　□是，课程名称为＿＿＿＿＿＿＿＿＿＿　□否

您所讲授的课程是＿＿＿＿＿＿＿＿＿＿＿＿课时＿＿＿＿＿＿＿

所用教材＿＿＿＿＿＿＿＿＿＿＿出版单位＿＿＿＿＿＿印刷册数＿＿＿

本书可否作为您校的教材？

□是，会用于＿＿＿＿＿＿＿＿＿＿课程教学　　□否

影响您选定教材的因素（可复选）：

□内容　　□作者　　□封面设计　□教材页码　　□价格　　□出版社

□是否获奖　□上级要求　□广告　　□其他＿＿＿＿＿＿＿＿＿＿

您对本书质量满意的方面有（可复选）：

□内容　　□封面设计　□价格　　□版式设计　　□其他＿＿＿＿＿＿

您希望本书在哪些方面加以改进？

□内容　　□篇幅结构　□封面设计　□增加配套教材　□价格

可详细填写：＿＿＿＿＿＿＿＿＿＿＿＿＿＿＿＿＿＿＿＿＿

您还希望得到哪些专业方向教材的出版信息？

＿＿＿＿＿＿＿＿＿＿＿＿＿＿＿＿＿＿＿＿＿＿＿＿＿＿

**　　感谢您的配合，可将本表按以下方式反馈给我们：**

【方式一】电子邮件：登录华信教育资源网（http://www.hxedu.com.cn/resource/OS/zixun/zz_reader.rar）下载本表格电子版，填写后发至 ve@phei.com.cn

【方式二】邮局邮寄：北京市万寿路 173 信箱华信大厦 1101 室 职业教育分社 　（邮编：100036）

**　　如果您需要了解更详细的信息或有著作计划，请与我们联系。**

电话：010-88254475；88254591

反侵权盗版声明

电子工业出版社依法对本作品享有专有出版权。任何未经权利人书面许可,复制、销售或通过信息网络传播本作品的行为;歪曲、篡改、剽窃本作品的行为,均违反《中华人民共和国著作权法》,其行为人应承担相应的民事责任和行政责任,构成犯罪的,将被依法追究刑事责任。

为了维护市场秩序,保护权利人的合法权益,我社将依法查处和打击侵权盗版的单位和个人。欢迎社会各界人士积极举报侵权盗版行为,本社将奖励举报有功人员,并保证举报人的信息不被泄露。

举报电话:(010)88254396;(010)88258888

传　　真:(010)88254397

E-mail:dbqq@phei.com.cn

通信地址:北京市海淀区万寿路173信箱

　　　　　电子工业出版社总编办公室

邮　　编:100036